机械工业出版社“十二五”规划教材
高等职业教育电气自动化技能培养教材

任务引领型
PLC应用技术教程

上　册

主　编　阮友德
副主编　邓　松
主　审　梁庆保

机 械 工 业 出 版 社

《任务引领型 PLC 应用技术教程》按照“模块、课题、任务”的教材编写新模式，遵循“以能力培养为核心，以技能训练为主线，以理论知识为支撑”的编写思想；按照“管用、适用、够用”的原则精选教材内容；以“基于工作过程的教学模式”为编写思路；充分体现教材的科学性、先进性、实用性和可操作性。

《任务引领型 PLC 应用技术教程》是一套任务引领型、理论与实践一体化的教材，全书分上下两册，共 10 个模块、45 个课题、188 个任务(其中实训任务 50 个)。本书为上册，包含了 PLC 概貌、PLC 及其编程工具、基本逻辑指令及其应用、步进顺控指令及其应用、功能指令及其应用等内容。涵盖了 PLC 技术应用的核心知识与技能，能够满足学生课堂学习与自主学习的要求。旨在通过对本书的学习，使学生具有较深的理论功底和完成中等复杂程度的机电设备的改造、设计和维护的能力。

本书适合作为高职高专电气自动化技术、机电一体化技术、数控维修技术、机械制造、智能楼宇、电子技术等相关专业的教学用书，也可供相关专业的应用型本科生及工程技术人员参考。

图书在版编目（CIP）数据

任务引领型 PLC 应用技术教程.上册/阮友德主编.—北京：机械工业出版社，2013.9
ISBN 978-7-111-43375-0

Ⅰ.①任…　Ⅱ.①阮…　Ⅲ.①PLC 技术 - 教材
Ⅳ.①TM571.6

中国版本图书馆 CIP 数据核字（2013）第 161578 号

机械工业出版社（北京市百万庄大街 22 号　邮政编码 100037）
策划编辑：牛新国　责任编辑：翟天睿
版式设计：霍永明　责任校对：张晓蓉
封面设计：赵颖喆　责任印制：李　洋
北京华正印刷有限公司印刷
2014 年 1 月第 1 版第 1 次印刷
184mm×260mm · 15 印张 · 371 千字
0001—3000 册
标准书号：ISBN 978-7-111-43375-0
定价：39.80 元

凡购本书，如有缺页、倒页、脱页，由本社发行部调换
电话服务　　　　　　　　　　网络服务
社服务中心：(010) 88361066　教材网：http://www.cmpedu.com
销售一部：(010) 68326294　机工官网：http://www.cmpbook.com
销售二部：(010) 88379649　机工官博：http://weibo.com/cmp1952
读者购书热线：(010) 88379203　**封面无防伪标均为盗版**

前　　言

我国现阶段走的是新型工业化道路，这就需要培养和造就一大批复合型高技能人才，这些人才不仅要有传统的“手艺”，更要在掌握现代理论知识的同时，具有动手操作能力、工程实践能力和创新能力。因此，我们在总结了有关PLC技术、变频器技术等课程的基础上，对PLC应用技术的工作岗位进行分析，按照职业资格证书及岗位能力的要求提炼出岗位的核心技能，再将这些核心技能分解成44个课题、188个任务，并在这些任务中又提炼出50个典型实训项目。在编写过程中，力求按照“任务引领型一体化训练模式”的要求，并贯彻以下原则。

1. 在编写思想上，遵循“以学生为主体，以能力培养为中心，以技能训练为主线，以理论知识为支撑”。因此，本书按照“模块、课题、任务”的教材编写新模式，每个模块按照“任务引入”、“相关理论”、“任务实施”、“任务评价”、“思考与练习”五段式编写思路，由实际问题入手，通过分析引入相关知识和技能。实训部分以理论为依托，理论部分以实训为目的，理论与实训融为一体，互为依托。

2. 在内容选择上，从高职学生的实际出发，按照岗位能力要求，以理论够用、重在提高技能、体现现代新技术应用来确定教材内容，力求内容全面，强弱得当。本书涵括了PLC基础知识、指令系统、特殊功能模块、外围设备、联机通信、编程软件，有PLC的应用，也有PLC、变频器、触摸屏的综合应用；且各部分重点突出，强弱得当；此外，还介绍了兼容三菱FX_{2N}的民族品牌汇川H_{2U}系列PLC。

3. 在实训指导上，实行“三级指导”。“三级指导”有利于不同层次学生在操作能力、工程能力和创新能力上各有所获。因此，按照任务的需要，课题一般安排2个实训，第1个实训将实训的全部过程写下来，即全指导；第2个实训则只作简单介绍，主要内容由学生完成，即半指导；零指导就是在实训报告和课程设计中只给出一个工作任务，其他内容由学生自行完成。通过全指导获取操作能力和理论联系实践的能力，半指导获取设计能力，零指导培养和提高学生的工程能力、创新意识和创新能力，从而使学生能举一反三、触类旁通。

4. 在编写团队上，由院校一线骨干教师、企业专家和相关工程技术人员组成，人员结构合理。参与本书编写的有具有企业工作经历并长期从事PLC教学的教授、副教授，也有一直从事一线技术工作的总工、专家和PLC竞赛的优胜者，他们有着丰富的实践经验和独到的见解。

此外，本书在内容阐述上，力求简明扼要、层次清楚、图文并茂、通俗易懂；在结构编排上，遵循循序渐进、由浅入深；在实训项目的安排上，强调实用性、可操作性和可选择性。

本书由阮友德主编，梁庆保主审，参与本书策划与编写的有阮友德、陈素芳、邓松、张迎辉、唐佳、严成武、李清华、肖清雄、周保廷、杨水昌、杨宝安、陈铁俭、沈平凡等。在编写过程中，得到了深圳职业技术学院相关领导和老师、“教育部高职高专PLC、变频器综合应用技术师资培训班（2011年、2012年暑假班）”成员、三菱电机自动化公司驻深圳办事处及深圳普泰科技公司的大力帮助，在此一并表示感谢。

由于时间仓促以及编者水平有限，书中错误和不足之处在所难免，欢迎读者提出批评和建议。

编　者

教材说明

1. 教材结构框图

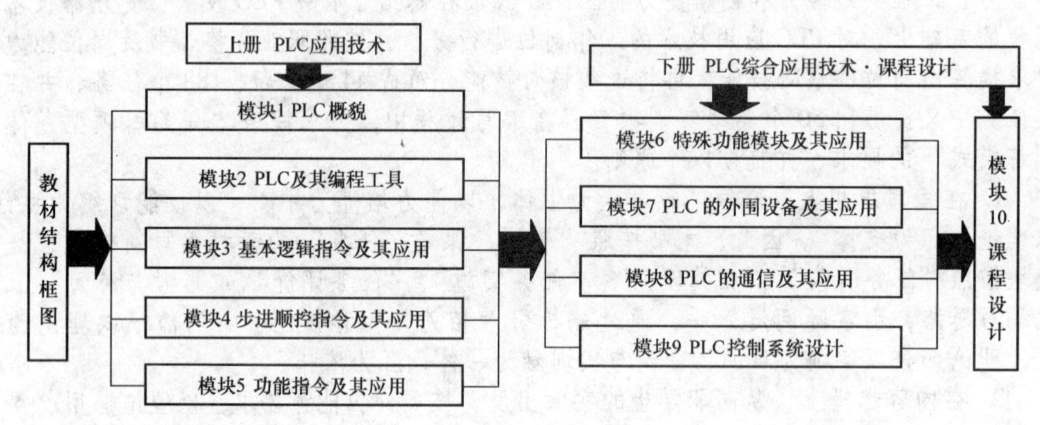

2. 课程设计样例

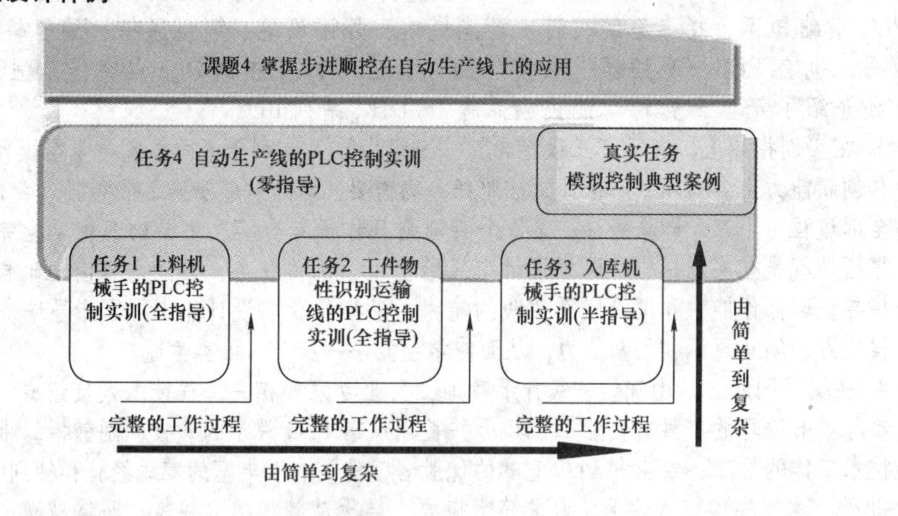

目　　录

模块 1　PLC 概貌

任务引入

PLC 是什么？有何特点？用于何处？对我们今后的职业生涯有何影响等？这些是我们每个人都很关心的问题。

课题 1　了解 PLC 的概貌

学习思考

1. 研制 PLC 的历史背景是什么？
2. PLC 是一个什么样的控制装置？
3. 根据 PLC 研制的历史背景及其定义，请猜想一下 PLC 可能具有什么特点？

现代社会要求制造业对市场需求作出迅速反应，生产出小批量、多品种、多规格、低成本和高质量的产品。为了满足这一要求，生产设备的控制系统必须具有极高的灵活性和可靠性，因此，人们开始研发 PLC。

任务 1　PLC 的由来

20 世纪 60 年代末，随着市场的转变，工业生产开始由大批量少品种的生产方式转变为小批量多品种的生产方式，而当时这类大规模生产线的控制装置大都是由继电控制盘构成的，这种控制装置体积大、耗电多、可靠性低，尤其是改变生产程序很困难。为了改变这种状况，1968 年美国通用汽车公司对外公开招标，要求用新的控制装置取代继电控制盘以改善生产，公司提出了如下 10 项招标指标。

1）编程方便，现场可修改程序。
2）维修方便，采用插件式结构。
3）可靠性高于继电控制盘。
4）体积小于继电控制盘。
5）数据可直接送入管理计算机。
6）成本可与继电控制盘竞争。
7）输入可为市电。
8）输出可为市电，输出电流在 2A 以上，可直接驱动电磁阀、接触器等。

9）系统扩展时原系统变更很少。

10）用户程序存储器容量大于4KB。

针对上述10项指标，美国的数字设备公司（DEC）于1969年研制出了第一台PLC，投入通用汽车公司的生产线，实现了生产的自动化控制，取得了极满意的效果。此后，1971年日本开始生产PLC，1973年欧洲开始生产PLC。这一时期，它主要用于取代继电盘控制，只能进行逻辑运算，因此称为可编程序逻辑控制器（Programmable Logical Controller），简称PLC。

20世纪70年代后期，随着微电子技术和计算机技术的迅速发展，PLC更多地具有了计算机的功能，不仅可以用于逻辑控制场合，用来代替继电控制盘，而且还可以用于定位控制、过程控制、PID控制等所有控制领域，故称为可编程序控制器（Programmable Controller，PC）。但为了与PC（Personal Computer，个人计算机）相区别，通常人们仍习惯地用PLC作为可编程序控制器的简称。

我国从1974年也开始研制PLC。如今，PLC已经大量应用在进口和国产设备中，各行各业也涌现出大批应用PLC改造设备的成果，并且已经实现了PLC的国产化，现在生产的设备越来越多地采用PLC作为控制装置。因此，了解PLC的工作原理，具备设计、调试和维修PLC控制系统的能力，已经成为现代工业对电气工作人员和工科学生的基本要求。

任务2　PLC的定义

国际电工委员会（IEC）在1987年2月颁布了PLC的标准草案（第3稿），草案对PLC作了如下定义，“PLC是一种数字运算操作的电子装置，专为在工业环境下应用而设计。它采用可编程序的存储器，用来在其内部存储执行逻辑运算、顺序控制、定时、计数和算术运算等操作的指令，并能通过数字式或模拟式的输入和输出控制各种类型的机械或生产过程。PLC及其相关的外围设备都应按易于与工业控制系统连成一个整体，易于扩充其功能的原则设计”。

由以上定义可知：PLC是一种数字运算操作的电子装置，是直接应用于工业环境，用程序来改变控制功能，易于与工业控制系统连成一体的工业计算机。

PLC是由计算机技术、控制技术和通信技术发展起来的新一代工业自动化控制装置。它既具有继电控制系统的优点，又具有计算机的功能，是一种工业计算机。如今，PLC已成为工业自动化的三大支柱（PLC技术、机器人、计算机辅助设计与制造）之一，应用很广泛，几乎覆盖了所有控制领域，对我们今后的职业生涯将产生重大影响。因此，机电类从业人员必须掌握这一技术。

任务3　PLC的特点

PLC之所以能够迅速发展，除了它顺应工业自动化的客观要求之外，更重要的一方面是由于它具有许多适合工业控制的优点，较好地解决了工业控制领域中普遍关心的可靠、安全、灵活、方便、经济等问题，它具有以下几个显著特点。

1. 可靠性高，抗干扰强

传统的继电控制系统中使用了大量的中间继电器、时间继电器，由于触点接触不良，容易出现故障。PLC用软件代替大量的中间继电器和时间继电器，仅剩下与输入、输出有关的少量硬件，接线可减少到继电控制系统的1/100～1/10，因此，因触点接触不良造成的故障大为减少。此外，PLC采用了一系列硬件和软件方面的抗干扰措施，如当电源有1kV/μs的脉冲干扰时，PLC不会出现误动作；它还具有很强的抗震动和抗冲击能力，可以直接用于有强烈干扰的工业生产现场，PLC已被广大用户公认为最可靠的工业控制设备之一。

2. 功能强大，性价比高

一台小型PLC内有成百上千个可供用户使用的编程元件，有很强的功能，可以实现非常复杂的控制功能，与相同功能的继电控制系统相比，具有很高的性价比。

3. 编程简单，现场可修改

梯形图是使用得最多的PLC编程语言，其图形符号和表达方式与继电控制电路相似。梯形图语言形象直观、易学易懂，熟悉继电控制电路的电气技术人员，只需花几天时间就可以熟悉梯形图语言，并用来编制用户程序，而且可以根据现场情况，在生产现场边调试边修改程序，以适应生产需要。

4. 配套齐全，使用方便

如今PLC产品已经标准化、系列化、模块化，配备有品种齐全的各种硬件和软件供用户选用，用户能灵活方便地进行系统配置，组成不同功能、不同规模的系统。PLC的安装接线也很方便，一般通过接线端子连接外部设备。PLC有较强的带负载能力，可以直接驱动一般的电磁阀和中小型交流接触器，使用起来极为方便。

5. 寿命长，体积小，能耗低

PLC平均无故障时间可达数万小时以上，使用寿命可达几十年。对于复杂的控制系统，使用PLC后，可以减少大量的中间继电器和时间继电器，因此，控制柜的体积可以缩小到原来的1/10～1/2。特别是小型PLC的体积仅相当于两个继电器的大小，且能耗仅为数瓦，所以它是机电一体化设备的理想控制装置。

6. PLC控制系统的设计、安装、调试、维修工作量少，维护方便

PLC用软件取代了继电控制系统中的大量硬件，使控制柜的设计、安装、接线工作量大大减少。对于复杂的控制系统，如果掌握了正确的设计方法，设计梯形图的时间比设计继电控制电路的时间要少得多。PLC可以将现场统调过程中发现的问题通过修改程序来解决，还可以在实验室里模拟调试用户程序，系统的调试时间比继电控制系统少得多。PLC的故障率很低，且有完善的自诊断和显示功能。当PLC外部的输入装置和执行机构发生故障时，可以根据PLC上的发光二极管或编程器提供的信息方便地查明故障原因和部位，从而迅速地排除故障，维修极为方便。

课题2　了解PLC的分类

学习思考

1. 了解PLC分类的标准。
2. 学校实训室的PLC属于哪一类？

PLC 发展到今天，已经有多种形式，而且功能也不尽相同，分类时，一般按以下原则来考虑。

任务1 按I/O点数分

根据 PLC 的 I/O（输入/输出）点数的多少，一般可将 PLC 分为以下三类。

1. 小型机

小型 PLC 的功能一般以开关量控制为主，I/O 总点数一般在 256 点以下，用户程序存储器容量在 4KB 左右。现在的高性能小型 PLC 还具有一定的通信能力和少量的模拟量处理能力。这类 PLC 的特点是价格低廉，体积小巧，适用于控制单台设备和开发机电一体化产品。

典型的小型机有 Siemens 公司的 S7 - 200 系列、Omron 公司的 CPM2A 系列、A - B 公司的 SLC500 系列和 Mitsubishi 公司的 FX 系列等整体式 PLC 产品。

2. 中型机

中型 PLC 的 I/O 总点数在 256 ~ 2048 点之间，用户程序存储器容量在 8KB 左右。中型 PLC 不仅具有开关量和模拟量的控制功能，还具有更强的数字计算能力，它的通信功能和模拟量处理能力更强大。中型机的指令比小型机更丰富，中型机适用于复杂的逻辑控制系统以及自动生产线的过程控制等场合。

典型的中型机有 Siemens 公司的 S7 - 300 系列、Omron 公司的 C200H 系列、A - B公司的 SLC500 系列和 Mitsubishi 公司的 A 系列等模块式 PLC 产品。

3. 大型机

大型 PLC 的 I/O 总点数在 2048 点以上，用户程序存储器容量达到 16KB 以上。大型 PLC 的性能已经与工业控制计算机相当，它具有计算、控制和调节的功能，还具有强大的网络结构和通信联网能力，有些 PLC 还具有冗余能力。它的监视系统采用 CRT 显示，能够表示过程的动态流程，记录各种曲线、PID 调节参数等，它配备多种智能板，构成一台多功能系统。大型机适用于设备自动化控制、过程自动化控制和过程监控系统。

典型的大型 PLC 有 Siemens 公司的 S7 - 400 系列、Omron 公司的 CVM1 和 CS1 系列、A - B公司的 SLC5/05 系列和 Mitsubishi 公司的 Q 系列等产品。

以上划分没有一个十分严格的界限，随着 PLC 技术的飞速发展，某些小型 PLC 也具有中型或大型 PLC 的功能，这是 PLC 的发展趋势。

任务2 按结构形式分

根据 PLC 结构形式的不同，可分为整体式和模块式两类。

1. 整体式

整体式结构的特点是将 PLC 的基本部件，如 CPU 板、输入板、输出板、电源板等紧凑地安装在一个标准机壳内，构成一个整体，组成 PLC 的一个基本单元（主机）或扩展单元。基本单元上设有扩展接口，通过扩展电缆与扩展单元相连。整体式 PLC 一般配有许多专用的特殊功能模块，如模拟量处理模块、运动控制模块、通信模块等，以构成 PLC 的不同配置。整体式 PLC 的体积小、成本低、安装方便。

2. 模块式

模块式结构的 PLC 由一些标准模块单元构成，如 CPU 模块、输入模块、输出模块、电源模块和各种功能模块等，将这些模块插在框架上或基板上即可。各模块功能是独立的，外形尺寸是统一的，可根据需要灵活配置。目前，中、大型 PLC 多采用这种结构形式。

模块式 PLC 的硬件配置方便灵活，I/O 点数的多少、输入点数与输出点数的比例、I/O 模块的使用等方面的选择余地都比整体式 PLC 大得多，因此，较复杂的系统和要求较高的系统一般选用模块式 PLC，而小型控制系统一般采用整体式结构的 PLC。

任务3 按生产厂商分

我国有不少的厂商研制和生产 PLC，比较有影响力的 PLC 厂商有深圳市汇川技术股份有限公司、深圳市矩形科技有限公司、北京和利时公司和南京德冠科技有限公司等。目前我国也大量使用国外的 PLC，世界上生产 PLC 的主要厂商有 65 个，其中市场占有率较高的是日本、美国和德国的几个厂商。如：日本主要有三菱（Mitsubishi）、欧姆龙（Omron）、富士、日立、东芝、横河、立石、光洋、夏普（Sharp）等公司；美国主要有 Rockwell 自动化公司所属的 A－B（Allen&Bradly）公司、通用电气公司（GE－Fanuc）、德州仪器公司、数字设备公司等；还有德国的西门子（Siemens），法国的施耐德（Schneider），荷兰的飞利浦（Philips）。中国香港的鹰达等公司也是很有名气。这几家公司控制着全世界 80% 以上的 PLC 市场，它们的系列产品有其技术广度和深度，从微型 PLC 到有上万个 I/O 点的大型 PLC 应有尽有。

课题3 了解 PLC 的编程语言

学习思考

1. 重点了解 PLC 梯形图语言的特点。
2. 了解 PLC 梯形图与指令表语言的对应关系。

目前 PLC 普遍采用梯形图编程语言，以其直观、形象、简单等特点为广大用户所熟悉和接受。但是，随着 PLC 功能的不断增强，梯形图一统天下的局面将被打破，多种语言并存互补不足将是今后 PLC 编程语言的发展趋势。

PLC 编程语言标准（IEC 61131－3）中有 5 种编程语言，即顺序功能图（Sequential Function Chart），梯形图（Ladder Diagram），功能块图（Function Block Diagram），指令表（Instruction List），结构文本（Structured Text）。其中的顺序功能图（SFC）、梯形图（LD）、功能块图（FBD）是图形编程语言，指令表（IL）、结构文本（ST）是文字语言。此外，有些 PLC 还采用与计算机兼容的 BASIC 语言、C 语言以及汇编语言等编制用户程序。

任务1 梯形图语言

梯形图（LD）是一种以图形符号及其在图中的相互关系来表示控制关系的编程语言，是从继电控制电路演变过来的，是使用最多的PLC图形编程语言，如图1-1所示。梯形图与继电控制系统的电路图很相似，很容易被熟悉继电控制的电气人员掌握，特别适用于开关量逻辑控制。梯形图由触点、线圈等组成，触点代表逻辑输入条件，如外部开关、按钮和内部条件等；线圈通常代表逻辑输出结果，用来控制外部指示灯、接触器等。梯形图的主要特点如下。

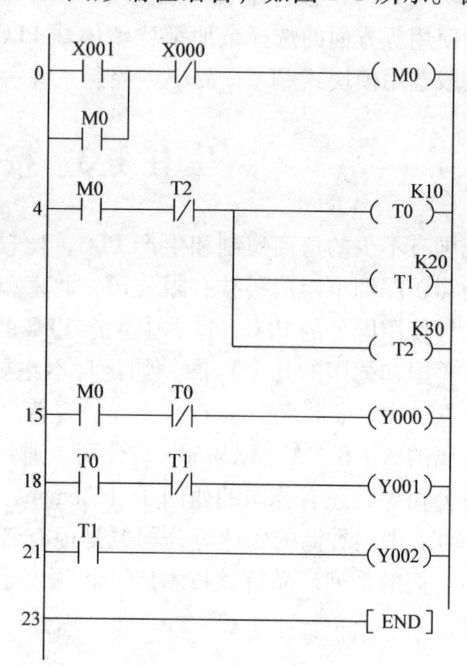

图1-1 梯形图

1）梯形图通常有左右两条母线（有的时候只画左母线），两母线之间是由内部继电器动合、动断触点以及继电器线圈（或功能指令）组成的一条条平行的逻辑行（或称梯级），每个逻辑行必须以触点与左母线连接开始，以线圈（或功能指令）与右母线连接结束。

2）PLC梯形图中的编程元件沿用了继电器这一名称，如输入继电器、输出继电器、辅助继电器等，它们不是真实的物理继电器（即硬件继电器），而是在梯形图中使用的编程元件（即软元件）。每一个软元件与PLC存储器中元件映像寄存器的一个存储单元相对应，如果该存储单元为0状态，则梯形图中对应软元件的线圈断电，其动合触点断开，动断触点闭合，称该软元件为0状态，或称该软元件为OFF（断开）。如果该存储单元为1状态，则对应软元件的线圈有电，其动合触点接通，动断触点断开，称该软元件为1状态，或称该软元件为ON（接通）。

3）根据梯形图中各触点的状态和逻辑关系，求出图中各线圈对应软元件的ON/OFF状态，称为梯形图的逻辑运算。逻辑运算是按梯形图中从上到下、从左至右的顺序进行的，运算结果可以马上被后面的逻辑运算所利用。逻辑运算是根据元件映像寄存器中的状态，而不是根据运算瞬时外部输入触点的状态进行的。

4）梯形图中各软元件的动合触点和动断触点均可以无限多次地使用。

5）输入继电器的状态只取决于对应的外部输入电路的通断状态，因此在梯形图中不能出现输入继电器的线圈。

6）辅助继电器相当于继电控制系统中的中间继电器，用来保存运算的中间结果，不对外驱动负载，负载只能由输出继电器来驱动。

任务2 指令表语言

PLC的指令是一种与微型计算机汇编语言中的指令相似的助记符表达式，由指令组成的程序叫做指令表（IL）程序，见表1-1。指令表程序较难阅读，其中的逻辑关系很难一眼看出，所以，在设计时一般使用梯形图语言。如果使用手持式编程器，必须将梯形图转换成指令表后再写入PLC。在用户程序存储器中，指令按步序号顺序排列。

表1-1 图1-1的指令表

步序	指令	步序	指令	步序	指令
0	LD X001	6	OUT T0 K10	18	LD T0
1	OR M0	9	OUT T1 K20	19	ANI T1
2	ANI X000	12	OUT T2 K30	20	OUT Y001
3	OUT M0	15	LD M0	21	LD T1
4	LD M0	16	ANI T0	22	OUT Y002
5	ANI T2	17	OUT Y000	23	END

任务3 顺序功能图语言

顺序功能图（SFC）用来描述开关量控制系统的功能，用于编制顺序控制程序，是一种位于其他编程语言之上的图形语言。顺序功能图提供了一种组织程序的图形方法，根据它可以很容易地画出顺序控制梯形图，本书将在模块4中作详细介绍。

任务4 功能块图语言

功能块图（FBD）是一种类似于数字逻辑门电路的编程语言，有数字电路基础的人很容易掌握。该编程语言用类似与门、或门的方框来表示逻辑运算关系，方框的左侧为逻辑运算的输入变量，右侧为输出变量，输入、输出端的小圆圈表示“非”运算，方框用“导线”连接在一起，信号自左向右流动，国内很少有人使用功能块图。

任务5 结构文本语言

结构文本（ST）是为IEC 61131-3标准创建的一种专用的高级编程语言。与梯形图相比，它能实现复杂的数学运算，编写的程序非常简洁、紧凑。IEC标准除了提供几种编程语言供用户选择外，还允许编程者在同一程序中使用多种编程语言，这使编程者能选择不同的语言来适应特殊的工作。

课题4 了解PLC的应用领域及发展趋势

学习思考

1. 根据前面所学的内容，请猜想一下PLC可能的应用场所。
2. 根据前面所学的内容，请猜想一下PLC可能的发展趋势。

任务1 PLC的应用领域

目前，PLC在国内外已广泛应用于钢铁、石油、化工、电力、建材、机械制造、汽车、轻纺、交通运输、环保等各行各业。随着其性价比的不断提高，其应用范围正不断扩大，PLC的用途大致有以下几个方面。

1. 开关量逻辑控制

这是PLC最基本、最广泛的应用领域。PLC具有与、或、非等逻辑指令，可以实现触点和电路的串、并联，代替继电器进行组合逻辑控制、定时控制与顺序逻辑控制。开关量逻辑控制可以用于单台设备，也可以用于自动生产线，其应用领域已遍及各行各业。

2. 运动控制

PLC使用专用的指令或运动控制模块，对直线运动或圆周运动进行控制，可实现单轴、双轴、三轴和多轴位置控制，使运动控制与顺序控制功能有机地结合在一起。PLC的运动控制功能被广泛地用于各种机械，如金属切削机床、金属成形机械、装配机械、机器人、电梯等。

3. 过程控制

过程控制是指对温度、压力、流量等连续变化的模拟量的闭环控制。PLC通过模拟量处理模块，实现模拟量（Analog）和数字量（Digital）之间的A－D与D－A转换，并对模拟量实行闭环PID（比例－积分－微分）控制。现代的PLC一般都有PID闭环控制功能，这一功能可以用PID功能指令或专用的PID模块来实现。其PID闭环控制功能已经广泛地应用于塑料挤压成形机、加热炉、热处理炉、锅炉等设备，以及轻工、化工、机械、冶金、电力、建材等行业。

4. 数据处理

现代的PLC具有数学运算（包括四则运算、矩阵运算、函数运算、字逻辑运算、求反、循环、移位和浮点数运算等）、数据传送、转换、排序和查表、位操作等功能，可以完成数据的采集、分析和处理。这些数据可以与储存在存储器中的参考值比较，也可以用通信功能传送到别的智能装置，或者将它们打印制表。

5. 通信联网

PLC的通信包括主机与远程I/O之间的通信、多台PLC之间的通信、PLC与其他智能控制设备（如计算机、变频器、数控装置）之间的通信。PLC与其他智能控制设备一起，可以组成“分散控制、集中管理”的分布式控制系统，以满足工厂自动化系统发展的需要。

当然，并不是所有的PLC都有上述全部功能，有些小型PLC只有上述的部分功能。

任务2　PLC的发展趋势

PLC经过几十年的发展，实现了从无到有，从一开始的简单逻辑控制到现在的运动控制、过程控制、数据处理和联网通信，随着科学技术的进步，PLC还将有更大的发展，主要表现在以下几个方面。

1）从技术上看，随着计算机技术的新成果更多地应用到PLC的设计和制造上，PLC会向运算速度更快、存储容量更大、功能更广、性能更稳定、性价比更高的方向发展。

2）从规模上看，随着PLC应用领域的不断扩大，为适应市场的需求，PLC会进一步向超小型和超大型两个方向发展。

3）从配套性上看，随着PLC功能的不断扩大，PLC产品会向品种更丰富、规格更齐备的方向发展。

4）从标准上看，随着IEC 61131标准的诞生，各厂商PLC或同一厂商不同型号的PLC互不兼容的格局将被打破，将会使PLC的通用信息、设备特性、编程语言等向IEC 61131标准的方向发展。

5）从网络通信的角度看，随着PLC和其他工业控制计算机组网构成大型控制系统以及现场总线的发展，PLC将向网络化和通信的简便化方向发展。

思考与练习

1. 研制PLC的历史背景是什么？
2. 简述PLC的定义。
3. PLC有哪些主要特点？
4. PLC有哪几种类型？并列举其典型的产品。
5. PLC有哪几种编程语言？各有什么特点？
6. PLC梯形图语言有哪些主要特点？
7. PLC可以用在哪些领域？
8. PLC未来的发展趋势是什么？

模块2 PLC及其编程工具

任务引入

通过模块1的学习，我们了解了PLC的基本概貌，但是，PLC的基本结构是什么？有哪些编程元件？其编程工具有哪些？如何使用其编程软件？这一系列的问题有待探讨，现在以三菱FX和汇川H_{2U}系列PLC为蓝本，来学习PLC的硬件组成和软件操作。

课题1 掌握PLC的基本结构

学习目标

1. 了解PLC系统的构成。
2. 掌握PLC三种输出形式的特点。
3. 了解FX系列PLC基本单元的硬件组成及各部分的功能。

PLC系统是由基本单元、扩展单元、扩展模块及特殊功能模块构成的，如图2-1所示。基本单元包括CPU、存储器、I/O单元和电源，是PLC的核心；扩展单元是扩展I/O点数的装置，内部有电源；扩展模块用于增加I/O点数和改变I/O点数的比例，内部无电源，由基本单元或扩展单元供电。扩展单元和扩展模块内无CPU，必须与基本单元一起使用。特殊功能模块是一些有特殊用途的装置，如模拟量处理模块、通信模块等。下面主要介绍PLC基本单元的硬件和软件。

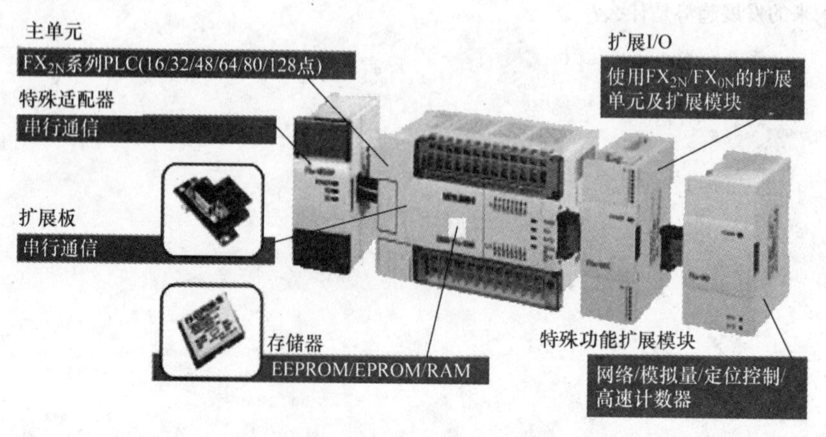

图2-1 PLC系统组成

任务1　PLC的硬件

PLC硬件主要由中央处理单元（CPU）、存储器、输入单元、输出单元、电源单元、编程器、扩展接口、编程器接口和存储器接口组成，其结构框图如图2-2所示。

1. 中央处理单元（CPU）

CPU是整个PLC的运算和控制中心，它在系统程序的控制下，完成各种运算和协调系统内部各部分的工作等。主要采用微处理器（如Z80A、8080、8086、80286、80386等）、单片机（如8031、8096等）、位片式微处理器（如AM2900、AM1902、AM2903等）构成。PLC的档次越高，CPU的位数就越长，运算速度也越快。如三菱FX_{2N}系列PLC，大部分芯片都采用表面封装技术，其CPU板有两片超大规模集成电路（双CPU），所以FX_{2N}系列PLC在速度、集成度等方面都有明显的提高。

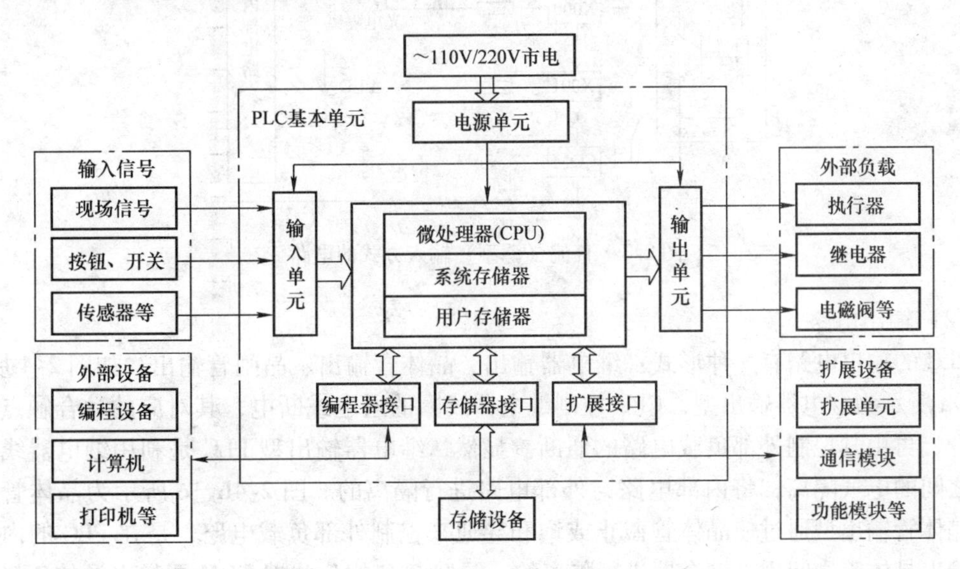

图2-2　PLC的结构框图

2. 存储器

存储器用于存放程序和数据。PLC配有系统存储器和用户存储器，前者用于存放系统的各种管理监控程序；后者用于存放用户编制的程序。PLC的用户程序和参数的存储器有RAM、EPROM和EEPROM 3种类型。RAM一般由CMOSRAM构成，采用锂电池作为后备电源，停电后RAM中的数据可以保存1~5a。为了防止偶然操作失误而损坏程序，还可采用EPROM或EEPROM，在程序调试完成后就可以固化。EPROM的缺点是写入时必须用专用的写入器，擦除时要用专用的擦除器。EEPROM采用电可擦除的只读存储器，它不仅具有其他程序存储器的性能，还可以在线改写，而且不需要专门的写入和擦除设备。

3. I/O单元

I/O单元是PLC与外围设备连接的接口。CPU所能处理的信号只能是标准电平，因此现场的输入信号，如按钮、行程开关、限位开关以及传感器输出的开关量，需要通过输入单元的转换和处理才可以传送给CPU。CPU的输出信号也只有通过输出单元的转换和处理，才能够驱动电磁阀、接触器、继电器等执行机构。

(1) 输入电路

PLC 以开关量顺序控制为特长，其输入电路基本相同，通常分为 3 种类型：直流输入方式、交流输入方式和交直流输入方式。外部输入元件可以是无源触点或有源传感器。输入电路包括光电隔离和 RC 滤波器，用于消除输入触点抖动和外部噪声干扰。图 2-3 所示为直流输入方式的电路，其中 LED 为相应输入端在面板上的指示灯，用于表示外部输入的 ON/OFF 状态（LED 亮表示 ON）。输入信号接通时，输入电流一般小于 10mA，响应滞后时间一般都小于 20ms，如 FX_{2N} 系列 PLC 的输入信号为 DC 24V 7mA，响应滞后时间约为 10ms。

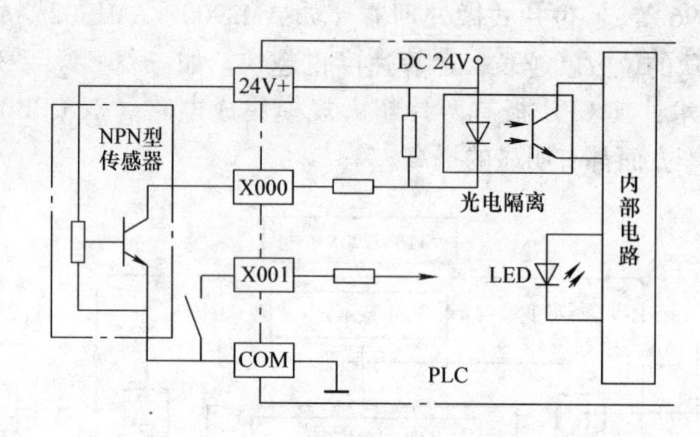

图 2-3 直流（漏型）输入方式的电路

(2) 输出电路

PLC 的输出电路有 3 种形式：继电器输出、晶体管输出、晶闸管输出，如图 2-4 所示。图 2-4a 所示为继电器输出型，CPU 控制继电器线圈的通电或断电，其对应的动合触点闭合或断开，再由其控制外部负载电路的通断。显然，继电器输出型 PLC 是利用继电器线圈和触点之间的电气隔离，将内部电路与外部电路进行隔离的。图 2-4b、c 所示为晶体管输出型，晶体管输出型通过使晶体管截止或饱和导通来控制外部负载电路，是在 PLC 的内部电路与输出晶体管之间用光耦合器进行隔离的。漏型 PLC 的公共端 COM 要接电源的负极，源型 PLC 的公共端 COM 要接电源的正极。图 2-4d 所示为晶闸管输出型，晶闸管输出型通过使晶闸管导通或关断来控制外部电路。晶闸管输出型是在 PLC 的内部电路与输出元件（三端双向晶闸管）之间用光敏晶闸管进行隔离。

在 3 种输出形式中，以继电器输出型最为常见，但响应时间最长。以 FX 系列 PLC 为例，从继电器线圈通电或断电到输出触点变为 ON 或 OFF 的响应时间均为 10ms。其输出电流最大，在 AC 250V 以下时可驱动的负载为：纯电阻 2A/点、感性负载 80V · A、灯负载 100W。

为了避免瞬间大电流或高电压的作用而损坏 PLC 的输出元件，一般要在输出的公共端接熔断器作短路保护，且不能直接驱动容性负载；对于直流感性负载要使用续流二极管续流，对于交流感性负载要使用阻容吸收回路。

4. 电源单元

PLC 的供电电源一般为市电，有的也用 DC 24V 电源供电。PLC 对电源稳定性要求不高，一般允许电源电压在 -15% ~ +10% 范围内波动。PLC 内部含有一个稳压电源，用于对

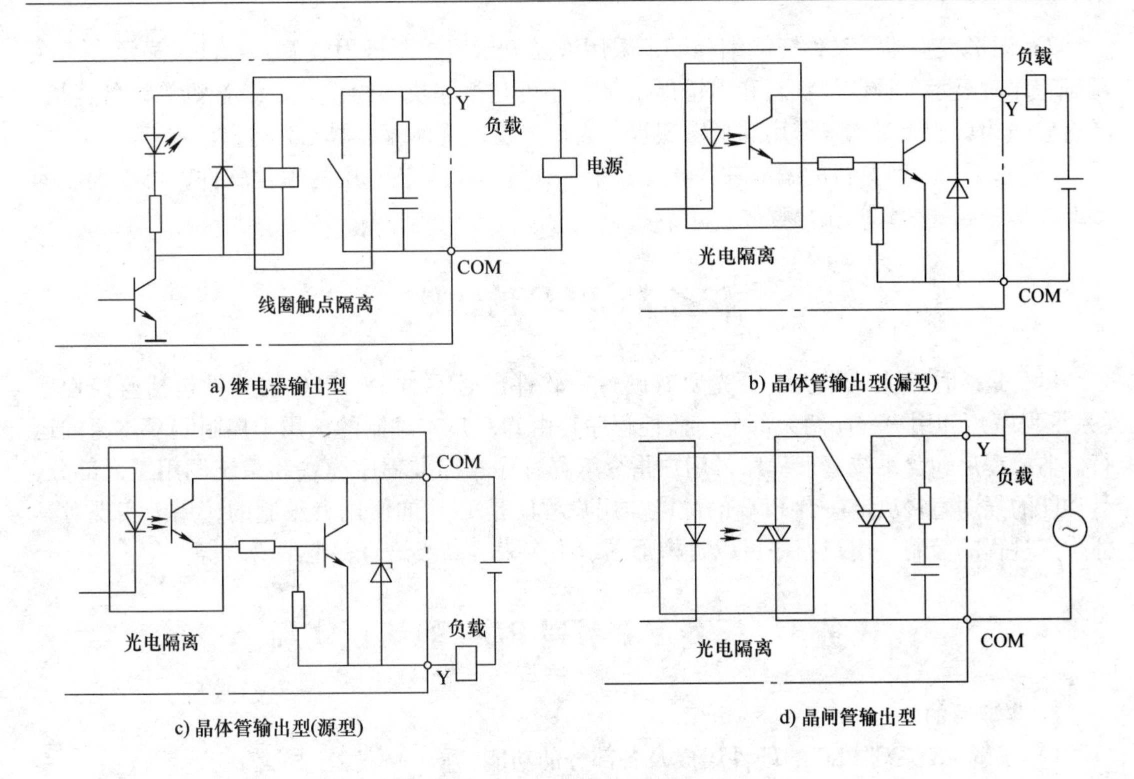

图2-4 PLC的输出电路

CPU和I/O单元供电，小型PLC的电源往往和CPU单元合为一体，大中型PLC都有专门的电源单元。有些PLC还有DC 24V输出，用于对外部传感器供电，但输出电流往往只是毫安级。

5. 扩展接口

这种扩展接口实际上为总线形式，可以连接开关量I/O单元或模块，也可连接如模拟量处理模块、位置控制模块以及通信模块或适配器等。在大型机中，扩展接口采用插槽扩展基板的形式。

6. 存储器接口

为了存储用户程序以及扩展用户程序存储区、数据参数存储区，PLC上还设有存储器接口，可以根据使用的需要扩展存储器，其内部也是接到总线上的。

7. 编程器接口

PLC基本单元通常不带编程器，为了能对PLC进行现场编程及监控，PLC的基本单元专门设置有编程器接口，通过这个接口可以接各种形式的编程装置，还可以利用此接口做一些监控的工作。

8. 编程器

编程器至少包括键盘和显示器两部分，用于对用户程序进行输入、读出、检验、修改。PLC正常运行时，通常并不使用编程器。常用的编程器类型如下。

1）便携式编程器，也叫手持式编程器，用按键输入指令，大多采用数码管显示器，具有体积小、易携带的特点，适合小型PLC的编程要求。

2）图形编程器，又称智能编程器，采用液晶显示器或阴极射线管（CRT）显示，可在调试程序时显示各种信号状态和出错提示等，还可与打印机、绘图仪、录音机等设备连接，具有较强的功能，对于习惯用梯形图编程的人员来说，这种编程器尤为适合。

3）基于个人计算机的编程软件，即在个人计算机上安装专用的编程软件，可以编制梯形图、指令表等形式的用户程序。

任务2 PLC 的软件

PLC 是一种工业计算机，不光要有硬件，软件也必不可少。PLC 的软件包括监控程序（系统程序）和用户程序两大部分。监控程序是由 PLC 厂家编制的，用于控制 PLC 本身的运行。监控程序包含系统管理程序、用户指令解释程序、标准程序模块和系统调用三大部分，其功能的强弱直接决定一台 PLC 的性能。用户程序是 PLC 的使用者编制的，用于实现对具体生产过程的控制，用户程序可以是梯形图、指令表、高级语言、汇编语言等。

任务3 三菱 FX 系列 PLC 的认识实训

1. 实训目的

1）了解 FX 系列 PLC 的硬件组成及各部分的功能。

2）掌握 FX 系列 PLC 输入和输出端子的分布。

2. 实训器材

1）PLC 应用技术综合实训装置 1 台（含 FX_{2N}或 FX_{3U}系列 PLC 1 台，各种电源、熔断器，电工工具 1 套，导线若干，已安装 GX Developer 编程软件和配有 SC－09 通信电缆的计算机 1 台，下同）。

2）接触器模块（线圈额定电压为 AC 220V，下同）1 个。

3）热继电器模块 1 个。

4）开关、按钮板模块 1 个。

5）行程开关模块 1 个。

3. 实训指导

FX 系列 PLC 基本单元的外部特征基本相似，如图 2-5 所示，一般都有外部端子部分、指示部分及接口部分，其各部分的组成及功能如下。

（1）外部端子部分

外部端子包括 PLC 电源端子（L、N、⏚）、供外部传感器用的 DC 24V 电源端子（+24、COM）、输入端子（X）、输出端子（Y）等，如图 2-6、图 2-7 所示。主要完成信号的 I/O 连接，是 PLC 与外围设备（输入设备、输出设备）连接的桥梁。

输入端子与输入电路相连，输入电路通过输入端子可随时检测 PLC 的输入信息，即通过输入元件（如按钮、转换开关、行程开关、继电器的触点、传感器等）连接到对应的输入端子上，通过输入电路将信息送到 PLC 内部进行处理，一旦某个输入元件的状态发生变化，则对应输入点（软元件）的状态也随之变化，其连接示意图如图 2-8、图 2-9 所示。

输出电路就是 PLC 的负载驱动回路，通过输出点，将负载和负载电源连接成一个回路，

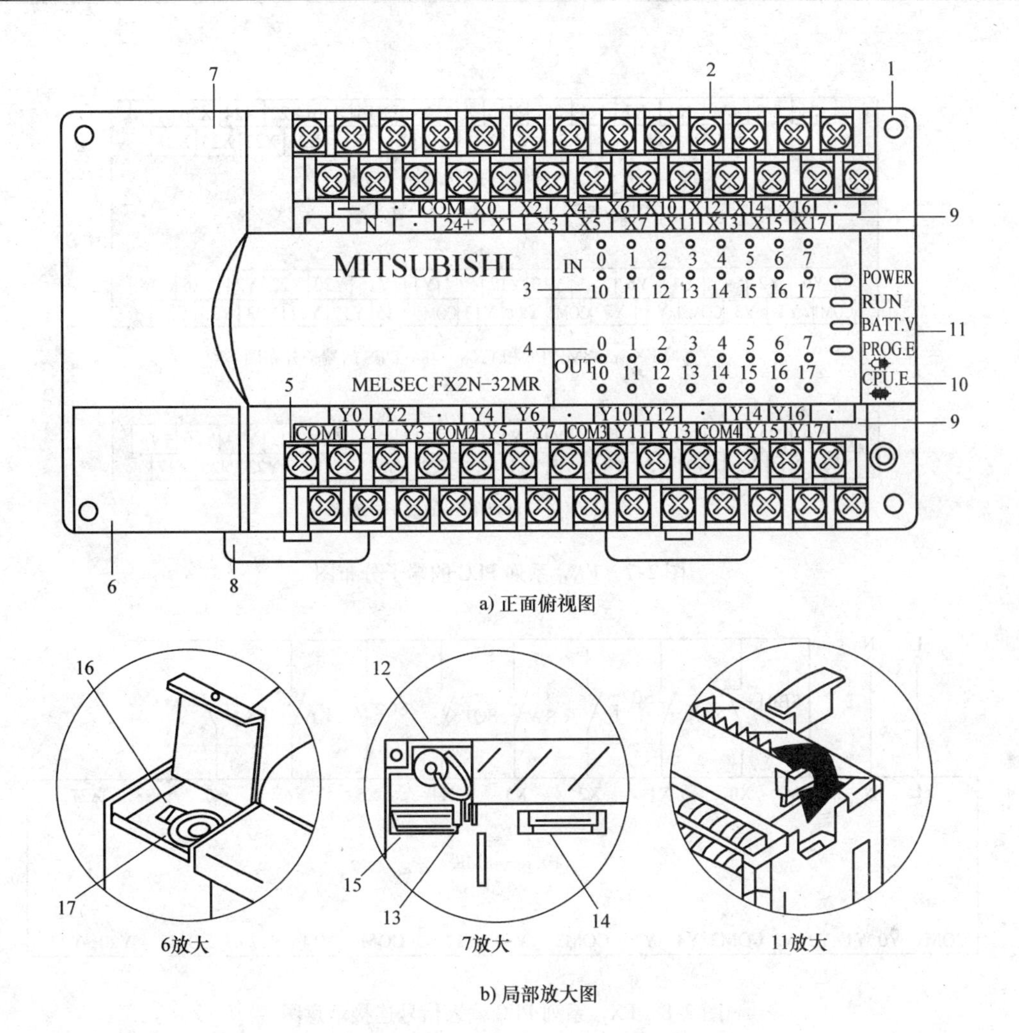

a) 正面俯视图

6放大　　7放大　　11放大

b) 局部放大图

图2-5　FX_{2N}系列PLC外形图

1—安装孔（4个）　2—电源、辅助电源、输入信号用的可装卸式端子　3—输入状态指示灯　4—输出状态指示灯　5—输出信号用的可装卸式端子　6—外围设备接口插座、盖板　7—面板盖　8—DIN导轨装卸用卡子　9—I/O端子标记　10—工作状态指示灯　11—扩展单元、扩展模块、特殊单元、特殊模块的接口插座盖板　12—锂电池　13—锂电池连接插座　14—另选存储器滤波器安装插座　15—功能扩展板安装插座　16—内置RUN/STOP开关　17—编程设备、数据存储单元接口插座

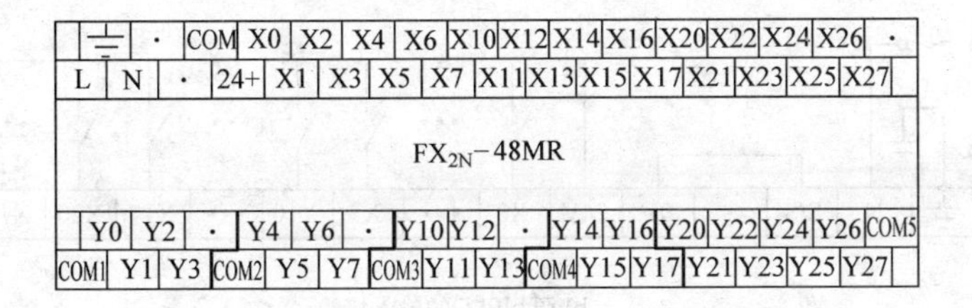

图2-6　FX_{2N}-48MR的端子分布图

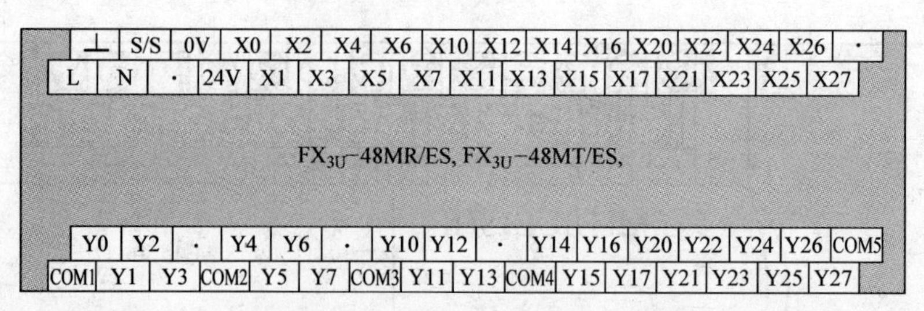

a) FX_{3U}-48MR/ES和FX_{3U}-48MT/ES的端子分布图

b) FX_{3U}-48MT/ESS的端子分布图

图2-7 FX_{3U}系列PLC的端子分布图

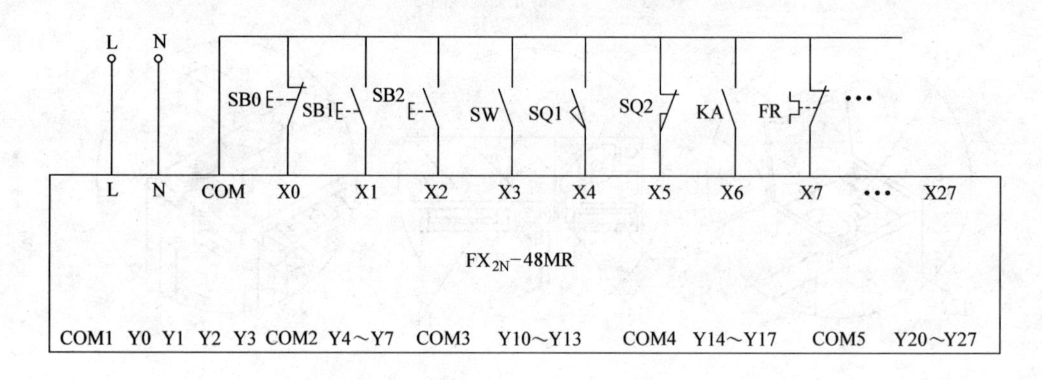

图2-8 FX_{2N}系列PLC输入信号连接示意图

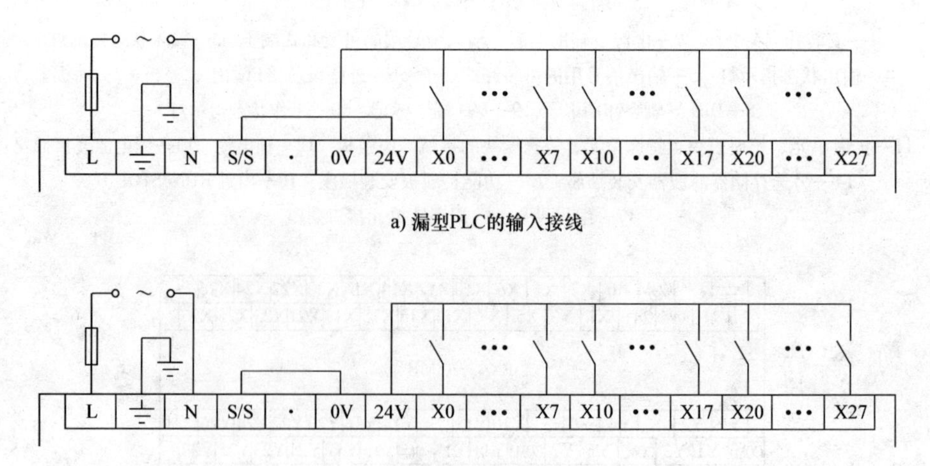

a) 漏型PLC的输入接线

b) 源型PLC的输入接线

图2-9 FX_{3U}系列PLC输入信号连接示意图

这样，负载就由PLC的输出点来进行控制，其连接示意图如图2-10、图2-11所示。负载电源的规格应根据负载的需要和输出点的技术规格来选择。

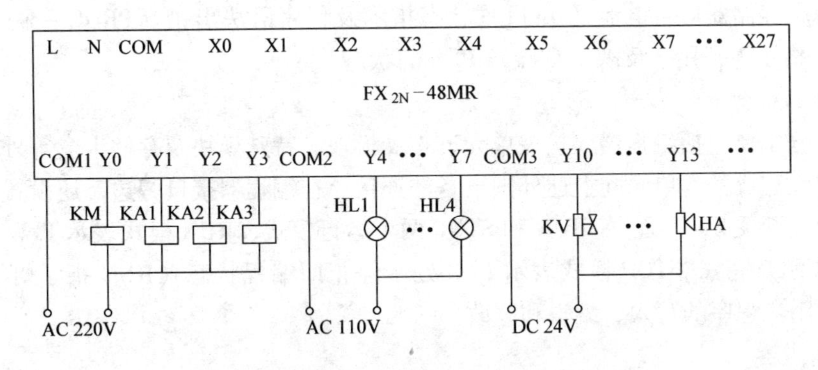

图2-10　FX_{2N}系列PLC输出信号连接示意图

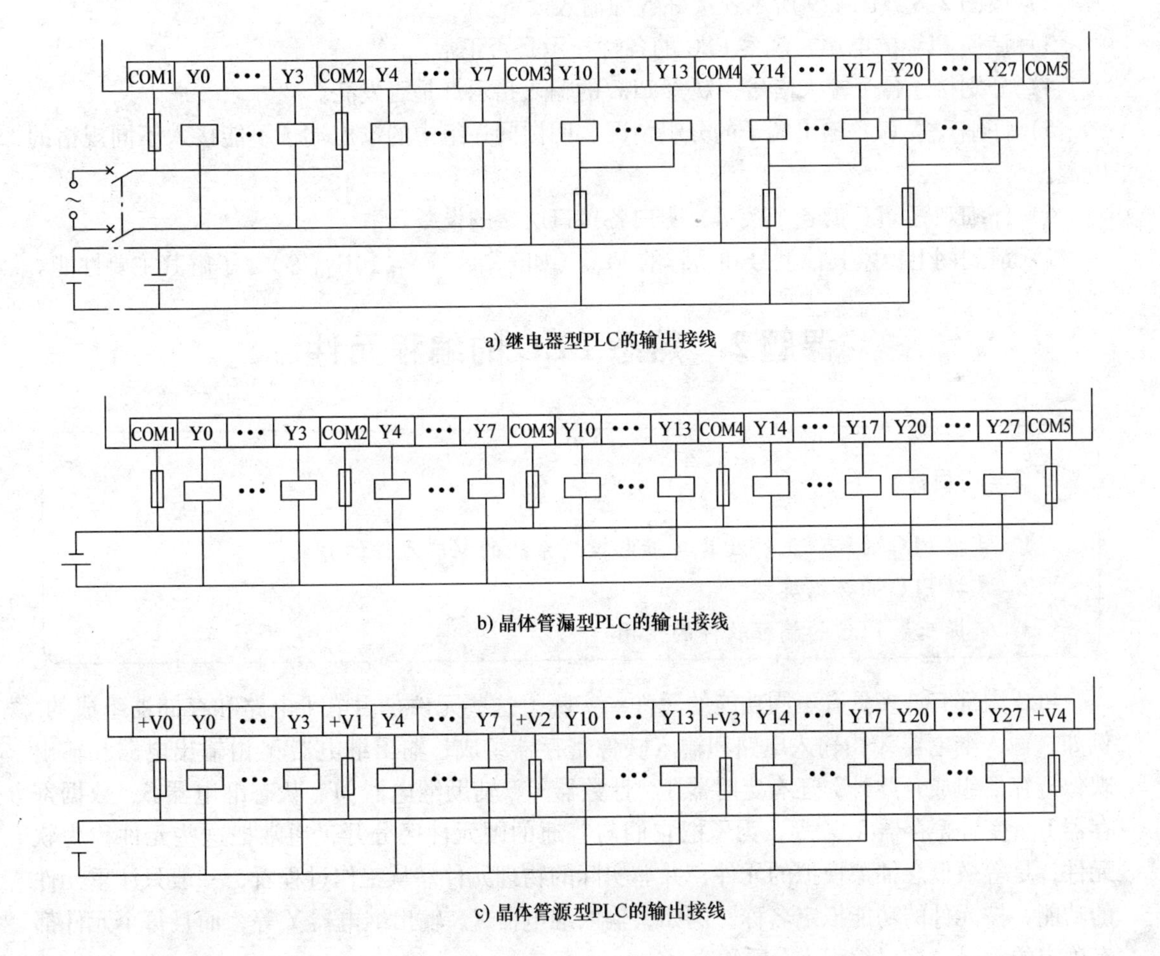

a) 继电器型PLC的输出接线

b) 晶体管漏型PLC的输出接线

c) 晶体管源型PLC的输出接线

图2-11　FX_{3U}系列PLC输出信号连接示意图

（2）指示部分

指示部分包括各I/O点的状态指示、PLC电源（POWER）指示、PLC运行（RUN）指示、用户程序存储器后备电池（BATT）状态指示及程序语法出错（PROG－E）、CPU出错（CPU－E）指示等，用于反映I/O点及PLC的状态。

（3）接口部分

接口部分主要包括编程器、扩展单元、扩展模块、特殊模块及存储卡盒等外围设备的接口，其作用是完成基本单元同上述外围设备的连接。在编程器接口旁边，还设置了一个PLC运行模式转换开关SW1，它有RUN和STOP两个运行模式，RUN模式表示PLC处于运行状态（RUN指示灯亮），STOP模式表示PLC处于停止即编程状态（RUN指示灯灭），此时，PLC可进行用户程序的写入、编辑和修改。

4. 实训内容

1）了解PLC实训装置的相关功能、使用方法及注意事项。

2）按图2-8或图2-9所示连接好各种输入设备。

3）接通PLC的电源，观察PLC的各种指示是否正常。

4）分别接通各个输入信号，观察PLC的输入指示灯是否发亮。

5）仔细观察PLC输出端子的分组情况，明白同一组中的输出端子不能接入不同规格的电源。

6）仔细观察PLC的各个接口，明白各接口所接的设备。

7）请到网上搜索其他型号和品牌的PLC（如FX_{1S}、FX_{1N}、H_{2U}等），了解其主要性能。

课题2 熟悉PLC的编程元件

学习目标

1. 掌握PLC的编程元件及其与继电控制系统的电器元件的异同。
2. 掌握PLC的数据类型。
3. 掌握三菱PLC的编程软件的使用。

PLC内部有许多具有不同功能的元件，实际上这些元件是由电子电路和存储器组成的。例如，输入继电器X由输入电路和输入映像寄存器组成；输出继电器Y由输出电路和输出映像寄存器组成；此外，还有定时器T、计数器C、辅助继电器M、状态继电器S、数据寄存器D、变址寄存器V/Z等。为了把它们与普通的硬元件区分开，通常把这些元件称为软元件，是等效概念抽象模拟的元件，并非实际的物理元件。从工作过程看，一般只注重元件的功能，按元件的功能拟定名称，例如，输入继电器X、输出继电器Y等，而且每个元件都有确定的编号，这对编程十分重要。

需要特别指出的是，不同厂商、甚至同一厂商不同型号的PLC，其软元件的数量和种类都不一样（见附录B）。下面以FX系列PLC（汇川PLC与之大同小异）为蓝本，详细介绍其软元件。

任务1 PLC的软元件

1. 输入继电器（X）

输入继电器与PLC的输入端子相连，是PLC接收外部开关信号的窗口，PLC通过输入端子将外部信号的状态读入并存储到输入映像寄存器中。与输入端子连接的输入继电器是光电隔离的电子继电器，其线圈、动合触点、动断触点与传统硬继电器表示方法一样。这些触点在PLC梯形图内可以自由使用。FX系列PLC的输入继电器采用八进制编号，如X000～X007，X010～X017（注意，通过PLC编程软件或编程器输入时，会自动生成3位八进制的编号，因此在标准梯形图中是3位编号，但在非标准梯形图中，习惯写成X0～X7，X10～X17等，输出继电器Y的写法与此相似），最多可达184点。

图2-12所示为一个PLC控制系统的示意图，X0端子外接的输入电路接通时，它对应的输入映像寄存器为1状态，断开时为0状态。输入继电器的状态唯一地取决于外部输入信号的状态，不可能受用户程序的控制，因此在梯形图中绝对不能出现输入继电器的线圈。

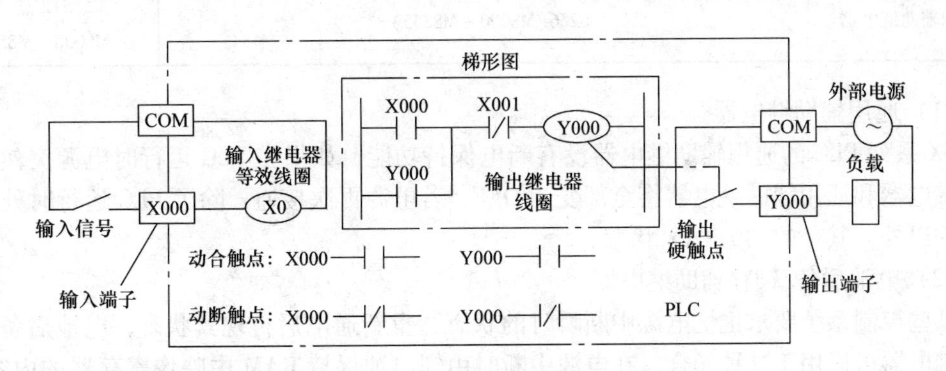

图2-12 PLC控制系统的示意图

2. 输出继电器（Y）

输出继电器与PLC的输出端子相连，是PLC向外部负载发送信号的窗口。输出继电器用来将PLC的输出信号传送给输出单元，再由后者驱动外部负载。图2-12所示的梯形图中Y0的线圈通电，继电器型输出单元中对应的硬件继电器的动合触点闭合，使外部负载工作。输出单元中的每一个硬件继电器仅有一对硬的动合触点，但是在梯形图中，每一个输出继电器的动合触点和动断触点都可以多次使用。FX系列PLC的输出继电器采用八进制编号，如Y0～Y7，Y10～Y17…最多可达184点，但输入、输出继电器的总和不得超过256点。扩展单元和扩展模块输入、输出继电器的元件号从基本单元开始，按从左到右、从上到下的顺序，采用八进制编号。表2-1给出了FX_{2N}系列PLC的输入、输出继电器元件号。

表2-1 FX_{2N}系列PLC的输入、输出继电器元件号

型号	$FX_{2N}-16M$	$FX_{2N}-32M$	$FX_{2N}-48M$	$FX_{2N}-64M$	$FX_{2N}-80M$	$FX_{2N}-128M$	扩展时
输入	X0～X7 8点	X0～X17 16点	X0～X27 24点	X0～X37 32点	X0～X47 40点	X0～X77 64点	X0～X267 184点
输出	Y0～Y7 8点	Y0～Y17 16点	Y0～Y27 24点	Y0～Y37 32点	Y0～Y47 40点	Y0～Y77 64点	Y0～Y267 184点

3. 辅助继电器（M）

PLC内部有很多辅助继电器，相当于继电器控制系统中的中间继电器。在某些逻辑运算中，经常需要一些中间继电器作为辅助运算，用于状态暂存、移位等，它是一种内部的状态标志，另外辅助继电器还具有某些特殊功能。它的动合、动断触点在PLC的梯形图内可以无限次地自由使用，但是这些触点不能直接驱动外部负载，外部负载必须由输出继电器的外部硬触点来驱动。在FX（汇川）系列PLC中，除了输入继电器和输出继电器的元件号采用八进制编号外，其他软元件的元件号均采用十进制。FX系列PLC的辅助继电器见表2-2。

表2-2 FX系列PLC的辅助继电器

PLC	FX_{1S}	FX_{1N}	FX_{2N}、H_{2U}	FX_{3U}
通用辅助继电器	384(M0~M383)	384(M0~M383)	500(M0~M499)	
电池后备/锁存辅助继电器	128(M384~M511)	1152(M384~M1535)	2572(M500~M3071)	7180点 M500~M7679
特殊辅助继电器	256(M8000~M8255)			512点 M8000~M8511

（1）通用辅助继电器

FX系列PLC的通用辅助继电器没有断电保持功能，如果在PLC运行时电源突然中断，输出继电器和通用辅助继电器将全部变为OFF，若电源再次接通，除了PLC运行时处于ON的元件以外，其余的均为OFF状态。

（2）电池后备/锁存辅助继电器

某些控制系统要求记忆电源中断瞬时的状态，重新通电后再现其状态，电池后备/锁存辅助继电器可以用于这种场合。在电源中断时由锂电池保持RAM中映像寄存器的内容，或将它们保存在EEPROM中，它们只是在PLC重新通电后的第1个扫描周期保持断电瞬时的状态。为了利用它们的断电记忆功能，可以采用有记忆功能的电路，如图2-13所示。设图2-13所示X0和X1分别是起动按钮和停止按钮，M500通过Y0控制外部的电动机，如果电源中断时M500为1状态，由于电路的记忆作用，重新通电后M500将保持为1状态，使Y0继续为ON，电动机重新开始运行；而对于Y1，由于M0没有停电保持功能，电源中断后重新通电时，Y1无输出。

（3）特殊辅助继电器

特殊辅助继电器共256点，它们用来表示PLC的某些状态，提供时钟脉冲和标志（如进位、借位标志等），设定PLC的运行方式，或者用于步进顺控、禁止中断、设定计数器是加计数还是减计数等。特殊辅助继电器分为如下两类。

1）只能利用其触点的特殊辅助继电器。线圈由PLC系统程序自动驱动，用户只可以利用其触点，例如，M8000为运行监控，PLC运行时M8000的动合触点闭合，其时序如图2-14所示。

M8002为初始脉冲，仅在运行开始瞬间接通一个扫描周期，其时序如图2-14所示，因此，可以用M8002的动合触点来使有断电保持功能的元件初始化复位或给它们置初始值。

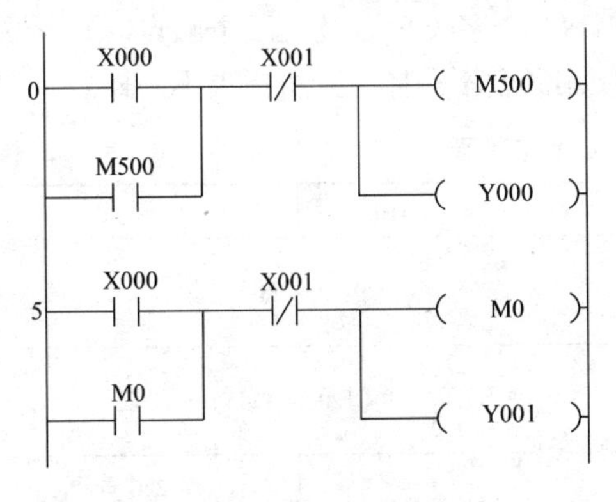

图2-13　断电保持功能

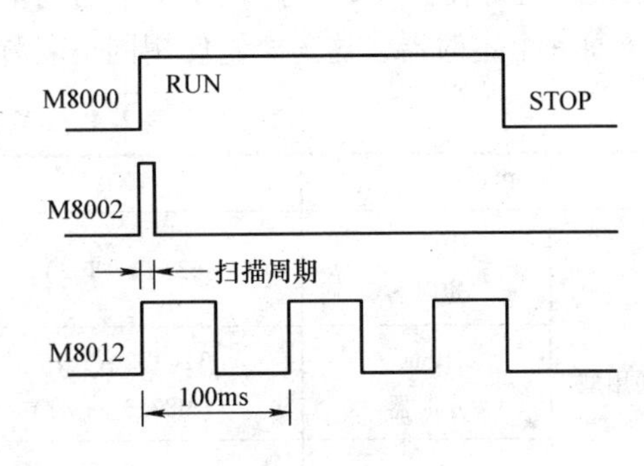

图2-14　时序图

M8011～M8014分别是10ms、100ms、1s和1min的时钟脉冲特殊辅助继电器。

2）可驱动线圈型特殊辅助继电器。由用户程序驱动其线圈，使PLC执行特定的操作，用户并不使用它们的触点，例如，M8030为锂电池电压指示特殊辅助继电器，当锂电池电压跌落时，M8030动作，指示灯亮，提醒PLC维修人员尽快更换锂电池。

M8033为PLC停止时输出保持特殊辅助继电器。

M8034为禁止输出特殊辅助继电器。

M8039为定时扫描特殊辅助继电器。

需要说明的是未定义的特殊辅助继电器不可在用户程序中使用。

4. 状态继电器（S）

FX系列PLC的状态继电器见表2-3。状态继电器是构成状态转移图的重要软元件，它与后面的步进顺控指令配合使用。状态继电器的动合和动断触点在PLC梯形图内可以自由使用，且使用次数不限。不用步进顺控指令时，状态继电器可以作为辅助继电器在程序中使用。通常状态继电器有如下5种类型。

表2-3　FX系列PLC的状态继电器

PLC	FX_{1S}	FX_{1N}	FX_{2N}、H_{2U}	FX_{3U}
初始化状态继电器	10点，S0～S9			
通用状态继电器	—		480点，S20～S499	
锁存状态继电器	128点 S0～S127	1000点 S0～S999	400点 S500～S899	3596点 S500～S4095
信号报警器	—		100点，S900～S999	

1）初始状态继电器S0～S9，共10点。

2）回零状态继电器S10～S19，共10点。

3）通用状态继电器S20～S499，共480点。

4）保持状态继电器S500～S899，共400点。

5）报警用状态继电器S900～S999，共100点，这100个状态继电器可用作外部故障诊断。

5. 定时器（T）

FX系列PLC的定时器见表2-4。定时器在PLC中的作用相当于一个时间继电器，它有

1 个设定值寄存器（1 个字长），1 个当前值寄存器（1 个字长）以及无限个触点（1 个位）。对于每一个定时器，这 3 个量使用同一名称，但使用场合不一样，其所指也不一样。

表 2-4 FX 系列 PLC 的定时器

PLC		FX_{1S}	FX_{1N}、FX_{2N}、H_{2U}	FX_{3U}
通用型	100ms 定时器	63(T0 ~ T62)	200(T0 ~ T199)	
	10ms 定时器	31(T32 ~ T62) (M8028 = 1 时)	46(T200 ~ T245)	
	1ms 定时器	1(T63)	—	256 点 T256 ~ T511
积算型	1ms 定时器	—	4(T246 ~ T249)	
	100ms 定时器	—	6(T250 ~ T255)	

PLC 中的定时器是根据时钟脉冲累积计时的，时钟脉冲有 1ms、10ms、100ms 3 挡，当所计时间到达设定值时，延时触点动作。定时器可以用常数 K 作为设定值，也可以用后述的数据寄存器的内容作为设定值，这里使用的数据寄存器应有断电保持功能。

（1）通用型定时器

100ms 定时器的设定值范围为 0.1 ~ 3276.7s；10ms 定时器的设定值范围为 0.01 ~ 327.67s；1ms 定时器的设定值范围为 0.001 ~ 32.767s。图 2-15 所示为通用型定时器的工作原理，当驱动输入 X0 接通时，编号为 T200 的当前值计数器对 10ms 时钟脉冲进行计数，当计数值与设定值 K123 相等时，定时器的动合触点闭合，动断触点断开，即延时触点是在驱动线圈后的 123 × 0.01s = 1.23s 时动作。驱动输入 X0 断开或发生断电时，当前值计数器复位，延时触点也复位。

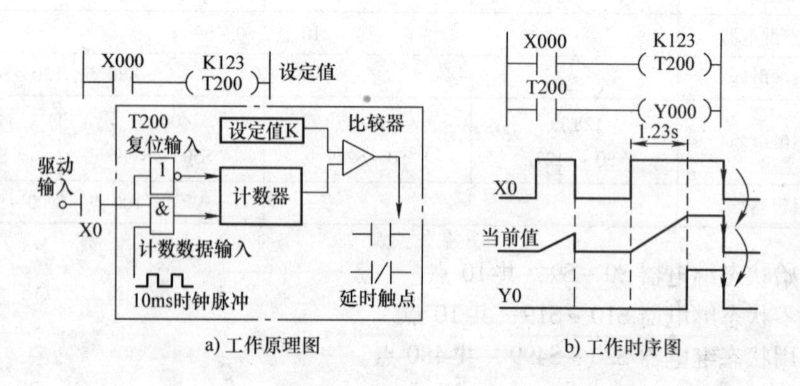

a) 工作原理图　　b) 工作时序图

图 2-15 通用型定时器的工作原理

（2）积算型定时器

图 2-16 所示为积算定时器工作原理，当定时器线圈 T250 的驱动输入 X1 接通时，T250 的当前值计数器开始累积 100ms 的时钟脉冲的个数，当该值与设定值 K345 相等时，定时器

的动合触点闭合，动断触点断开。当计数值未达到设定值而驱动输入 X1 断开或断电时，当前值可保持，当驱动输入 X1 再接通或恢复供电时，计数继续进行。当累积时间为 0.1s × 345 = 34.5s 时，延时触点动作。当复位输入 X2 接通时，计数器复位，延时触点也复位。

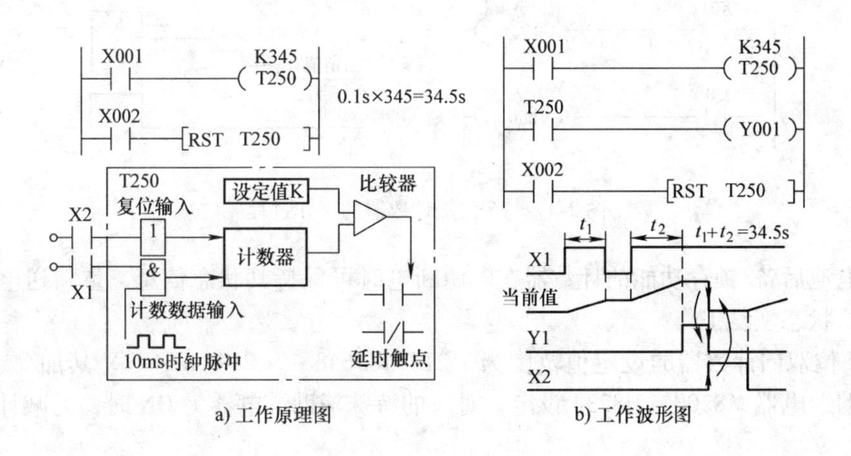

图2-16 积算定时器工作原理

6. 计数器（C）

FX 系列的计数器见表2-5，它分为内部信号计数器（简称内部计数器）和外部高速计数器（简称高速计数器）。

表2-5 FX系列的计数器

PLC	FX_{1S}	FX_{1N}	FX_{2N}、FX_{3U}、H_{2U}
16 位通用计数器	16（C0 ~ C15）	16（C0 ~ C15）	100（C0 ~ C99）
16 位电池后备/锁存计数器	16（C16 ~ C31）	184（C16 ~ C199）	100（C100 ~ C199）
32 位通用双向计数器	—	20（C200 ~ C219）	
32 位电池后备/锁存双向计数器	—	15（C220 ~ C234）	
高速计数器	21（C235 ~ C255）		

（1）内部计数器

内部计数器用来对 PLC 的内部元件（X，Y，M，S，T 和 C）提供的信号进行计数。计数脉冲为 ON 或 OFF 的持续时间，应大于 PLC 的扫描周期，其响应速度通常小于数十赫兹。内部计数器按位数可分为16 位加计数器、32 位双向计数器，按功能可分为通用型和电池后备/锁存型。

1）16 位加计数器的设定值范围为 1 ~ 32767。图 2-17 所示为 16 位加计数器的工作过程，图中 X10 的动合触点闭合后，C0 被复位，它对应的位存储单元置 0，动合触点断开，动断触点闭合，同时其计数当前值被置为 0。X11 用来提供计数输入信号，当计数器的复位输入电路断路，计数输入电路由断开变为导通（即计数脉冲的上升沿）时，计数器的当前值加 1，在 5 个计数脉冲之后，C0 的当前值等于设定值 5，它对应的位存储单元的内容置 1，其动合触点闭合，动断触点断开。再来计数脉冲时当前值不变，直到复位输入电路接通，计数器的当前值被置为 0。

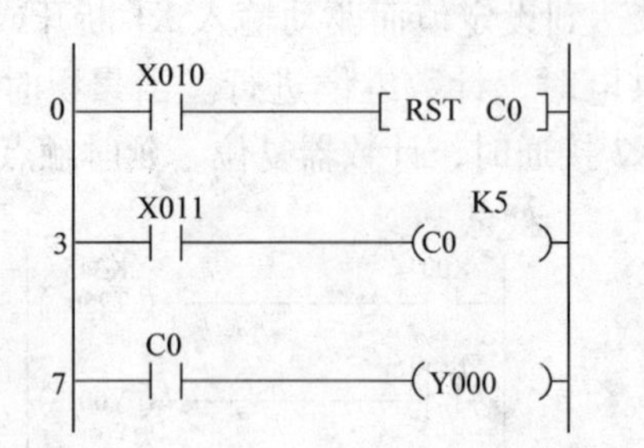

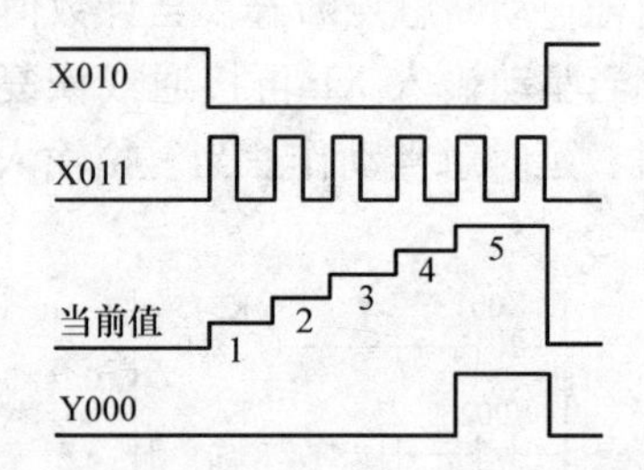

图2-17　16位加计数器的工作过程

具有电池后备/锁存功能的计数器在电源断电时可保持其状态信息，重新送电后能立即按断电时的状态恢复工作。

2）32位双向计数器的设定值范围为－2147483648～＋2147483647，其加/减计数方式由特殊辅助继电器M8200～M8234设定，对应的特殊辅助继电器为ON时，为减计数，反之为加计数。

计数器的设定值除了可由常数设定外，还可以通过指定数据寄存器来设定。对于32位的计数器，其设定值存放在元件号相连的两个数据寄存器中。如果指定的是D0，则设定值存放在D1和D0中。图2-18所示C200的设定值为5，当X12断开时，M8200为OFF，此时C200为加计数，若计数器的当前值由4变到5，计数器的动合触点为ON，当前值为5时，动合触点仍为ON；当X12导通时，M8200为ON，此时C200为减计数，若计数器的当前值由5变到4，动合触点为OFF，当前值为4时，输入触点仍为OFF。

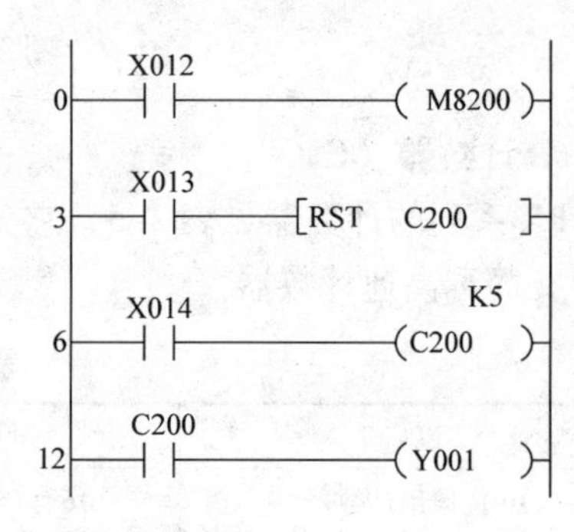

图2-18　加/减计数器

计数器的当前值在最大值2147483647加1时，将变为最小值－2147483648，类似地，当前值为－2147483648减1时，将变为最大值2147483647，这种计数器称为环形计数器。图2-18所示复位输入X13的动合触点闭合时，C200被复位，其动合触点断开，动断触点闭合，当前值被置为0。

如果使用电池后备/锁存计数器，在电源中断时，计数器停止计数，并保持计数器当前值不变，电源再次接通后，在当前值的基础上继续计数，因此电池后备/锁存计数器可累积计数。

（2）高速计数器

高速计数器均为32位加/减计数器，但适用高速计数器输入的PLC输入端只有X0～X5，如果这6个输入端中的1个已被某个高速计数器占用，它就不能再用于其他高速计数器（或其他用途）。也就是说，由于只有6个高速计数输入端，最多只能用6个高速计数器同时工作。高速计数器的选择并不是任意的，它取决于所需计数器的类型及高速输入端子，高速计数器的类型如下：

单相无起动/复位端子高速计数器C235～C240；

单相带起动/复位端子高速计数器 C241～C245；

单相双输入（双向）高速计数器 C246～C250；

双相输入（A－B 相型）高速计数器 C251～C255。

不同类型的高速计数器可以同时使用，但是它们的高速计数器输入点不能冲突。高速计数器的运行建立在中断的基础上，这意味着事件的触发与扫描时间无关。在对外部高速脉冲计数时，梯形图中高速计数器的线圈应一直通电，以表示与它有关的输入点已被使用，其他高速计数器的处理不能与它冲突。高速计数器与输入端的分配见表2-6，其应用如图2-19所示。

表2-6 高速计数器与输入端的分配

C \ X	单相单计数输入											单相双计数输入					双相双计数输入				
	235	236	237	238	239	240	241	242	243	244	245	246	247	248	249	250	251	252	253	254	255
X0	UD						UD			UD		U	U		U		A	A		A	
X1		UD					R			R		D	D		D		B	B		B	
X2			UD					UD			UD		R		R			R		R	
X3				UD				R			R			U		U			A		A
X4					UD				UD					D		D			B		B
X5						UD			R					R		R			R		R
X6										S					S					S	
X7											S					S					S

注：U表示增计数输入，D表示减计数输入，A表示A相输入，B表示B相输入，R表示复位输入，S表示起动输入。

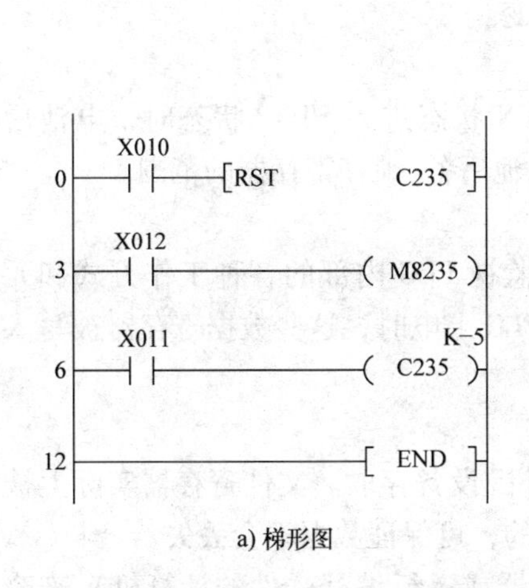

a) 梯形图

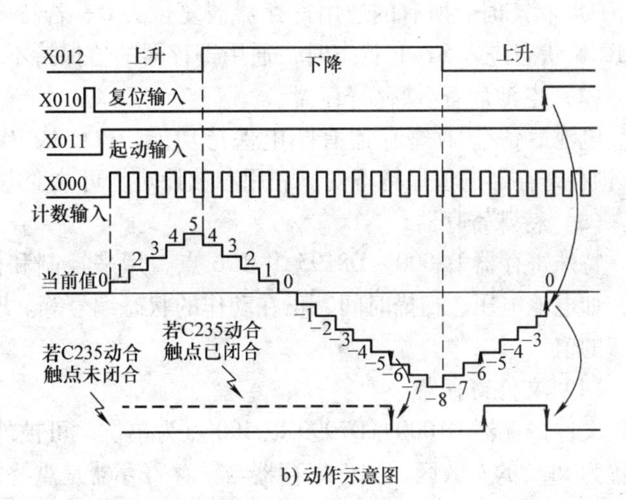

b) 动作示意图

图2-19 C235的应用

如图2-19所示，若X10闭合，则C235复位；若X12闭合，则C235作减计数；若X12断开，则C235作加计数；若X11闭合，则C235对X0输入的高速脉冲进行计数。当计数器的当前值由－5到－6减少时，C235动合触点（先前已经闭合）断开；当计数器的当前值

由 -6 到 -5 增加时，C235 动合触点闭合。

（3）计数频率

计数器最高计数频率受两个因素限制：一是各个输入端的响应速度，主要是受硬件的限制；二是全部高速计数器的处理时间，这是高速计数器计数频率受限制的主要因素。由于高速计数器的工作采用中断方式，故计数器用得越少，可计数频率就越高。如果某些计数器用比较低的频率计数，则其他计数器可用较高的频率计数。

7. 数据寄存器（D）

FX 系列 PLC 的数据寄存器见表 2-7。数据寄存器在模拟量检测与控制以及位置控制等场合用来储存数据和参数，数据寄存器可储存 16 位二进制数或 1 个字，2 个数据寄存器合并起来可以存放 32 位数据（双字）。在 D0 和 D1 组成的双字中，D0 存放低 16 位，D1 存放高 16 位。字或双字的最高位为符号位，该位为 0 时数据为正，为 1 时数据为负。

表 2-7　FX 系列 PLC 的数据寄存器

PLC	FX_{1S}	FX_{1N}	FX_{2N}、H_{2U}	FX_{3U}
通用寄存器	128（D0 ~ D127）		200（D0 ~ D199）	
电池后备/锁存寄存器	128（D128 ~ D255）	7872（D128 ~ D7999）	7800（D200 ~ D7999）	
特殊寄存器	256（D8000 ~ D8255）	256（D8000 ~ D8255）	106（D8000 ~ D8195）	512（D8000 ~ D8511）
文件寄存器（R）	1500（D1000 ~ D2499）	7000（D1000 ~ D7999）		
外部调节寄存器（F）	2（D8030，D8031）		—	

（1）通用寄存器

将数据写入通用寄存器后，其值将保持不变，直到下一次被改写。PLC 从 RUN 状态进入 STOP 状态时，所有的通用寄存器被复位为 0。若特殊辅助继电器 M8033 为 ON，则 PLC 从 RUN 状态进入 STOP 状态时，通用寄存器的值保持不变。

（2）电池后备/锁存寄存器

电池后备/锁存寄存器有断电保持功能，PLC 从 RUN 状态进入 STOP 状态时，电池后备/锁存寄存器的值保持不变。利用参数设定，可改变电池后备/锁存寄存器的范围。

（3）特殊寄存器

特殊寄存器 D8000 ~ D8195 共 196 点，用来控制和监视 PLC 内部的各种工作方式和元件，如电池电压、扫描时间、正在动作的状态编号等。PLC 上电时，这些数据寄存器被写入默认的值。

（4）文件寄存器

文件寄存器 D1000 ~ D7999 以 500 点为单位，可被外围设备存取。文件寄存器实际上被设置为 PLC 的参数区，文件寄存器与锁存寄存器是重叠的，可保证数据不会丢失。

FX_{1S}的文件寄存器只能用外围设备（如手持式编程器或运行编程软件的计算机）来改写。其他系列的文件寄存器可通过 BMOV（块传送）指令改写。

8. 变址寄存器（V/Z）

FX 系列 PLC 有 16 个变址寄存器 V0 ~ V7 和 Z0 ~ Z7，在 32 位操作时将 V、Z 合并使用，Z 为低位。变址寄存器可用来改变软元件的元件号，例如，当 V0 = 12 时，数据寄存器 D6V0，则相当于 D18（6 + 12 = 18）。通过修改变址寄存器的值，可以改变实际的操作数。

变址寄存器也可以用来修改常数的值，例如，当 Z0 =21 时，K48Z0 相当于常数 69（48 + 21 =69）。

9. 指针（P/I）

指针包括分支和子程序用的指针（P）以及中断用的指针（I）。在梯形图中，指针放在左侧母线的左边。

任务2　PLC的数据类型

在 PLC 内部和用户应用程序中使用着大量数据，这些数据从结构或数制上具有以下几种形式。

1. 十进制数

十进制数在 PLC 中又称字数据，主要用于定时器、计数器的设定值和当前值，辅助继电器、定时器、计数器、状态继电器等的编号，也用于指定应用指令中的操作数，常用 K 来表示。

2. 二进制数

十进制数、八进制数、十六进制数、BCD 码在 PLC 内部均是以二进制数的形态存在，但使用外围设备进行系统运行监控显示时，会还原成原来的数制。1 位二进制数在 PLC 中又称位数据，它主要用来表示继电器、定时器、计数器的触点及线圈的状态。

3. 八进制数

FX 系列 PLC 的输入继电器、输出继电器的地址编号均采用八进制数来表示。

4. 十六进制数

十六进制数用于指定应用指令中的操作数，常用 H 来表示。十六进制包括 0 ~ 9 和 A ~ F 这 16 个数字，16 位操作数的范围为 0 ~ FFFF，32 位操作数的范围为 0 ~ FFFFFFFF。

5. BCD 码

BCD 码是以 4 位二进制数表示与其对应的 1 位十进制数的方法。PLC 中的十进制数常以 BCD 码的形式出现，它还常用于 BCD 码输出的数字开关或 7 段码显示等方面。

6. 浮点数

在计算机（包含 PLC，下同）中，除了整数之外，还有小数。确定小数点的位置通常有两种方法：一种是规定小数点位置固定不变，称为定点数；另一种是小数点的位置不固定，可以浮动，称为浮点数。

在计算机中，通常用定点数来表示整数和纯小数，分别称为定点整数和定点小数。对于既有整数部分又有小数部分的数，一般用浮点数 E 来表示，其范围为 -1.0×2^{128} ~ -1.0×2^{-126}，0，1.0×2^{-126} ~ 1.0×2^{128}。

（1）定点整数

在定点数中，当小数点的位置固定在最低位的右边时，就表示 1 个整数。请注意：小数点并不单独占 1 个二进制位，而是默认在最低位的右边。定点整数又分为有符号数和无符号数两类。

（2）定点小数

当小数点的位置固定在符号位与最高位之间时，就表示 1 个纯小数。因为定点数所能表示数的范围较小，常常不能满足实际问题的需要，所以要采用能表示数的范围更大的浮点数。

（3）浮点数

在浮点数表示法中，小数点的位置是可以浮动的。具体格式是由一个整数或定点小数（即尾数 S）乘以某个基数（计算机中通常是 2）的整数次幂（即阶码 P），即 $S \times 2^{P}$，这种表示方法类似于基数为 10 的科学记数法。在大多数计算机中，都把尾数 S 定为二进制纯小数，把阶码 P 定为二进制定点整数。尾数 S 的二进制位数决定了所表示数的精度；阶码 P 的二进制位决定了所能表示数的范围。为了使所表示的浮点数既精度高又范围大，就必须合理规定浮点数的存储格式。

在 FX 系列 PLC 中提供了二进制浮点运算和十进制浮点运算。二进制浮点数采用编号连续的一对数据寄存器表示，例如 D11 和 D10 组成的 32 位寄存器中，D10 的 16 位加上 D11 的低 7 位共 23 位为浮点数的尾数，而 D11 中除最高位的前 8 位为指数，D11 最高位是尾数的符号位（0 为正，1 为负），其具体表示如下。

$$\text{二进制浮点数} = \pm\left(2^{0} + A22 \times 2^{-1} + A21 \times 2^{-2} + \cdots + A1 \times 2^{-22} + A0 \times 2^{-23}\right) \times 2^{(E7 \times 2^{7} + E6 \times 2^{6} + \cdots + E0 \times 2^{0}) - 127}$$

D11										D10				
	2^{7}	2^{6}	•••	2^{1}	2^{0}	2^{-1}	2^{-2}	•••	2^{-6}	2^{-7}	2^{-8}	2^{-9}	•••	2^{-22}	2^{-23}
S	E7	E6	•••	E1	E0	A22	A21	•••	A17	A16	A15	A14	•••	A1	A0
符号位	指数8位					尾数23位									

10 进制的浮点数也用一对数据寄存器表示，编号小的数据寄存器为尾数，编号大的为指数，例如使用数据寄存器（D1，D0）时，表示的十进制浮点数为〔尾数 D0〕× $10^{〔\text{指数D1}〕}$，其中，D0，D1 的最高位是正、负符号位。

7. 有符号数

PLC 内部的数据可以进行四则运算，运算结果可能产生负数，这样就产生了“有符号数”，事实上，PLC 内部的寄存器 D、32 位计数器 C 的数据、所有四则和函数运算指令都可按“有符号数”进行运算操作。

寄存器中的最高位（bit15 或 bit31）代表符号位，当符号位为 0 时，表示为正数，当符号位为 1 时，表示为负数。因此，16 位寄存器值的取值范围是 -32 768（H8000）~ 32 767（H7FFF），32 位寄存器值的取值范围是 -2 147 483 648（H80000000）~ 2 147 483 647（H7FFFFFFF）。负数是其数值的补码，其绝对值的计算方法是“先将有符号数逐位取反，然后再加 1”，例如 HEX 格式的 HFFFF，其绝对值 = H0000 + 1 = 1，即“HFFFF”代表 -1；又例如 HEX 格式的 H8000，其绝对值 = H7FFF + 1 = 32 768，即有符号数 H8 000 代表 -32 768，是 16 位寄存器最小的负值。同理，32 位的最小负值为有符号数 H80000000，即 -2 147 483 648。

进行数值比较大的加减运算时，要注意符号的处理，尤其是出现进位或借位操作时，要进行“借位标志”、“进位标志”的判断及相应处理，否则可能导致计算结果出错。无符号数，即没有符号位，默认都为正数，对于 16 位寄存器，其取值范围是 0 ~ 65535，有些计时、计数的应用场合只有正数，需按无符号数处理，在作加减运算时，需要防止计算结果溢出，导致计算错误。当进行逻辑运算时（如“逻辑与”、“逻辑或”等运算指令），操作数是当做无符号数进行处理的，符号位与其他位同等参与逻辑运算。

任务 3　三菱 GX 编程软件的操作实训

1. 实训目的

1）熟悉 GX Developer 软件界面。

2）会用梯形图和指令表方式编制程序。

3）掌握利用 PLC 编程软件进行编辑、调试等的基本操作。

2. 实训器材

1）PLC 应用技术综合实训装置 1 台。

2）开关、按钮板模块 1 个。

3）指示灯模块 1 个（或黄、绿、红发光二极管各 1 个）。

3. 实训指导

GX Developer Version8. 34L（SW8D5C – GPP – C）编程软件适用于目前三菱 Q 系列、QnA 系列、A 系列、FX 系列以及汇川的 H_{2U}、H_{1U} 系列的所有 PLC，可在 Windows 95/Windows 98/Windows 2000 及 Windows XP 操作系统中运行。GX Developer 编程软件可以编写梯形图程序和状态转移图程序，它支持在线和离线编程功能，不仅具有软元件注释、声明、注解及程序监视、测试、检查等功能，还可直接设定 CC – Link 及其他三菱网络参数，能方便地实现监控、故障诊断、程序的传送及程序的复制、删除和打印等。此外，它还具有运行写入功能，这样可以避免频繁操作 RUN/STOP 开关，方便程序的调试。

（1）编程软件的安装

GX Developer Version8. 34L 编程软件的安装可按如下步骤进行。

1）启动计算机进入 Windows 系统，双击“我的电脑”图标，找到编程软件的存放位置并双击，出现如图 2-20 所示界面。

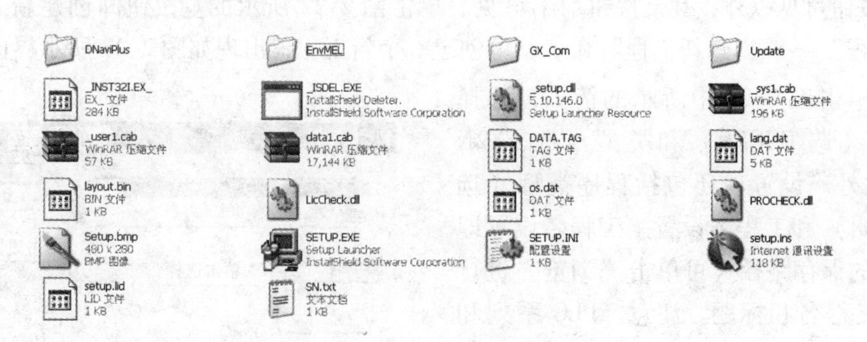

图 2-20　编程软件的安装界面 1

2）双击图 2-20 所示的“EnvMEL”图标，出现如图 2-21 所示界面。

3）双击图 2-20 所示的“SN. txt”图标，记下产品的 ID：952 – 501205687。

4）双击图 2-20 所示的“SETUP. EXE”图标，然后按照弹出的对话框进行操作，直至单击“结束”按钮。

（2）进入和退出编程环境

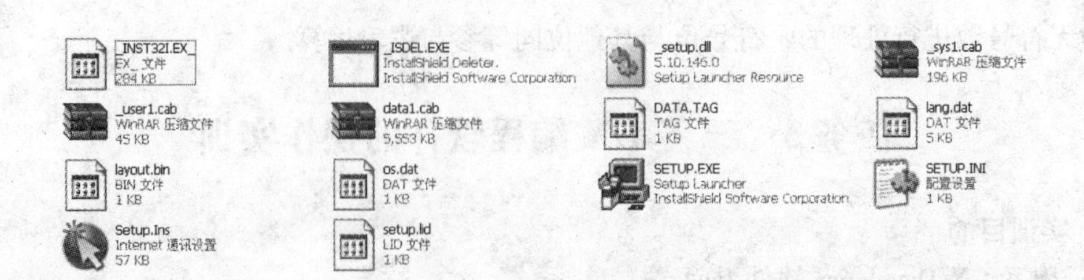

图 2-21　编程软件的安装界面 2

在计算机上安装好 GX Developer 编程软件后，执行“开始”→“程序”→“MELSOFT 应用程序”→“GX Developer”命令，即进入编程环境，其界面如图 2-22 所示。若要退出编程环境，则执行“工程”→“退出工程”命令，或直接单击“关闭”按钮即可退出编程环境。

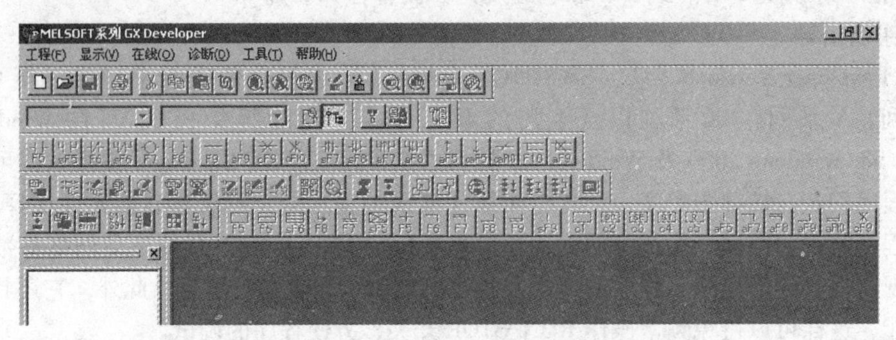

图 2-22　运行 GX Developer 后的界面

（3）创建新工程

进入编辑环境后，可以看到该窗口编辑区域是不可用的，工具栏中除了“新建”和“打开”按钮可见以外，其余按钮均不可见。单击图 2-22 所示的□按钮即创建新工程，或执行“工程”→“创建新工程”命令，可创建一个新工程，出现如图 2-23 所示界面。

分别单击图 2-23 中所示的箭头，选择 PLC 系列（选 FXCPU）和类型（选 FX2N(C)）。此外，设置项还包括程序类型（选梯形图逻辑）和工程名设置。工程名设置即设置工程的保存路径（可单击“浏览”进行选择）、工程名和标题。注意，PLC 系列和 PLC 类型两项必须设置，且须与所连接的 PLC 一致，否则程序将无法写入 PLC。设置好上述各项后，再按照弹出的对话框进行操作，直至出现如图 2-24 所示窗口，即可进行程序的编制。

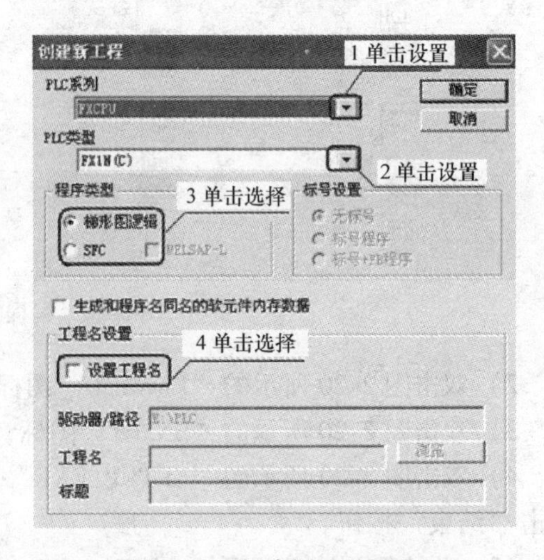

图 2-23　创建新工程界面

（4）软件界面

1）菜单栏。GX Developer 编程软件有

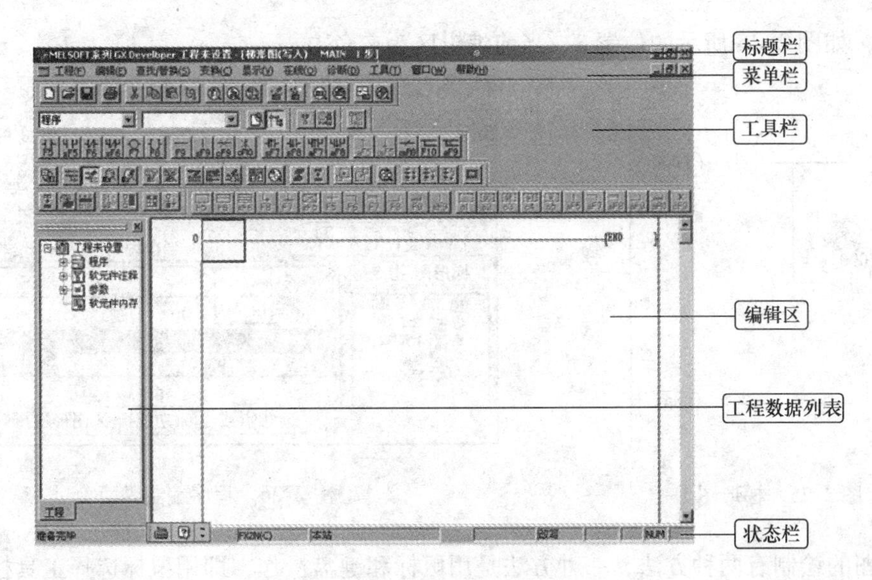

图2-24 程序的编辑窗口

10个菜单项。“工程”菜单项可执行工程的创建、打开、保存、关闭、删除、打印等；“编辑”菜单项提供图形（或指令）程序编辑的工具，如复制、粘贴、插入行（列）、删除行（列）、画连线、删除连线等；“查找/替换”主要用于查找/替换软元件、指令等；“变换”只在梯形图编程方式可见，程序编好后，需要将图形程序转化为系统可以识别的程序，因此需要进行变换才可存盘、传送等；“显示”用于梯形图与指令表之间的切换、注释、申明和注解的显示或关闭等；“在线”主要用于实现计算机与PLC之间的程序传送、监视、调试及检测等；“诊断”主要用于PLC诊断、网络诊断及CC－Link诊断；“工具”主要用于程序检查、参数检查、数据合并、注释或参数清除等；“帮助”主要用于查阅各种错误代码等功能。

2）工具栏。工具栏分为主工具栏、图形编辑工具栏、视图工具栏等，它们在工具栏的位置是可以拖拽改变的。主工具栏提供文件新建、打开、保存、复制、粘贴等功能；图形工具栏只在图形编程时才可见，提供各类触点、线圈、连接线等图形；视图工具栏可实现屏幕显示切换，如可在主程序、注释、参数等内容之间实现切换，也可实现屏幕放大/缩小和打印预览等功能。此外，工具栏还提供程序的读/写、监视、查找和程序检查等快捷执行按钮。

3）编辑区。编辑区是对程序、注解、注释、参数等进行编辑的区域。

4）工程数据列表。以树状结构显示工程的各项内容，如程序、软元件注释、参数等。

5）状态栏。显示当前的状态，如鼠标所指按钮功能提示、读写状态、PLC的型号等内容。

（5）梯形图方式编制程序

下面通过一个具体实例，介绍用GX Developer编程软件在计算机上编制如图2-25所示梯形图程序的操作步骤。

在用计算机编制梯形图程序之前，首先单击图2-26所示程序编制画面中的位置1，即按钮或按“F2”键，使其为写模式（查看状态栏），然后单击图2-26所示的位置2，即按钮，选择梯形图显示，即程序在编辑区中以梯形图的形式显示。下一步是选择当前编辑的区域，如图 2-26 所示的位置 3，当前编辑区为蓝色方框。

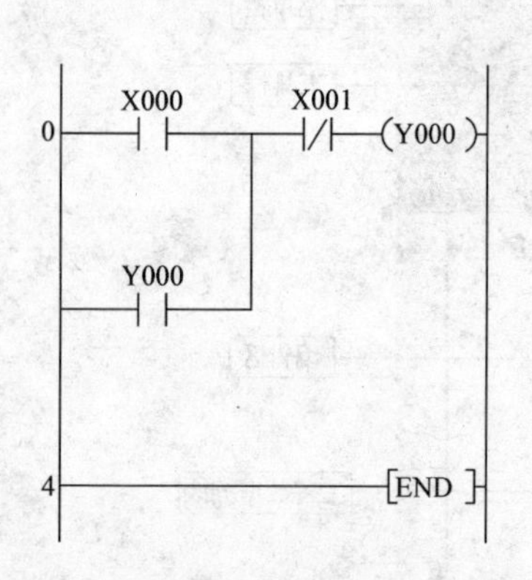

图 2-25　梯形图 1

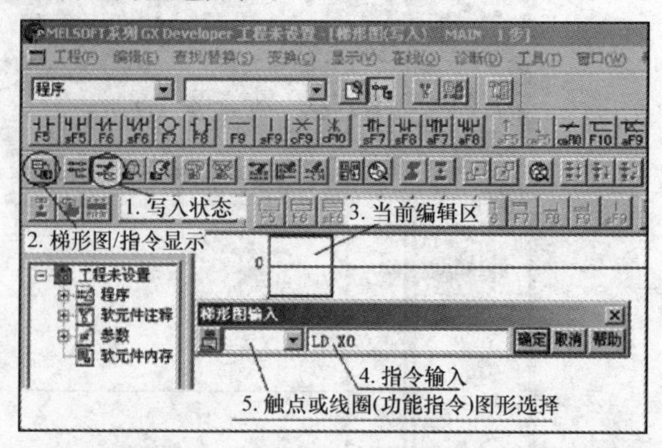

图 2-26　程序编制界面

梯形图的绘制有两种方法，一种方法是用鼠标和键盘操作，即用鼠标选择工具栏中的图形符号，再用键盘输入其软元件、软元件号再按“Enter”键即可。编制图 2-25 所示梯形图的操作如下：

1）单击图 2-27 所示的位置 1，从键盘输入 X→0，然后按回车键；

2）单击图 2-27 所示的位置 3，从键盘输入 X→1，然后按回车键；

3）单击图 2-27 所示的位置 4，从键盘输入 Y→0，然后按回车键；

4）单击图 2-27 所示的位置 2，从键盘输入 Y→0，然后按回车键，即生成图 2-27 所示梯形图。

梯形图程序编制完后，在写入 PLC（或保存）之前，必须进行变换。单击图 2-27 所示的位置 5“变换”菜单下的“变换”命令，或直接按“F4”键完成变换，此时编辑区不再是灰色状态，即可以存盘或传送。

另一种方法是用键盘操作，即通过键盘输入完整的指令。即在当前编辑区输入 L→D→空格→X→0→“Enter”键（或单击“确定”按钮），则 X0 的动合触点就在编辑区域中显示出来。然后输入 A→N→I→空格→X→1→“Enter”键，然后输入 O→U→T→空格→Y→0→“Enter”键，最后输入 O→R→空格→Y→0→“Enter”键，即绘制出如图 2-27 所示图形。梯形图程序编制完后，也必须单击图 2-27 所示“变换”菜单下的“变换”命令才可以存盘或传送。

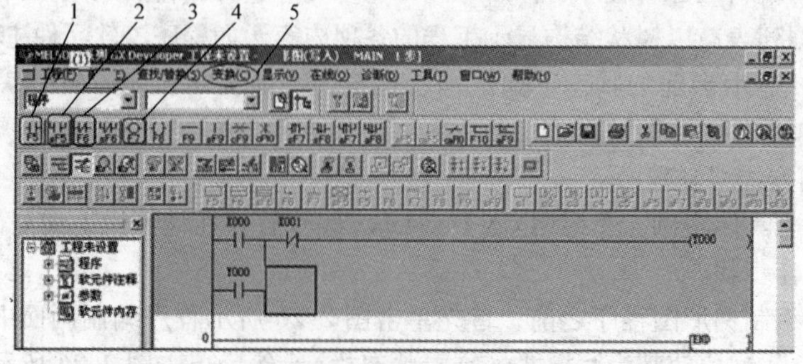

图 2-27　程序变换前的界面

注：在输入的时候要注意阿拉伯数字 0 和英文字母 O 的区别以及空格的问题。

图2-28所示为有定时器、计数器线圈及功能指令的梯形图，如用键盘操作，则在当前编辑区输入L→D→空格→X→0→“Enter”键，再输入O→U→T→空格→T→0→空格→K→100→“Enter”键，然后输入O→U→T→空格→C→0→空格→K→6→“Enter”键，最后输入M→O→V→空格→K→2→0→空格→D→1→0→“Enter”键；如用鼠标和键盘操作，则选择其对应的图形符号，再输入软元件、软元件号以及定时器和计数器的设定值及“Enter”键，依次完成所有指令的输入。

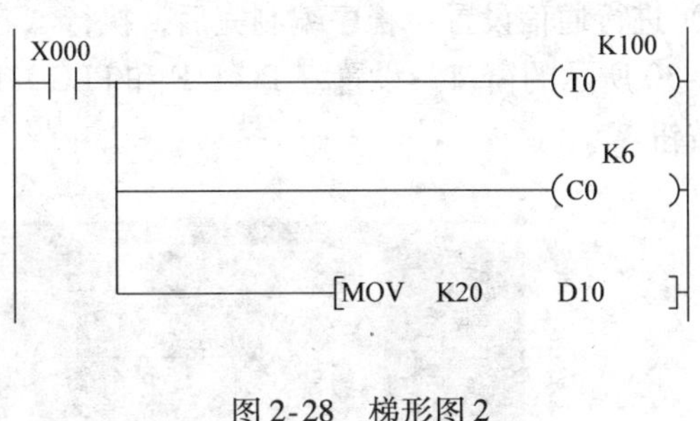

图2-28　梯形图2

（6）指令表方式编制程序

指令表方式编制程序即直接输入指令并以指令的形式显示的编程方式。对于图2-25所示的梯形图，其指令表程序在屏幕上的显示如图2-29所示。具体操作为单击图2-26所示的位置2或按“Alt+F1”组合键，即选择指令表显示，其余与上述介绍的用键盘输入指令的方法完全相同，且指令表程序不需变换。

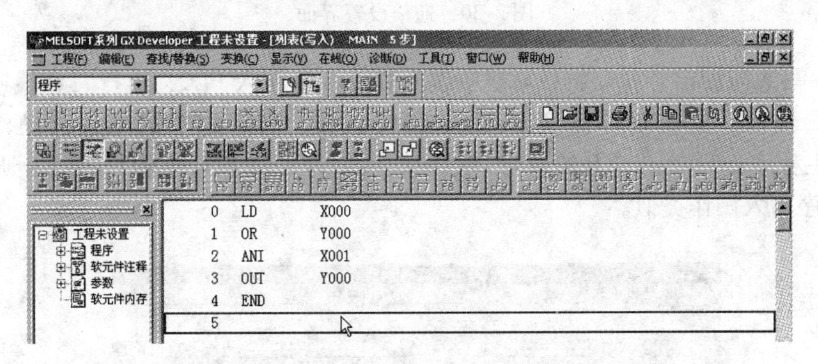

图2-29　指令表方式编制程序的界面

（7）保存、打开工程

当梯形图程序编制完后，必须先进行变换（即执行“变换”菜单中的“变换”命令），然后单击按钮或执行“工程”菜单中的“保存”或“另存为”命令，系统会提示（如果新建时未设置）保存的路径和工程的名称，设置好路径和输入工程名称后单击“保存”按钮即可。当需要打开保存在计算机中的程序时，单击按钮，在弹出的窗口中选择保存的“驱动器/路径”和“工程名”，然后单击“打开”按钮即可。

（8）程序的写入、读出

将计算机中用GX Developer编程软件编好的用户程序写入PLC的CPU，或将PLC CPU中的用户程序读到计算机，一般需要以下几步。

1）PLC与计算机的连接。正确连接计算机（已安装好了GX Developer编程软件）和PLC的编程电缆（专用电缆），注意PLC接口与编程电缆头的方位不要弄错，否则容易造成损坏。

2）进行通信设置。程序编制完后，执行“在线”菜单中的“传输设置”命令后，出现如图 2-30 所示的窗口，设置好 PC I/F 和 PLC I/F 的各项设置，其他项保持默认，单击“确定”按钮。

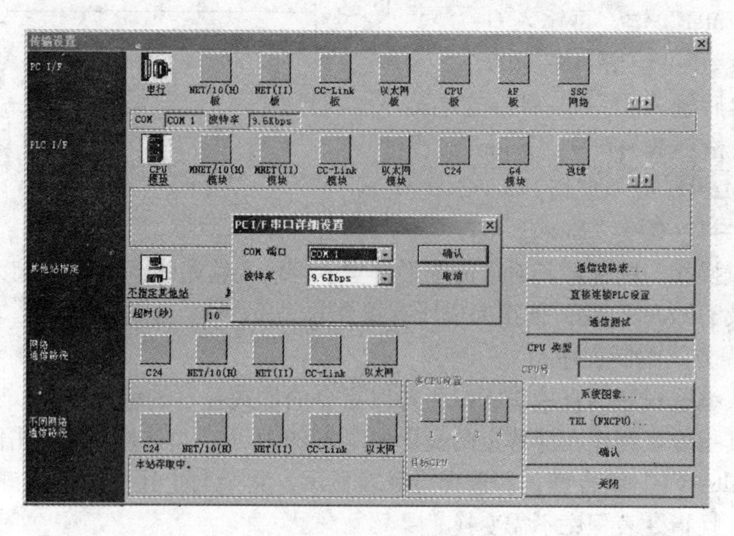

图 2-30　通信设置界面

3）程序写入与读出。若要将计算机中编制好的程序写入 PLC，执行“在线”菜单中的“写入 PLC”命令，则出现如图 2-31 所示窗口。根据出现的对话框进行操作，即选中“MAIN”（主程序）后单击“开始执行”按钮即可。若要将 PLC 中的程序读出到计算机中，其操作与程序写入操作类似。

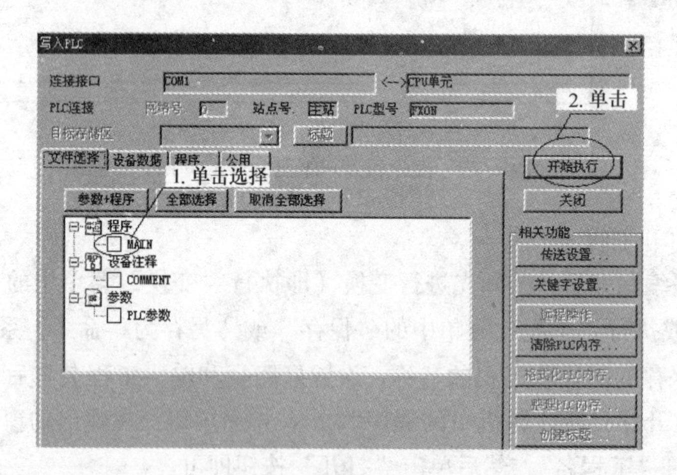

图 2-31　程序写入界面

（9）程序的删除与插入

删除、插入操作可以是 1 个图形符号，也可以是 1 行，还可以是 1 列（END 指令不能被删除），其操作有如下几种方法。

1）将当前编辑区定位到要删除、插入的图形处，单击鼠标右键，在快捷菜单中选择需要的操作。

2）将当前编辑区定位到要删除、插入的图形处，在“编辑”菜单中执行相应的命令。

3）将当前编辑区定位到要删除的图形处，然后按键盘上的“Del”键即可。

4）若要删除某一段程序时，可拖动鼠标选中该段程序，然后按键盘上的“Del”键，或执行“编辑”菜单中的“删除行”或“删除列”命令。

5）按键盘上的“Ins”键，使屏幕右下角显示“插入”，然后将光标移到要插入的图形处，输入要插入的指令即可。

（10）程序的修改

若发现梯形图有错误，可进行修改操作。如将图2-25所示的X1由动断改为动合：首先按键盘上的“Ins”键，使屏幕右下角显示“改写”，然后将当前编辑区定位到要修改的图形处，输入正确的指令即可。若将X1动合再改为X2动断，则可输入LDI X2或ANI X2，即可将原来的错误程序覆盖。

（11）删除与绘制连线

若将图2-25所示X0右边的竖线去掉，在X1右边加一竖线，其操作如下：

1）将当前编辑区置于要删除的竖线右上侧，然后单击按钮，再按“Enter”键即可删除竖线。

2）将当前编辑区定位到图2-25所示X1触点右侧，然后单击按钮，再按“Enter”键即在X1右侧添加了一条竖线。

3）将当前编辑区定位到图2-25所示Y0触点的右侧，然后单击按钮，再按“Enter”键即添加了一条横线。

（12）复制与粘贴

首先拖曳鼠标选中需要复制的区域，单击鼠标右键执行“复制”命令（或“编辑”菜单中“复制”命令），再将当前编辑区定位到要粘贴的区域，执行“粘贴”命令即可。

（13）工程打印

如果要将编制好的程序打印出来，可按以下几步进行。

1）执行“工程”菜单中的“打印机设置”命令，根据对话框设置打印机。

2）执行“工程”菜单中的“打印”命令。

3）在选项卡中选择梯形图或指令列表。

4）设置要打印的内容，如主程序、注释、申明等。

5）设置好后可以进行打印预览，若符合打印要求，则执行“打印”命令。

（14）工程校验

工程校验就是对两个工程的主程序或参数进行比较，若两个工程完全相同，则校验的结果为“没有不一致的地方”；若两个工程有不同的地方，则校验后分别显示校验源和校验目标的全部指令，其具体操作如下：

1）执行“工程”→“校验”命令，弹出如图2-32所示的对话框。

2）单击“浏览”按钮，选择校验的目标工程的“驱动器/路径”、“工程名”，再选择校验的内容（如选中图2-32所示的“MAIN”和“PLC参数”），然后单击“执行”按钮。若单击“关闭”按钮，则退出校验。

3）单击“执行”按钮后，弹出校验结果。若两个工程完全相同，则校验结果显示为“没有不一致的地方”；若两个工程有不同的地方，则校验后将两者不同的地方分别显示出来。

（15）创建软元件注释

创建软元件注释的操作步骤如下。

1）单击“工程数据列表”中“软元件注释”前的“+”标记，再双击树下的“COMMENT”（通用注释），即弹出如图 2-33 所示的窗口。

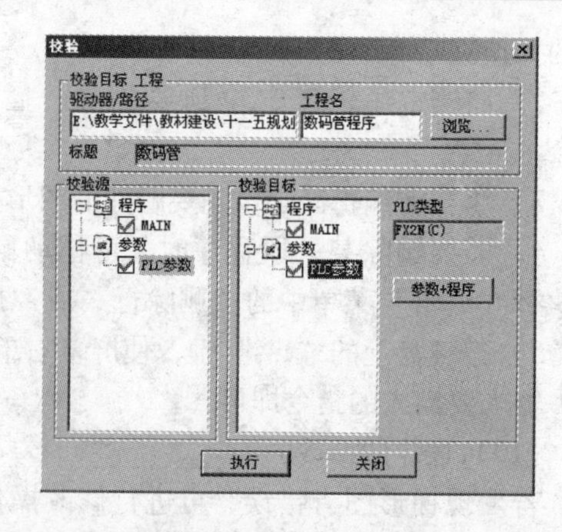

图 2-32　“校验”对话框

2）在弹出的注释编辑窗口中的“软元件名”的文本框中输入需要创建注释的软元件名，如 X0，再按“Enter”键或单击“显示”按钮，则显示出所有的“X”软元件名。

3）在“注释”栏中选中“X0”，输入“起动按钮”，再输入其他注释内容，但每个注释内容不能超过 32 个字符。

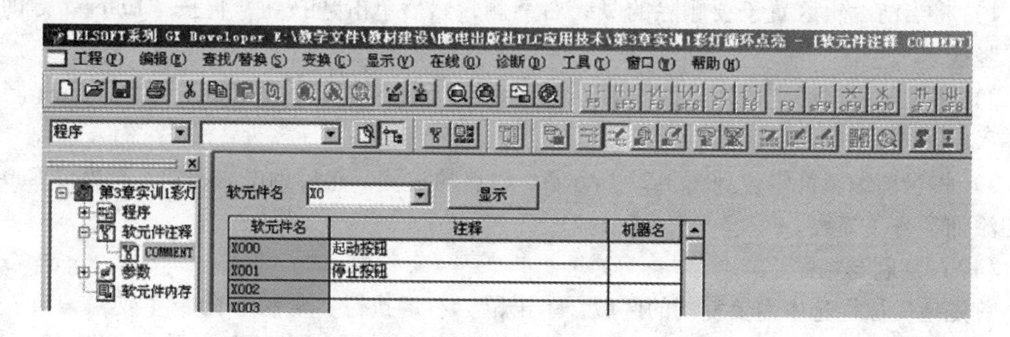

图 2-33　创建软元件注释窗口

4）双击“工程数据列表”中的“MAIN”，则显示梯形图编辑窗口，在菜单栏中执行“显示”→“注释显示”命令或按“Ctrl + F5”组合键，即在梯形图中显示注释内容。另外，也可以通过单击工具栏中的注释编辑图标，然后在梯形图的相应位置进行注释编辑。

除此之外，GX Developer 编程软件还有许多其他功能，如单步执行功能，即执行“在线”→“调试”→“单步执行”命令，可以使 PLC 一步一步依程序向前执行，从而判断程序是否正确。又如在线修改功能，即执行“工具”→“选项”→“运行时写入”命令，然后根据对话框进行操作，可在线修改程序的任何部分。还有如改变 PLC 的型号、程序检查、程序监控、梯形图逻辑测试等功能。

4. 实训内容

将图 2-34 所示梯形图或表 2-8 所示指令表写入 PLC 中，运行程序，并观察 PLC 的输出情况。

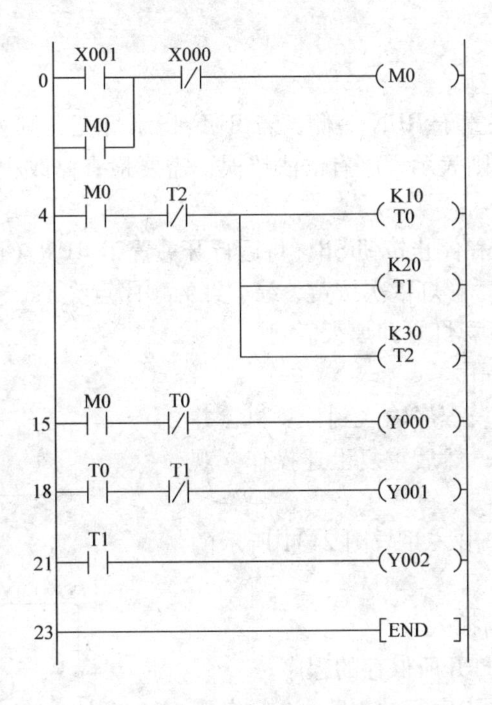

图2-34　实训梯形图

表2-8　实训指令表

步序	指令	步序	指令	步序	指令
0	LD X001	6	OUT T0 K10	18	LD T0
1	OR M0	9	OUT T1 K20	19	ANI T1
2	ANI X000	12	OUT T2 K30	20	OUT Y001
3	OUT M0	15	LD M0	21	LD T1
4	LD M0	16	ANI T0	22	OUT Y002
5	ANI T2	17	OUT Y000	23	END

（1）PLC与计算机的连接

1）在PLC与计算机电源断开的情况下，将SC－09通信电缆连接到计算机的RS－232C串行接口（如COM1）和PLC的编程接口。

2）接通PLC与计算机的电源，并将PLC的运行开关置于STOP一侧。

（2）梯形图方式编制程序

1）进入编程环境。

2）新建一个工程，并将保存路径和工程名称设为“E：\ 阮友德 \ 第2章实训2”。

3）将图2-34所示梯形图输入计算机中（用梯形图显示方式）。

4）保存工程，然后退出编程环境，再根据保存路径打开工程。

5）将程序写入PLC的CPU中，注意PLC的串行口设置必须与所连接的一致。

（3）连接电路

按图2-35所示连接好外部电路，经教师检查系统接线正确后，接通DC 24V电源（注意 DC 24V 电源的极性）。

（4）通电观察

1）将 PLC 的运行开关置于 RUN 一侧，若 RUN 指示灯亮，则表示程序没有语法错误；若 PROG－E 指示灯闪烁，则表示程序有语法错误，需要检查修改程序，并重新将程序写入 PLC 中。

2）断开起动按钮 SB1 和停止按钮 SB，将运行开关置于 RUN（运行）状态，彩灯不亮。

3）闭合起动按钮 SB1，彩灯依次按黄、绿、红的顺序点亮 1s，并循环。

4）闭合停止按钮 SB，彩灯立即熄灭。

（5）指令表方式编制程序

1）将表 2-8 所示指令表程序输入到计算机，并将程序写入 PLC 的 CPU 中，然后重复上述操作，观察运行情况是否一致。

2）将 PLC 中的程序读出，并与图 2-34 所示的梯形图比较是否一致。

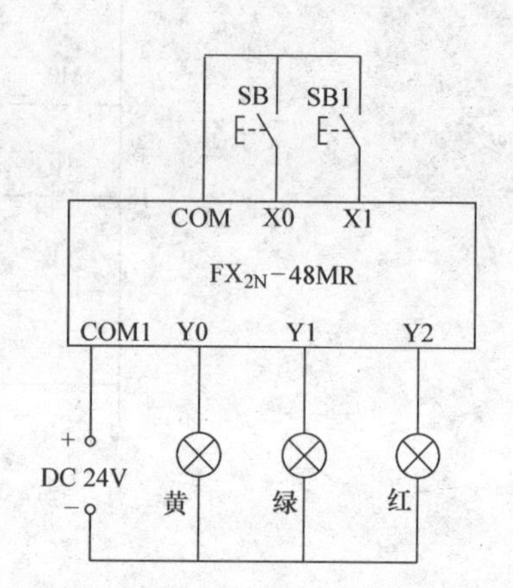

图 2-35　彩灯循环点亮的系统接线图

注：模块上的指示灯均已串联了 1kΩ 电阻，下同

（6）练习程序的删除与插入

1）按照上述保存路径打开所保存的程序。

2）将图 2-34 所示第 0 步序行的 M0 动合触点删除，并另存为“E：\ 阮友德 \ 第 2 章实训 2. 1”。

3）将删除后的程序写入 PLC 中，并运行程序，观察 PLC 的运行情况。

4）删除图 2-34 所示的其他触点，然后再插入，反复练习，掌握其操作要领。

5）将程序恢复到原来的形式，并另存为“E：\ 阮友德 \ 第 2 章实训 2. 2”。

（7）练习程序的修改

1）将图 2-34 所示第 4 步序行的 K10、K20 和 K30 分别改为 K20、K40 和 K60，并存盘。

2）将修改后的程序写入 PLC 中，并运行程序，观察 PLC 的运行情况。

3）将图 2-34 所示第 15 步序行的 Y000 改为 Y010，并存盘。

4）将修改后的程序写入 PLC 中，并运行程序，观察 PLC 的运行情况。

5）修改图 2-34 所示的其他软元件，反复练习，掌握其操作要领。

6）将程序恢复到原来的形式并存盘。

（8）练习连线的删除与绘制

1）将图 2-34 所示第 0 步序行的 M0 动合触点右边的竖线移到动断触点 X0 的右边，并存盘。

2）将修改后的程序写入 PLC 中，并运行程序，观察 PLC 的运行情况。

3）将程序恢复到原来的形式。

4）在图 2-34 中删除与绘制其他软元件右边的连线，反复练习，掌握其操作要领。

5）将程序恢复到原来的形式，并存盘。

（9）练习程序的复制与粘贴

1）将图 2-34 所示第 0 步序行复制，然后粘贴到第 23 步序行的前面，再将第 0 步序行删除。

2）将修改后的程序写入PLC中，并运行程序，观察PLC的运行情况。

3）在图2-34所示其他位置进行复制与粘贴，反复练习，掌握其操作要领。

4）将程序恢复到原来的形式，并存盘。

（10）练习工程的校验

1）按照“E:\阮友德\第2章实训2”的路径和工程名打开所保存的程序。

2）将该程序与目标程序（E:\阮友德\第2章实训2.1）进行校验，观察校验的结果。

3）将该程序与目标程序（E:\阮友德\第2章实训2.2）进行校验，观察校验的结果。

（11）练习增加注释

给图2-34所示梯形图增加软元件注释，注释内容见表2-9。

表2-9 软元件注释内容

软元件	注释内容	软元件	注释内容	软元件	注释内容
X0	停止按钮	T0	黄灯延时	M0	辅助继电器
X1	起动按钮	T1	绿灯延时		
Y0～Y2	黄灯、绿灯、红灯	T2	红灯延时		

（12）练习工程的打印

1）将图2-34所示梯形图打印出来。

2）将图2-34所示梯形转换成指令表的形式，并将其打印出来。

（13）其他功能

1）使用单步执行功能调试上述程序。

2）使用梯形图逻辑测试功能调试上述程序。

3）使用监视功能监视上述程序的执行过程。

4）修改PLC的类型。

课题3 了解FX系列PLC

1. 了解FX系列PLC的发展过程及各子系列的特点。
2. 掌握FX系列PLC名称的含义。
3. 掌握FX系列PLC的输入、输出指标。
4. 上网了解FX系列PLC的外围扩展模块。

任务1 FX系列PLC概貌

三菱公司于20世纪80年代推出了F系列小型PLC，在20世纪90年代初F系列被F_1系列和F_2系列取代，后来又相继推出了FX_2、FX_1、FX_{2C}、FX_0、FX_{0N}、FX_{0S}等系列产品。目前，三菱FX系列产品有FX_{1S}、FX_{1N}、FX_{2N}、FX_{3G}和FX_{3U} 5个子系列，与过去的产品相比，在性价比上又有明显的提高，可满足不同用户的需要。

FX系列是国内使用最多的PLC系列产品之一，特别是前几年推出的FX_{2N}系列PLC，具有功能强、应用范围广、性价比高等特点，在国内占有很大的市场份额。所以，本书将以FX_{2N}系列为主要讲授对象（也适合与之兼容的汇川H_{2U}系列，其不同之处请查阅附录B、C），同时，也兼顾FX的其他子系列。有关三菱PLC的资料可以在其工控网站www. meau. com下载。

1. 型号名称的含义

FX系列PLC型号名称的含义如下。

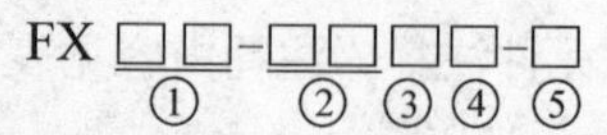

① 为系列序号，如0S、0N、1S、1N、2N、3G、3U等。

② 为I/O总点数，10~128。

③ 为单元类型，M为基本单元，E为I/O混合扩展单元或扩展模块，EX为输入专用扩展模块，EY为输出专用扩展模块。

④ 为输出形式，R为继电器输出，T为晶体管输出，S为双向晶闸管输出。对于晶体管输出PLC，则分为漏型和源型两种形式；对于FX_{3G}和FX_{3U}系列PLC，其输入均为DC 24V漏型/源型输入，可通过外部接线来进行选择。

⑤ 为特殊品种，D为DC 24V电源，24V直流输入；A1为AC电源，AC输入；A或无标记为AC电源，24V直流输入，横式端子排；H为大电流输出扩展模块（1A/点）；V为立式端子排的扩展模块；C为接插口输入/输出方式；S为独立端子（无公共端）扩展模块。例如FX_{2N}-48MR-001属于FX_{2N}系列，有48个I/O点的基本单元，DC 24V（漏型）输入，继电器输出型，使用AC 220V电源。

2. 技术性能指标

PLC的技术性能指标有一般指标和技术指标两种。一般指标主要指PLC的结构和功能情况，是用户选用PLC时必须首先了解的，而技术指标可分为一般的性能规格和具体的性能规格。FX系列PLC的基本性能指标、输入技术指标及输出技术指标见表2-10、表2-11及表2-12。

表2-10 FX系列PLC的基本性能指标

项目		FX_{1S}	FX_{1N}	FX_{2N}	FX_{3U}
运算控制方式		存储程序，反复运算			
I/O控制方式		批处理方式（在执行END指令时），可以使用I/O刷新指令			
运算处理速度	基本指令	0.55~0.7μs/指令		0.08μs/指令	0.065μs/指令
	功能指令	3.7~数百μs/指令		1.52~数百μs/指令	0.642~数百μs/指令
程序语言		梯形图和指令表			
程序容量（EEPROM）		内置2KB	内置8KB	内置8KB， 用存储盒可达16KB	内置64KB
指令数量	基本/步进	基本指令27条/步进指令2条			29条/2条
	应用指令	85种	89种	128种	209种
I/O设置		最多30点	最多128点	最多256点	最多384点

表 2-11　FX 系列 PLC 的输入技术指标

项 目	X0 ~ X7	其他输入点
输入信号电压	DC24（1 ±10%）V	
输入信号电流	DC 24V，7mA	DC 24V，5mA
输入开关电流 OFF→ON	>2.5mA	>3.5mA
输入开关电流 ON→OFF	<1.5mA	
输入响应时间	一般为 10ms	
可调节输入响应时间	X0 ~ X17 为 0 ~ 60ms（FX_{2N}），其他系列 0 ~ 15ms	
输入信号形式	无电压触点或 NPN 型集电极开路晶体管	
输入状态显示	输入 ON 时 LED 灯亮	

表 2-12　FX 系列 PLC 的输出技术指标

项目		继电器输出	晶闸管输出（仅 FX_{2N}）	晶体管输出
外 部 电 源		最大 AC 240V 或 DC 30V	AC 85 ~ 242V	DC 5 ~ 30V
最大负载	电阻负载	2A/点，8A/COM	0.3A/点，0.8A/COM	0.5A/点，0.8A/COM
	感性负载	80V · A	30V · A/AC 200V	12W/DC 24V
	灯负载	100W	30W	0.9W/DC 24V（FX_{1S}） 其他系列 1.5W/DC 24V
最小负载		电压 < DC 5V 时 2mA 电压 < DC 24V 时 5mA（FX_{2N}）	2.3V · A/AC 240V	—
响应时间	OFF→ON	10ms	1ms	<0.2ms；<5μs（仅 Y0，Y1）
	ON→OFF	10ms	10ms	<0.2ms；<5μs（仅 Y0，Y1）
开路漏电流		—	2.4mA/AC240V	0.1mA/DC30V
电路隔离		继电器隔离	光敏晶闸管隔离	光耦合器隔离
输出动作显示		线圈通电时 LED 亮		

任务 2　FX 系列 PLC

目前，三菱公司的 FX 系列产品中有 FX_{1S}、FX_{1N}、FX_{2N}、FX_{3G}、FX_{3U} 5 个子系列，各子系列又有多种基本单元，并且在 FX_{1N}、FX_{2N}、FX_{3U} 子系列产品中分别还有 FX_{1NC}、FX_{2NC}、FX_{3UC} 3 类变形产品。其主要区别在 I/O 连接方式及 PLC 电源上，变形产品的 I/O 连接方式是接插方式，只能使用 DC 24V 输入，其他性能方面两类产品无太大区别。因此，本书所指的 FX 系列 PLC 就涵盖了这类产品。

1. FX_{1S} 系列 PLC

FX_{1S} 系列 PLC 是用于极小系统的超小型 PLC，可进一步降低设备成本。该系列有 16 种基本单元（见表 2-13），可组成 10 ~ 30 个 I/O 点的系统，用户存储器（EEPROM）容量为 2KB。FX_{1S} 可使用 1 块 I/O 扩展板、串行通信扩展板或模拟量扩展板，可同时安装显示模块和扩展板，有 2 个内置设置参数用的小电位器。每个基本单元可同时输出 2 点 100kHz 的高速脉冲，有 7 条特殊的定位指令。通过通信扩展板可实现多种通信和数据链接，如 RS－232C、RS－422 和 RS－485 通信，N: N 链接、并行链接和计算机链接。

表 2-13 FX_{1S}系列的基本单元

AC 电源，24V 直流输入		DC 24V 电源，24V 直流输入		输入点数（漏型）	输出点数
继电器输出	晶体管输出	继电器输出	晶体管输出		
FX_{1S}－10MR－001	FX_{1S}－10MT－001	FX_{1S}－10MR－D	FX_{1S}－10MT－D	6	4
FX_{1S}－14MR－001	FX_{1S}－14MT－001	FX_{1S}－14MR－D	FX_{1S}－14MT－D	8	6
FX_{1S}－20MR－001	FX_{1S}－20MT－001	FX_{1S}－20MR－D	FX_{1S}－20MT－D	12	8
FX_{1S}－30MR－001	FX_{1S}－30MT－001	FX_{1S}－30MR－D	FX_{1S}－30MT－D	16	14

2. FX_{1N}系列 PLC

FX_{1N}有 12 种基本单元（见表 2-14），可组成 24～128 个 I/O 点的系统，并能使用特殊功能模块、显示模块和扩展板。用户存储器容量为 8KB，有内置的实时时钟。PID 指令可实现模拟量闭环控制，每个基本单元可同时输出 2 点 100kHz 的高速脉冲，有 7 条特殊的定位指令，有 2 个内置设置参数用的小电位器。

表 2-14 FX_{1N}系列的基本单元

AC 电源，24V 直流输入		DC 电源，24V 直流输入		输入点数	输出点数
继电器输出	晶体管输出	继电器输出	晶体管输出		
FX_{1N}－24MR－001	FX_{1N}－24MT－001	FX_{1N}－24MR－D	FX_{1N}－24MT－D	14	10
FX_{1N}－40MR－001	FX_{1N}－40MT－001	FX_{1N}－40MR－D	FX_{1N}－40MT－D	24	16
FX_{1N}－60MR－001	FX_{1N}－60MT－001	FX_{1N}－60MR－D	FX_{1N}－60MT－D	36	24

通过通信扩展模块（板）或特殊适配器可实现多种通信和数据链接，如 CC－Link，AS－i网络，RS－232C、RS－422 和 RS－485 通信，N: N 链接、并行链接、计算机链接和 I/O 链接。

3. FX_{2N}系列 PLC

FX_{2N}是目前 FX 系列中功能较强、速度较快的微型 PLC，它有 25 种基本单元（见表 2-15）。它的基本指令执行时间高达 0.08μs 每条指令，内置的用户存储器为 8KB，可扩展到 16KB，最大可扩展到 256 个 I/O 点。有多种特殊功能模块或功能扩展板，可实现多轴定位控制，每个基本单元可扩展 8 个特殊单元。机内有实时时钟，PID 指令可实现模拟量闭环控制。有功能很强的数学指令集，如浮点数运算、开平方和三角函数等。

表 2-15 FX_{2N}系列的基本单元

AC 电源，24V 直流输入			DC 电源，24V 直流输入		输入点数	输出点数
继电器输出	晶体管输出	晶闸管输出	继电器输出	晶体管输出		
FX_{2N}－16MR－001	FX_{2N}－16MT－001	FX_{2N}－16MS－001	—	—	8	8
FX_{2N}－32MR－001	FX_{2N}－32MT－001	FX_{2N}－32MS－001	FX_{2N}－32MR－D	FX_{2N}－32MT－D	16	16

（续）

AC电源，24V直流输入			DC电源，24V直流输入		输入点数	输出点数
继电器输出	晶体管输出	晶闸管输出	继电器输出	晶体管输出		
FX_{2N} -48MR-001	FX_{2N} -48MT-001	FX_{2N} -48MS-001	FX_{2N} -48MR-D	FX_{2N} -48MT-D	24	24
FX_{2N} -64MR-001	FX_{2N} -64MT-001	FX_{2N} -64MS-001	FX_{2N} -64MR-D	FX_{2N} -64MT-D	32	32
FX_{2N} -80MR-001	FX_{2N} -80MT-001	FX_{2N} -80MS-001	FX_{2N} -80MR-D	FX_{2N} -80MT-D	40	40
FX_{2N} -128MR-001	FX_{2N} -128MT-001	—	—	—	64	64

通过通信扩展模块（板）或特殊适配器可实现多种通信和数据链接，如CC-Link、AS-i网络、Profibus、DeviceNet等开放式网络通信，RS-232C、RS-422和RS-485通信，N:N链接、并行链接、计算机链接和I/O链接。

4. FX_{3G}系列PLC

FX_{3G}是三菱FX_{1N}的升级机型，它继承了原有FX_{1N}系列PLC的优势，并结合第3代FX_3系列的创新技术，为用户提供了高可靠性、高灵活性、高性能的新选择。它有12种基本单元（见表2-16），与FX_{1N}系列PLC相比具有如下特点。

表2-16　FX_{3G}系列的基本单元

AC电源，24V直流输入		DC电源，24V直流输入	输入点数	输出点数
继电器输出	晶体管（漏型）输出	晶体管（源型）输出		
FX_{3G} -14MR/ES-A	FX_{3G} -14MT/ES-A	FX_{3G} -14MT/ESS	8	6
FX_{3G} -24MR/ES-A	FX_{3G} -24MT/ES-A	FX_{3G} -24MT/ESS	14	10
FX_{3G} -40MR/ES-A	FX_{3G} -40MT/ES-A	FX_{3G} -40MT/ESS	24	16
FX_{3G} -60MR/ES-A	FX_{3G} -60MT/ES-A	FX_{3G} -60MT/ESS	36	24

1）FX_{3G}系列PLC内置大容量程序存储器，最高32KB，标准模式时基本指令处理速度可达0.21μs，加之大幅扩充的软元件数量，可更加自由地编辑程序并进行数据处理。另外，浮点数运算和中断处理方面，FX_{3G}同样表现超群。

2）FX_{3G}系列PLC基本单元自带两路高速通信接口（RS-422和USB），可同步使用，通信配置选择更加灵活。晶体管输出型基本单元内置最高三轴100kHz独立脉冲输出，可使用软件编辑指令简便进行定位设置。

3）在程序保护方面，FX_{3G}有了本质的突破，可设置两级密码，区分设备制造商和最终用户的访问权限，密码程序保护功能可锁住PLC，直到新的程序载入。

4）第3代FX_3系列PLC更加完善了产品的扩展性，独具双总线扩展方式，使用左侧总线可扩展连接模拟量、通信适配器（最多4台），数据传输效率更高，并简化了程序编制工作；右侧总线则充分考虑到与原有系统的兼容性，可连接FX系列传统I/O扩展和特殊功能模块。基本单元上还可安装两个扩展板，完全可根据客户的需要搭配出最贴心的控制系统。

5. FX_{3U}系列PLC

FX_{3U}系列PLC有33种基本单元（见表2-17），其基本单元有继电器输出型和晶体管输出型两种。如FX_{3U} -16MR/ES表示16个I/O点的DC 24V（漏型/源型）输入、继电器输出的基本单元；FX_{3U} -48MT/ES表示48个I/O点的DC 24V（漏型/源型）输入、晶体管

(漏型)输出的基本单元；FX_{3U} -80MT/ESS表示80个I/O点的DC 24V(漏型/源型)输入、晶体管(源型)输出的基本单元。

表2-17 FX_{3U}系列的基本单元

DC(AC)电源 继电器输出	DC(AC)电源 晶体管(漏型)输出	DC(AC)电源 晶体管(源型)输出	输入点数	输出点数
FX_{3U} -16MR/DS(ES-A)	FX_{3U} -16MT/DS(ES-A)	FX_{3U} -16MT/DSS(ESS)	8	8
FX_{3U} -32MR/DS(ES-A)	FX_{3U} -32MT/DS(ES-A)	FX_{3U} -32MT/DSS(ESS)	16	16
FX_{3U} -48MR/DS(ES-A)	FX_{3U} -48MT/DS(ES-A)	FX_{3U} -48MT/DSS(ESS)	24	24
FX_{3U} -64MR/DS(ES-A)	FX_{3U} -64MT/DS(ES-A)	FX_{3U} -64MT/DSS(ESS)	32	32
FX_{3U} -80MR/DS(ES-A)	FX_{3U} -80MT/DS(ES-A)	FX_{3U} -80MT/DSS(ESS)	40	40
FX_{3U} -128MR/ES-A	FX_{3U} -128MT/ES-A	FX_{3U} -128MT/ESS	64	64

FX_{3U}系列PLC内置了高速处理CPU，提供了多达209种应用指令，基本功能兼容了FX_{2N}系列PLC的全部功能，与FX_{2N}系列相比，其主要特点如下。

1）运算速度提高。FX_{3U}系列PLC基本逻辑指令的执行时间提高到0.065μs/条，应用指令的执行时间提高到0.642μs/条。

2）I/O点数增加。FX_{3U}系列PLC与FX_{2N}一样，采用了基本单元加扩展的结构形式，完全兼容了FX_{2N}的扩展模块，主机控制的I/O点数为256点，此外，还可通过远程I/O链接将其扩展到384点。

3）存储器容量扩大。FX_{3U}系列PLC的用户存储器(RAM)容量可达64KB，并可以采用“闪存卡”(Flash ROM)。

4）指令系统增强。FX_{3U}系列PLC兼容FX_{2N}的全部指令，应用指令多达209种，除了浮点数、字符串处理指令以外，还具备了定坐标指令等丰富的指令。

5）通信功能增强。在FX_{2N}的基础上增加了RS-422标准接口、USB接口和网络链接的通信模块，并且，其内置的编程接口可以达到115.2kbit/s的高速通信，最多可以同时使用3个通信接口(包括编程接口在内)。

6）定位控制功能更加强。晶体管输出型的基本单元内置了三轴独立最高100kHz的定位功能，并且增加了新的定位指令(带DOG搜索的原点回归指令DSZR，中断单速定位指令DVIT和表格设定定位指令TBL)，从而使得定位控制功能更加强大，使用更为方便。

7）扩展性增强。FX_{3U}系列PLC新增了高速输入输出适配器、模拟量输入输出适配器和温度输入适配器，这些适配器不占用系统点数，使用方便，在其左侧最多可以连接10台特殊适配器。其中通过使用高速输入适配器可以实现最多8路、最高200kHz的高速计数；通过使用高速输出适配器可以实现最多4轴、最高200kHz的定位控制，继电器输出型的基本单元上也可以通过连接该适配器进行定位控制。通过CC-Link网络的扩展可以实现最多达384点(包括远程I/O在内)的控制。可以选装高性能的显示模块(FX_{3U} -7DM)，可以显示用户自定义的英文、日文、数字和汉字信息。最多能够显示：半角16个字符(全角8个字符)×4行。在该模块上可以进行软元件的监控、测试，时钟的设定，存储器卡盒与内置RAM间程序的传送、比较等操作。

6. 扩展单元、扩展模块

FX系列PLC的5个子系列都可以进行扩展，表2-18所列为FX_{1N}和FX_{2N}系列的I/O扩展单元，表2-19所列为FX_{1N}和FX_{2N}系列的I/O扩展模块。此外输入扩展板FX_{1N}-4EX-BD有4点DC 24V输入，输出扩展板FX_{1N}-2EYT-BD有两点晶体管输出，可用于FX_{1S}和FX_{1N}。

表2-18 FX_{1N}和FX_{2N}系列的I/O扩展单元

AC电源，24V直流输入			DC电源，24V直流输入		输入点数	输出点数	可连接的PLC
继电器输出	晶体管输出	晶闸管输出	继电器输出	晶体管输出			
FX_{2N}-32ER	FX_{2N}-32ET	FX_{2N}-32ES	—	—	16	16	FX_{1N}，FX_{2N}
FX_{0N}-40ER	FX_{0N}-40ET	—	FX_{0N}-40ER-D	—	24	16	FX_{1N}
FX_{2N}-48ER	FX_{2N}-48ET	—	—	—	24	24	FX_{1N}，FX_{2N}
—	—	—	FX_{2N}-48ER-D	FX_{2N}-48ET-D	24	24	FX_{2N}

表2-19 FX_{1N}和FX_{2N}系列的I/O扩展模块

输入模块	继电器输出	晶体管输出	晶闸管输出	输入点数	输出点数
FX_{0N}-8ER		—	—	4	4
FX_{0N}-8EX	—	—	—	8	—
FX_{0N}-16EX	—	—	—	16	—
FX_{2N}-16EX	—	—	—	16	—
FX_{2N}-16EX-C	—	—	—	16	—
FX_{2N}-16EXL-C	—	—	—	16	—
—	FX_{0N}-8EYR	FX_{0N}-8EYT	—	—	8
—	—	FX_{0N}-8EYT-H	—	—	8
—	FX_{0N}-16EYR	FX_{0N}-16EYT	—	—	16
—	FX_{2N}-16EYR	FX_{2N}-16EYT	FX_{2N}-16EYS	—	16
—	—	FX_{2N}-16EYT-C	—	—	16

课题4 掌握汇川系列PLC

学习目标

1. 掌握汇川系列PLC名称的含义。
2. 了解汇川PLC的硬件组成及各部分的功能。
3. 掌握汇川PLC的编程软件的使用。

汇川PLC是深圳市汇川技术股份有限公司生产的，该公司拥有一支强大、优秀的研发团队，专业从事核心技术平台及应用技术的研究和产品开发，其主要产品包括PLC、变频器、触摸屏、伺服系统等。

任务1 汇川系列PLC概貌

目前汇川PLC主要有专用型H_{0U}、经济型H_{1U}、通用型H_{2U}和高性能型H_{3U}四大系列，H_{2U}是目前应用最多的PLC，已广泛应用于设备制造、节能改造等领域，并在电梯、起重机、金属制品及电线、电缆、塑料、印刷、机床、空压机等多个行业取得市场领先地位。

1. 汇川PLC型号名称的含义

汇川PLC型号名称的含义如下。

$$\underset{①}{\underline{H}}\ \underset{②}{\underline{2U}}-\underset{③}{\underline{32}}\ \underset{④}{\underline{32}}\ \underset{⑤}{\underline{M}}\ \underset{⑥}{\underline{R}}\ \underset{⑦}{\underline{A}}\ \underset{⑧}{\underline{X}}$$

其中，①表示汇川控制器；②表示系列号，如0U、1U、2U、3U；③表示输入点数；④表示输出点数；⑤表示模块分类，M为控制器主模块，P为定位型控制器，N为网络型控制器，E为扩展模块；⑥表示输出类型，R为继电器输出类型，T为晶体管输出类型；⑦表示供电电源类型，A为AC 220V输入，省略为默认AC 220V输入，B为AC 110V输入，C为AC 24V输入，D为DC 24V输入；⑧表示衍生版本号，如高速输入输出功能、模拟量功能等。

2. 汇川PLC的特点

汇川系列PLC除了在功能结构、指令系统、编程语言及外形尺寸等方面与三菱FX系列PLC基本相似之外，还具有如下特点。

1）汇川PLC完全通过了业界IEC 61131-2国际标准的第三方测试，符合UL安全检查规范，具有稳定可靠，性价比高，指令丰富，运算速度快等特点，允许的用户程序容量最高可达24KB，且不需外扩存储设备。

2）汇川PLC配备了两个通信硬件接口，方便现场接线。通信接口支持多种通信协议，包括MODBUS主站、从站协议，简化用户编程，尤其方便了与变频器等设备的联机控制；主模块插上H_{2U}-CAN-BD扩展卡后，可用FROM/TO直接访问，无需特别的用户程序即可实现CAN-Link总线通信，方便多台PLC主模块之间的互联通信，或与远程模块、变频器、伺服设备及其他智能设备之间的通信；XP型升级版主模块上，直接配备3个独立的通信接口，同时支持以不同通信协议进行多方通信，使用户系统的通信设计非常灵活。

3）汇川PLC的高速信号处理能力强。最多6路高速输入，5路高速输出，频率都高达100kHz；配合灵活的定位指令，使定位控制变得灵活方便；扩展的中断方式源方便高速应用的控制。

4）汇川PLC提供了多种编程语言。用户可选用梯形图、指令表、步进梯形图、顺序控制功能图等编程方法，与FX系列PLC完全相同。

5）汇川PLC的指令系统为广大工程技术人员所熟悉。基本逻辑指令、步进顺控指令和软元件完全与FX系列PLC相同，功能指令在兼容FX系列PLC之外还增加了一些方便用户使用的如MODBUS、DRVI等指令。

6）汇川PLC提供了方便易用的编程工具。除了兼容FX系列PLC的手持式编程器和GX Developer编程软件外，汇川的AutoShop编程软件还融合了西门子和三菱PLC编程环境的优点，如丰富的在线帮助信息，使得编程时无需查找说明资料，有如一个网格可同时容纳多个逻辑行，方便易用与阅读。

7）汇川PLC提供了严密的用户程序保密功能、子程序单独加密功能，方便用户特有控制工艺的知识产权保护。采用PLC内部密码校验方式，无论通过何种途径，均无法截获密码信息；密码采用8位字符和数字组合，其组合数比纯数字组合多出几个数量级；对密码屡试次数有限制，超过一定次数即锁定密码，限制再试，增加了破解难度。

由于汇川PLC兼容了FX系列PLC的指令系统、编程语言及外形尺寸，让已有的设计程序、安装结构、设计文档和资料等直接沿用，因此，本书的所有实训项目均适合汇川H_{2U}系列PLC，用户可直接参照使用。

任务2　汇川H_{2U}系列PLC

1. H_{2U}系列PLC的性能指标

汇川H_{2U}系列PLC与三菱FX_{2N}系列PLC的性能指标相当，见表2-20，其他相关资料请到http：//www.inovance.cn下载。

表2-20　H_{2U}、FX_{2N}系列PLC基本性能指标一览表

项目		FX_{1S}	FX_{1N}	FX_{2N}	FX_{3U}	H_{2U}
运算控制方式		存储程序，反复运算				
I/O控制方式		批处理方式（在执行END指令时），可以使用I/O刷新指令				
运算处理速度	基本指令	0.55~0.7μs指令		0.08μs指令	0.065μs指令	0.26μs指令
	功能指令	3.7~数百μs指令		1.52~数百μs指令	0.642~数百μs指令	1~数百μs指令
程序语言		梯形图、指令表和SFC				
程序容量（EEPROM）		内置2KB	内置8KB	内置8KB 用存储盒可达16KB	内置64KB	内置24KB
指令数量	基本/步进	基本指令27条/步进指令2条			29条/2条	27条/2条
	应用指令	85种	89种	128种	209种	128种
I/O设置		最多30点	最多128点	最多256点	最多384点	最多256点

2. H_{2U}系列PLC的主模块

H_{2U}系列PLC是深圳市汇川控制技术有限公司研发的高性价比控制产品，可组成32~128个I/O点的系统，目前有14种基本单元，如表2-21所示。

表2-21　H_{2U}系列PLC的主模块型号一览表

型号	合计点数	输入输出特性					
		普通输入	高速输入	输入电压	普通输出	高速输出	输出方式
H_{2U}-1616MR						—	继电器
H_{2U}-1616MT	32点	16点	6路100kHz	DC 24V	16点	3路100kHz	晶体管
H_{2U}-1616MTQ						5路100kHz	晶体管

（续）

型 号	合计点数	输入输出特性					
		普通输入	高速输入	输入电压	普通输出	高速输出	输出方式
H_{2U}-2416MR	40点	24点	2路100kHz	DC 24V	16点	—	继电器
H_{2U}-2416MT			4路10kHz			2路100kHz	晶体管
H_{2U}-3624MR	60点	36点	2路100kHz	DC 24V	24点	—	继电器
H_{2U}-3624MT			4路10kHz			2路100kHz	晶体管
H_{2U}-3232MR	64点	32点	6路100kHz	DC 24V	32点	—	继电器
H_{2U}-3232MT						3路100kHz	晶体管
H_{2U}-3232MTQ						5路100kHz	晶体管
H_{2U}-4040MR	80点	40点	6路100kHz	DC 24V	40点	—	继电器
H_{2U}-4040MT						3路100kHz	晶体管
H_{2U}-6464MR	128点	64点	6路100kHz	DC 24V	64点	—	继电器
H_{2U}-6464MT						3路100kHz	晶体管

任务3 汇川 H_{2U}系列 PLC 的认识实训

1. 实训目的

1）了解汇川 PLC 的硬件组成及各部分的功能。

2）掌握汇川 PLC 输入和输出端子的分布。

2. 实训器材

1）PLC 应用技术综合实训装置 1 台（含 H_{2U}系列 PLC1 台、各种电源、熔断器、电工工具 1 套、导线若干、已安装 AutoShop 编程软件和配有 SC-09 通信电缆的计算机 1 台，下同）。

2）接触器模块（线圈额定电压为 AC 220V，下同）1 个。

3）热继电器模块 1 个。

4）开关、按钮板模块 1 个。

5）行程开关模块 1 个。

3. 实训指导

汇川系列 PLC 基本单元的外部特征基本相似，如图 2-36 所示，其各部分的组成及功能如下。

（1）外部端子部分

H_{2U}系列 PLC 的外部端子分布如图 2-37 所示，当 S/S 与 24V 连接，COM（或 0V）作为输入公共端时，为漏型接法，如图 2-38 所示；当 S/S 与 COM（或 0V）连接，24V 作为输入公共端时，为源型接法。

输入端子与输入电路相连，输入电路通过输入端子可随时检测 PLC 的输入信息，即通过输入元件（如按钮、转换开关、行程开关、继电器的触点、传感器等）连接到对应的输入端子上，通过输入电路将信息送到 PLC 内部进行处理，一旦某个输入元件的状态发生变化，则对应输入点（软元件）的状态也随之变化，其连接示意图如图 2-38 所示。

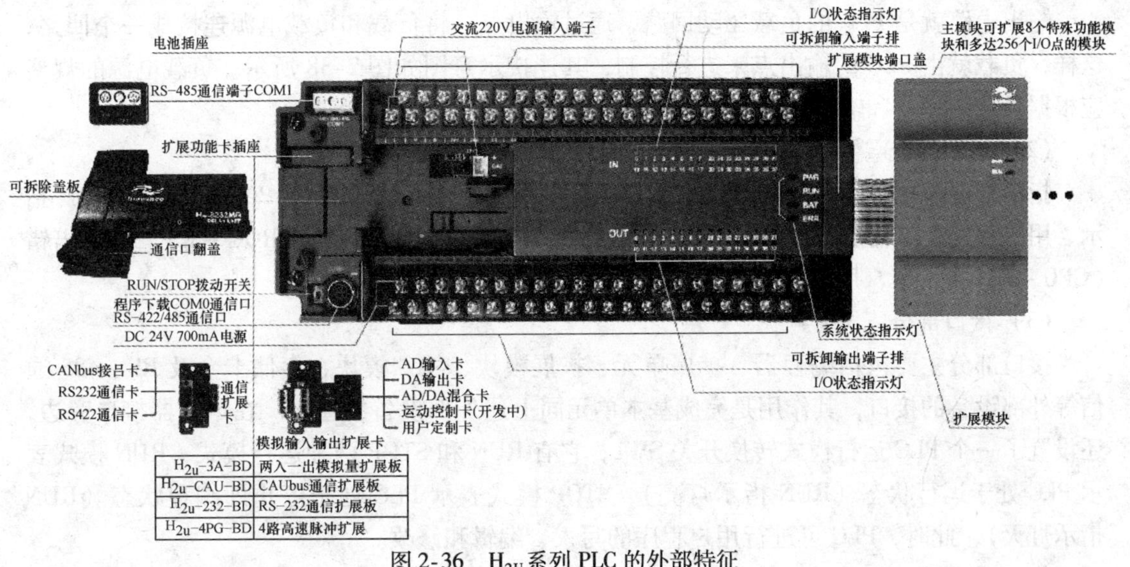

H2U-3A-BD	两入一出模拟量扩展板
H2U-CAU-BD	CAUbus通信扩展板
H2U-232-BD	RS-232通信扩展板
H2U-4PG-BD	4路高速脉冲扩展

图2-36　H_{2U}系列PLC的外部特征

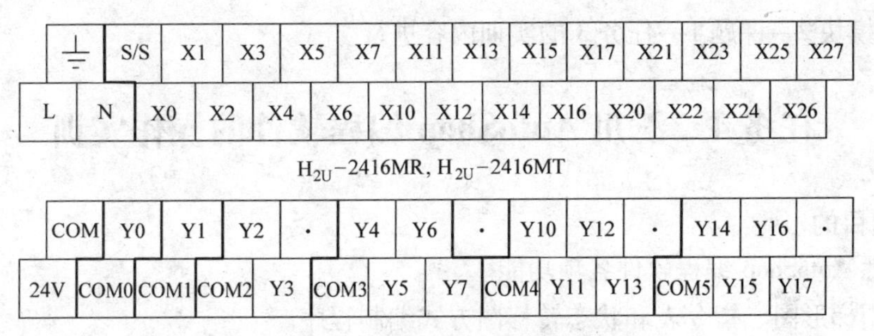

图2-37　H_{2U}系列PLC的外部端子分布

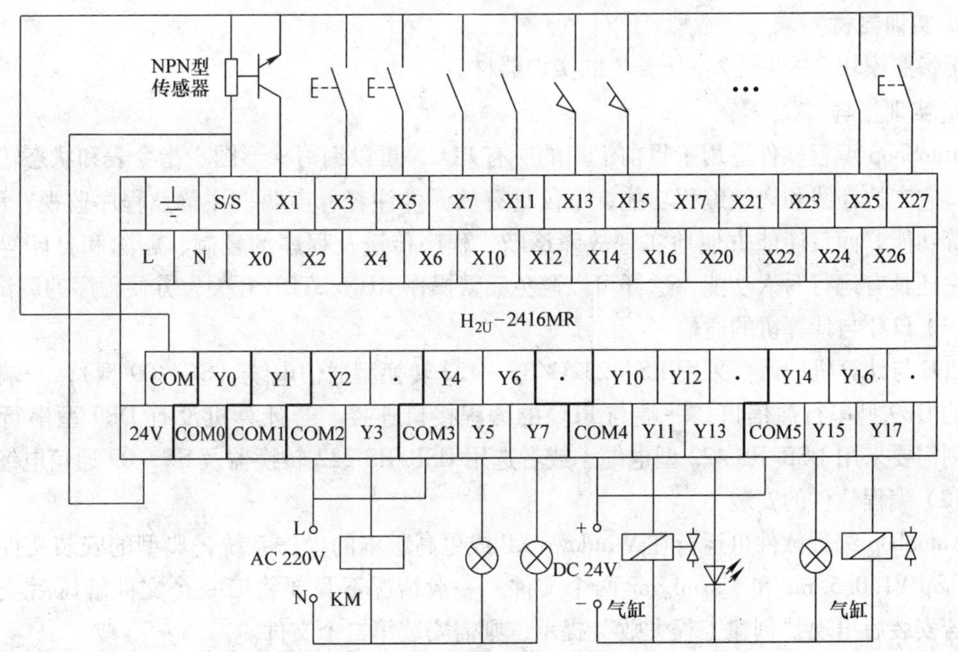

图2-38　H_{2U}系列PLC输入、输出信号连接示意图

输出电路就是 PLC 的负载驱动回路，通过输出点，将负载和负载电源连接成一个回路，这样，负载就由 PLC 的输出点来进行控制，其连接示意图如图 2-38 所示。负载电源的规格应根据负载的需要和输出点的技术规格来选择。

（2）指示部分

指示部分包括各 I/O 点的状态指示、PLC 电源（POWER）指示、PLC 运行（RUN）指示、用户程序存储器后备电池（BATT）状态指示及程序语法出错（PROG－E）、CPU 出错（CPU－E）指示等，用于反映 I/O 点及 PLC 机器的状态。

（3）接口部分

接口部分主要包括编程器、扩展单元、扩展模块、特殊模块、存储卡盒及 RS－485 通信等外部设备的接口，其作用是完成基本单元同上述外部设备的连接。在编程器接口旁边，还设置了一个 PLC 运行模式转换开关 SW1，它有 RUN 和 STOP 两种运行模式，RUN 模式表示 PLC 处于运行状态（RUN 指示灯亮），STOP 模式表示 PLC 处于停止即编程状态（RUN 指示灯灭），此时，PLC 可进行用户程序的写入、编辑和修改。

4. 实训内容

请参照模块 2→课题 1→任务 3 的实训内容进行。

任务 4　汇川 AutoShop 编程软件的操作实训

1. 实训目的

1）熟悉 AutoShop 编程软件各项功能。

2）会用梯形图、指令表和状态转移图方式编制程序。

3）掌握利用 PLC 编程软件进行编辑、调试等的基本操作。

2. 实训器材

请参照模块 2→课题 2→任务 3 的实训器材。

3. 实训指导

AutoShop 编程软件适用于目前汇川的所有 PLC，可以编写梯形图、指令表和状态转移图程序，它支持在线和离线编程功能，不仅具有软元件注释、声明、注解及程序监视、测试、检查等功能，而且还能方便地实现故障诊断、程序传送及程序的复制、删除和打印等。此外，它还具有运行写入功能，这样可以避免频繁操作 RUN/STOP 开关，方便程序的调试。

（1）PLC 与计算机的通信

PLC 与计算机的通信采用 RS－232C/RS－422 转换型通信电缆（SC－09 型），一端接计算机的 DB9 型串行通信口，一端与 PLC 的编程接口连接。若计算机没有 DB9 型串行通信口，则需要采用 USB/RS 422 型电缆；或者选用 USB/RS 232 转换器及 SC－09 通信电缆。

（2）编程软件的安装

AutoShop 编程软件可运行在 Windows XP 或更高版本的操作系统，典型的安装文件包括 AutoShop V1. 0. 5. rar 和 Msxml. rar 两个文件。一般情况下只要将第一个文件解压后安装即可，若安装后出现“创建工程失败”提示，则需安装第二个文件。

（3）进入和退出编程环境

在计算机上安装完编程软件后，可用鼠标双击桌面的AutoShop图标，或执行“开始”→“程序”→“Inovance Control”→“AutoShop”→“AutoShop”命令，即进入编程环境。若要退出编程环境，则执行“文件”→“退出”命令，或直接单击关闭按钮即可退出编程环境。

（4）新建工程

进入编程环境后，新建工程的方法为：选择“文件”→“新建工程”命令，或点击工具栏的新建工程命令按钮，即出现如图2-39所示界面。然后分别设置工程名、保存路径、工程描述，并选择PLC类型及默认编译器，最后点击“确认”按钮后出现如图2-40所示界面。注意，设置的PLC类型必须与所连接的PLC一致，否则程序将无法写入PLC。

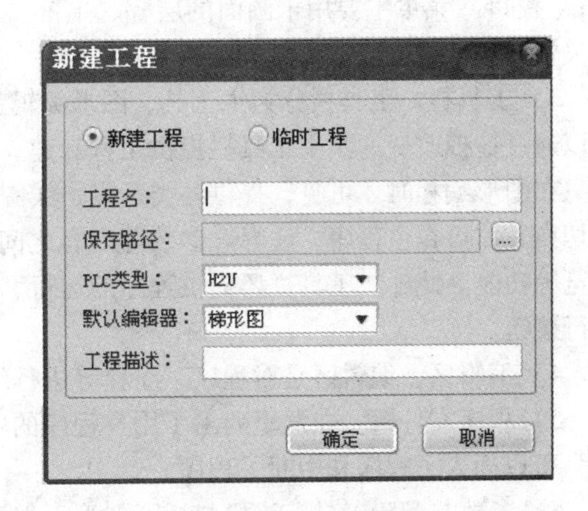

图2-39 新建工程界面

（5）软件界面

1）标题栏。显示当前工程信息标题，如软件的版本信息、工程的路径与名称等信息。

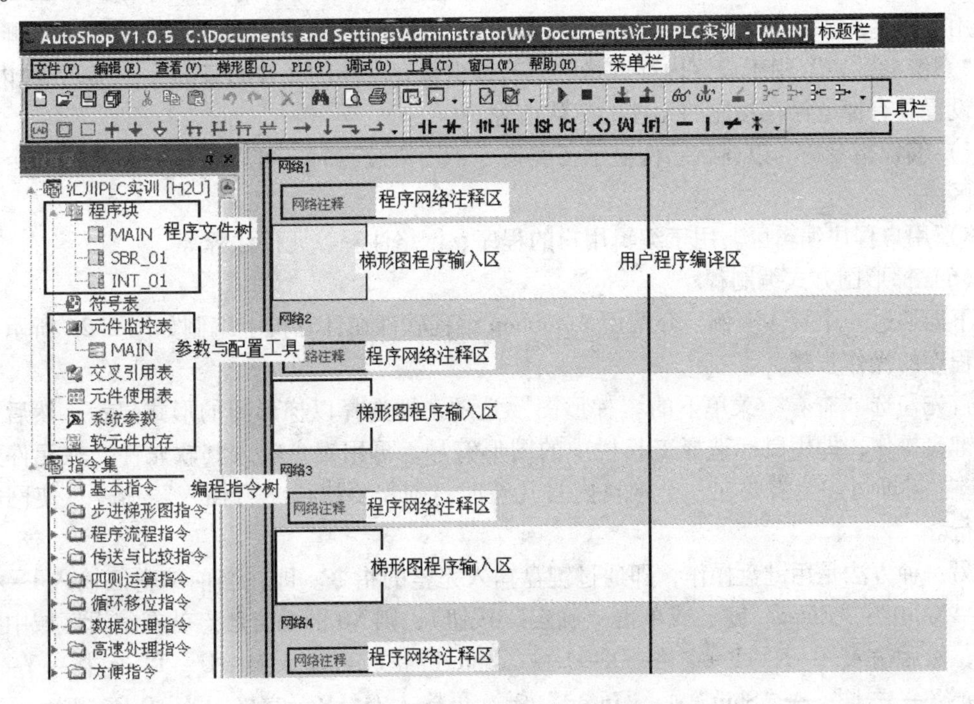

图2-40 运行AutoShop后的界面

2）菜单栏。AutoShop编程软件有9个菜单项。“文件”菜单可执行工程的新建、打开、保存、关闭、打印、退出等功能；“编辑”菜单提供图形（或指令）程序编辑的工具，如撤消、恢复、剪切、复制、粘贴、删除、行插入、行删除、添加网络、删除网络、查找、替换等；“显示”菜单用于梯形图、指令列表、顺序功能图、元件注释、工具栏、状态栏、显示比例等；“梯形图”菜单主要用于梯形图的绘制所需要的指令、连线等；“PLC”菜单提供了PLC运行、停止、在线修改模式、编辑、上载、下载等功能；“调试”菜单提供了PLC的监控、写入、添加到监控表等功能；“工具”菜单主要用于设置系统的通信配置与系统选项等；“窗口”菜单主要用于画面的层叠、平铺、关闭等；“帮助”菜单主要用于查阅PLC的有关资料和软件的版本信息等。

3）工具栏。工具栏分为主工具、图形编辑工具、视图工具等，它们在工具栏的位置是可以通过拖拽改变的。主工具栏提供工程新建、打开、保存、复制、粘贴等功能；图形工具栏只在图形编程时才可见，提供各类触点、线圈、连接线等图形；视图工具栏可实现屏幕显示切换，如可在主程序、注释、参数等内容之间实现切换，也可实现屏幕放大/缩小和打印预览等功能。此外，工具栏还提供程序的运行、停止、上载、下载、监控和在线修改等快捷执行按钮。

4）编辑区。编辑区是对程序、注释等进行编辑的区域。

5）程序文件树。在这里列出了用户程序的主程序、子程序和中断子程序；右击“程序块”可以插入子程序和中断子程序。

6）参数与配置工具。该栏包括了如下六方面的内容：“符号表”用于设置元件的注释，若设置了注释，则在“查看”菜单栏中勾选元件注释就可以在程序中看到相应的注释；“元件监控表”用来监控PLC运行时元件的状态、数值等；“交叉引用表”用来显示PLC程序中使用了哪些元件及其对应的指令和地点等；“元件使用表”显示PLC程序中使用了哪些元件；“系统参数表”用于设置内存容量和具有掉电保存功能的元件的范围等；“软元件内存”用于设置具有掉电保存功能的元件的默认值等。

7）编程指令树。以树状结构显示各类指令，用户编程时，可以将指令树中的指令拖到编辑区。

8）用户程序编辑区。用于编辑用户的程序、网络注释、元件注释等。

（6）梯形图方式编制程序

下面通过一个具体实例，介绍用AutoShop编程软件在计算机上编制如图2-25所示的梯形图程序的操作步骤。

首先勾选“查看”菜单下的“梯形图”选项，即选择以梯形图的形式显示；然后用鼠标和键盘操作，即用鼠标选择工具栏中的图形符号，再用键盘输入其软元件、软元件号及“Enter”键即可。当需要在一个网格内写几行时，则需要执行“行插入”命令，使网格增加一行。

另一种方法是用键盘操作，即通过键盘输入完整的指令。即在当前编辑区输入L→D→空格→X→0→“Enter”键（或单击“确定”按钮），则X0的动合触点就在编辑区域中显示出来；然后输入A→N→I→空格→X→1→“Enter”键，再输入O→U→T→空格→Y→0→“Enter”→“↓”→“Shift”→“Insert”键，再输入O→R→空格→Y→0→“Enter”键，即绘制出如图2-25所示图形。

（7）指令表方式编制程序

指令表方式编制程序即直接输入指令并以指令的形式显示的编程方式。对于图2-25所示的梯形图，其操作为：首先勾选“查看”菜单下的“指令列表”选项，即选择以指令表的形式显示；然后将鼠标定位到用户程序编译区，再用键盘输入其指令、软元件、软元件号及“Enter”键即可。

（8）保存、打开、关闭工程

当程序编制完后，需要对程序进行保存，以便下次打开和利用，其保存工程的操作为：单击保存所有文件按钮“”或保存工程按钮“”或执行“文件”菜单中的“保存工程”或“工程另存为”命令，系统会提示（如果新建时未设置）保存的路径和工程的名称，设置好路径和输入工程名称后单击“保存”按钮即可。当需要打开保存在计算机中的程序时，单击打开工程按钮“”，在弹出的窗口中选择保存的“驱动器/路径”和“工程名”，然后单击“打开”按钮即可。当需要关闭当前工程时，可单击关闭按钮或执行“文件”菜单中的“关闭工程”或“退出”命令即可。

（9）编辑操作

对梯形图和指令表的剪切、复制、粘贴、行插入、行删除、查找、替换等操作，执行“编辑”菜单栏的相应命令即可。

（10）程序的编译

在程序下载到PLC之前必须进行编译，其操作为：执行“PLC”菜单栏下的“全部编译”命令或按“F7”键，也可单击全部编译按钮“”进行编译，然后根据弹出的对话框进行操作即可。

（11）程序的上载、下载

将计算机中用AutoShop编程软件编好的用户程序写入到PLC的CPU，或将PLC CPU中的用户程序读到计算机中，一般可以通过执行“PLC”菜单下的“上载”或“下载”命令，也可单击工具栏中的上载按钮“”或下载按钮“”。若在操作过程中出现对话框，则根据对话框进行操作。

（12）程序监控

程序监控分为梯形图监控、位元件强制ON/OFF、字元件修改设定值和PLC运行控制，梯形图监控是在当前工程文件的窗口观察PLC内部寄存器对应的实时参数值或位元件的状态，可执行“调试”菜单下的“监控”命令或单击工具栏中的快捷监控按钮“”即可；需要退出监控状态时，可执行“调试”菜单下的“监控”命令或再次单击工具栏中的快捷监控按钮“”即可退出。位元件强制ON/OFF即强制位元件线圈有电和失电，可执行“调试”菜单下的“写入”命令，输入相应的位元件，然后根据对话框进行操作即可。字元件修改设定值可执行“调试”菜单下的“写入”命令，输入相应的字元件，然后根据对话框进行操作即可。PLC运行控制是当PLC的运行开关处在STOP状态时，可通过执行“调试”菜单下的“运行”命令或单击工具栏中的快捷监控按钮“”即可令PLC进入运行状态。

（13）SFC方式编制程序

SFC方式编制程序的操作请参照模块4→课题2→任务3的GX Developer编程软件的相关内容进行。

（14）汇川PLC使用三菱GX软件编程

对于熟悉 GX 软件的用户，也可以使用 GX 软件对 H_{2U} 系列 PLC 进行编程，在进行读写时，其对应的型号见表 2-22。

表 2-22　H_{2U} 与 FX 的对应的型号

型号	合计	输入	高速输入	输出	高速输出	输出方式	出厂状态 GX 辨识型号
H_{2U} -1616MR	32 点	16 点	6 路 100kHz	16 点	/	继电器	FX_{2N}
H_{2U} -1616MT					3 路 100kHz	晶体管	
H_{2U} -2416MR	40 点	24 点	2 路 100kHz 4 路 10kHz	16 点	/	继电器	FX_{1N}
H_{2U} -2416MT					2 路 100kHz	晶体管	
H_{2U} -3624MR	60 点	36 点	2 路 100kHz 4 路 10kHz	24 点	/	继电器	FX_{1N}
H_{2U} -3624MT					2 路 100kHz	晶体管	
H_{2U} -3232MR	64 点	32 点	6 路 100kHz	32 点	/	继电器	FX_{2N}
H_{2U} -3232MT					3 路 100kHz	晶体管	
H_{2U} -3232MTQ	64 点	32 点	6 路 100kHz	32 点	5 路 100kHz	晶体管	FX_{1N}
H_{2U} -4040MR	80 点	40 点	6 路 100kHz	40 点	/	继电器	FX_{2N}
H_{2U} -4040MT					3 路 100kHz	晶体管	
H_{2U} -6464MR	128 点	64 点	6 路 100kHz	64 点	/	继电器	FX_{2N}
H_{2U} -6464MT					3 路 100kHz	晶体管	

首次用 GX 软件对汇川 H_{2U} 进行编程下载程序时，必须选择对应的型号，否则会出现“PLC 型号错误”提醒。H_{2U} 全系列 PLC 都提供了类型转换功能，例如可以把默认 FX_{1N} 的 PLC 转换成 FX_{2N} 的 PLC，也可以把默认 FX_{2N} 的 PLC 转换成 FX_{1N}，具体操作如下：

第一步：在 GX 环境中，新建一个 FX_{2N} 的工程。通过 SC-09 型编程电缆将 PC 与 H_{2U} 连接后，再给 PLC 上电，将 H_{2U} 的运行开关置于 STOP 状态，这样 GX 就可以与 H_{2U} 系列 PLC 正常通信了。

第二步：首先执行“显示”菜单下的“工程数据列表（P）”即可显示工程树，然后单击工程树中“参数”前面的加号，出现如图 2-41 所示的对话框，再双击“PLC 参数”，出现如图 2-42 所示的对话框。

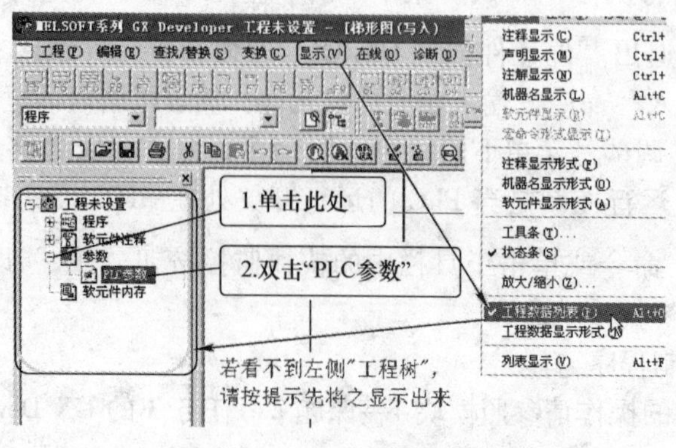

图 2-41　显示工程树

第三步：单击图 2-42 中的“PLC 名”，然后在“标题”栏中填大写字符“FX1N”，就可以转换成 FX_{1N} 型，如图 2-42 所示；若填写大写字符“FX2N”，则会转换成 FX_{2N} 型。

第四步：按图 2-43 所示进行操作，下载 PLC 参数，完成后对 PLC 重新上电，PLC 系统自动转为 FX_{1N} 类型。

第五步：在 GX 环境中，重新新建一个 FX_{1N} 的工程，就可以进行正常编程下载调试了，就如使用 FX_{1N} 系列 PLC 一样。

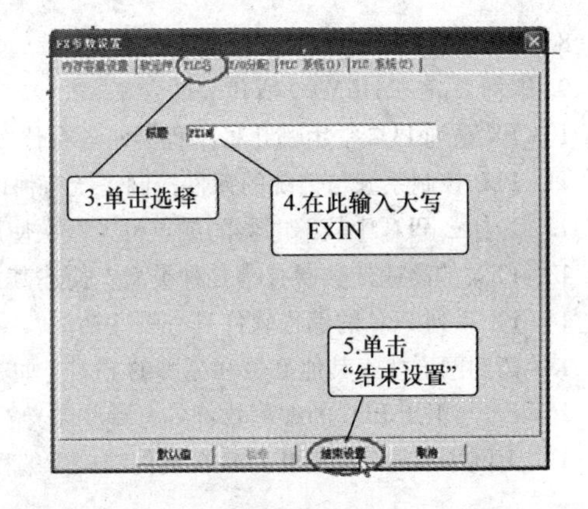

图 2-42　转换成 FX_{1N} 型

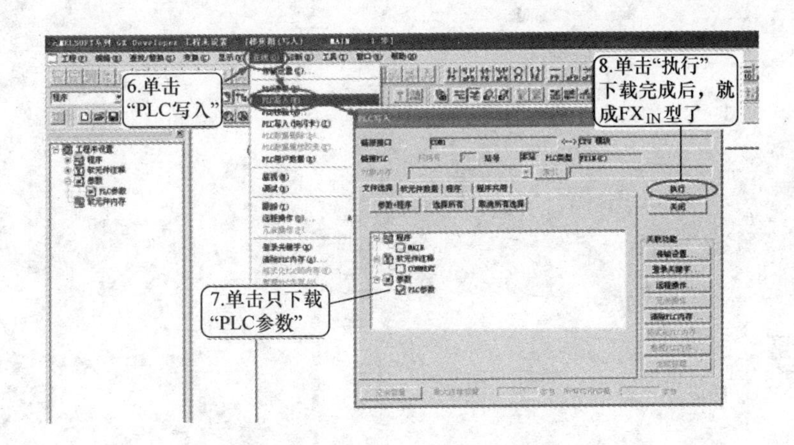

图 2-43　下载 PLC 参数画面

修改类型后，H_{2U} 系列 PLC 会记忆该设置，若不再修改其类型，可不用再设置；用户每次编写程序，程序 PLC 名的标题中不能为空，建议每次新建工程，都要明确填写“FX1N”，以防误下载 PLC 参数，将之改回 FX_{2N} 型号。修改这些设置，对于 H_{2U} 控制器再使用 AutoShop 编程环境没有影响。

修改为 FX_{2N} 的方法与上述说明相似，只是需先新建一个 FX_{1N} 的工程，在“PLC 名”中填写的字符为“FX2N”，其他步骤一样。

4. 实训内容

请参照模块 2→课题 2→任务 3 的实训内容进行。

思考与练习

1. 简述三菱小型 PLC 的发展过程，并说明 FX 系列 PLC 的特点。
2. PLC 由哪几部分组成？各有什么作用？
3. FX 系列 PLC 的输出电路有哪几种形式？各自的特点是什么？
4. FX 系列 PLC 的编程软元件有哪些？它们的作用是什么？
5. 说明通用继电器和电池后备继电器的区别。
6. 说明特殊辅助继电器 M8000 和 M8002 的区别。
7. 说明通用型定时器的工作原理。

8. 解释 FX_{3U} -48MT/ESS 所代表的含义。
9. 解释 H_{2U} -2416MTQ 所代表的含义。
10. FX 系列 PLC 常用哪几种编程器？各有什么特点？
11. PLC 控制系统与传统的元件控制系统有何区别？
12. 为什么 PLC 中软继电器的触点可无数次使用？
13. FX_{2N}的高速计数器有哪几种类型？简述其工作原理。
14. FX 系列 PLC 的编程软件具有哪些功能？
15. 请到网上搜索其他型号和品牌的 PLC（如 FX_{1S}、FX_{1N}、H_{1U}等），了解其主要性能。
16. FX 与汇川 PLC 的编程软件各有哪些差异？
17. 上网了解 FX 与汇川 PLC 在硬件结构、编程元件、指令系统方面的异同。

模块3　基本逻辑指令及其应用

任务引入

前面我们认识了PLC的硬件，也熟悉了PLC的软件操作，那么，PLC是如何实现用户控制要求的？控制指令有哪些？程序又是如何设计的？程序的设计有没有什么技巧？如何设计最优的PLC程序？等等，这些问题仍需进一步探讨，现在就以数码管的循环点亮控制和彩灯的循环点亮控制为例来展开学习。

PLC是通过程序来实现用户控制要求的，PLC最基本的控制指令就是基本逻辑指令，掌握了基本逻辑指令也就初步掌握了PLC的使用。因此，要完成数码管的循环点亮控制和彩灯的循环点亮控制，必须掌握PLC的基本逻辑指令、熟悉PLC的工作原理，此外，为顺利完成PLC的程序设计，还必须掌握常用基本电路的程序设计及程序设计的方法和技巧。

课题1　掌握PLC的基本逻辑指令

学习目标

1. 掌握指令与梯形图的对应关系。
2. 会使用基本逻辑指令来设计简单的控制程序。
3. 会使用编程软件来调试简单的程序。

任务1　LD/LDI/OUT/END指令

逻辑取指令LD/LDI、驱动线圈指令OUT及程序结束指令END见表3-1。

表3-1　逻辑取、驱动线圈及程序结束指令表

符号、名称	功　能	电路表示	操作元件	程序步
LD 取	动合触点逻辑运算起始	(Y001)	X，Y，M，T，C，S	1
LDI 取反	动断触点逻辑运算起始	(Y001)	X，Y，M，T，C，S	1
OUT 输出	线圈驱动	(Y001)	Y，M，T，C，S	Y、M：1S、特M：2T：3C：3～5
END 结束	程序结束，执行输出处理，并开始下一扫描周期	[END]	无	1

1. 用法示例

逻辑取、驱动线圈及程序结束指令的应用如图 3-1 所示。

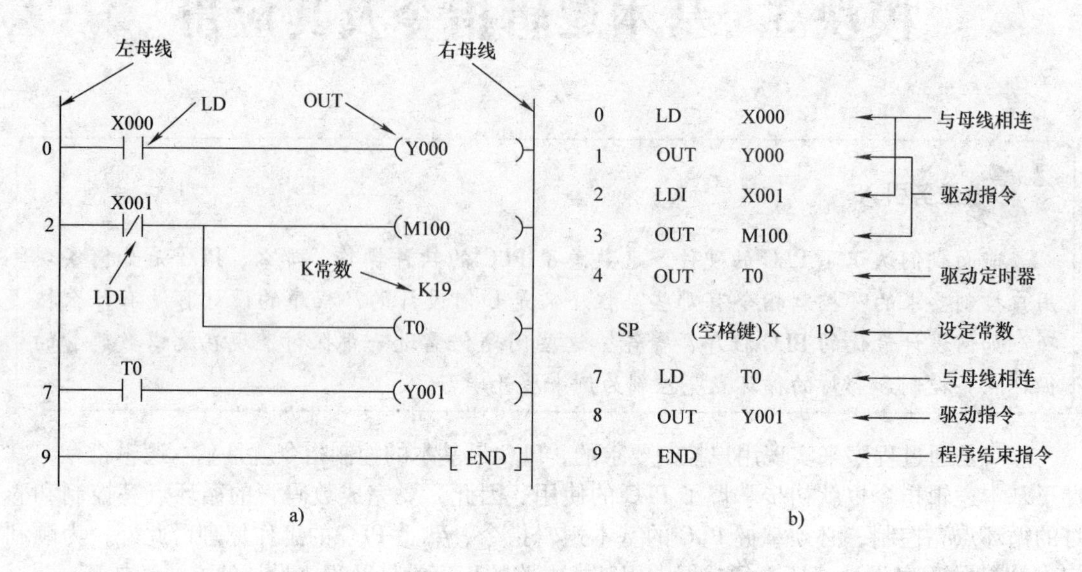

图 3-1　逻辑取、驱动线圈及程序结束指令的应用

2. 使用注意事项

1）LD 是动合触点连到母线上，可以用于 X，Y，M，T，C 和 S。

2）LDI 是动断触点连到母线上，可以用于 X，Y，M，T，C 和 S。

3）OUT 是驱动线圈的输出指令，可以用于 Y，M，T，C 和 S。

4）END 是程序结束指令，没有操作元件。

5）LD 与 LDI 指令对应的触点一般与左侧母线相连，若与后述的 ANB、ORB 指令组合，则可用于并、串联电路块的起始触点。

6）线圈驱动指令可并行多次输出（即并行输出），如图 3-1a 所示梯形图中的 M100 和 T0 线圈就是并行输出。

7）对于定时器的定时线圈或计数器的计数线圈，必须在线圈后设定常数，如图 3-1a 所示梯形图中的 T0 线圈右上角的 K19 即为设定常数，它表示 T0 线圈得电 1.9s 后，T0 的延时动合触点闭合。

8）输入继电器 X 不能使用 OUT 指令。

3. 程序结束指令 END

PLC 按照循环扫描的工作方式，首先进行输入处理，然后进行程序处理，当处理到 END 指令，即程序处理结束时，开始输出处理。所以，若在程序中写入 END 指令，则 END 指令之后的程序就不再执行，直接进行输出处理；若不写入 END 指令，则从用户程序存储器的第 1 步执行到最后一步。因此，若将 END 指令放在程序结束处，则只执行第 1 步至 END 这一步之间的程序，可以缩短扫描周期。在调试程序时，可以将 END 指令插在各段程序之后，从第 1 段开始分段调试，调试好以后必须删去程序中间的 END 指令，这种方法对程序的查错也很有用，而且，执行 END 指令时，也刷新警戒时钟。

任务2　AND/ANI/OR/ORI 指令

触点串指令 AND/ANI、并联指令 OR/ORI 见表 3-2。

表 3-2　触点串、并联指令表

符号、名称	功　能	电路表示	操作元件	程序步
AND 与	动合触点串联连接	(Y005)	X，Y，M，S，T，C	1
ANI 与非	动断触点串联连接	(Y005)	X，Y，M，S，T，C	1
OR 或	动合触点并联连接	(Y005)	X，Y，M，S，T，C	1
ORI 或非	动断触点并联连接	(Y005)	X，Y，M，S，T，C	1

1. 用法示例

触点串、并联指令的应用如图 3-2 所示。

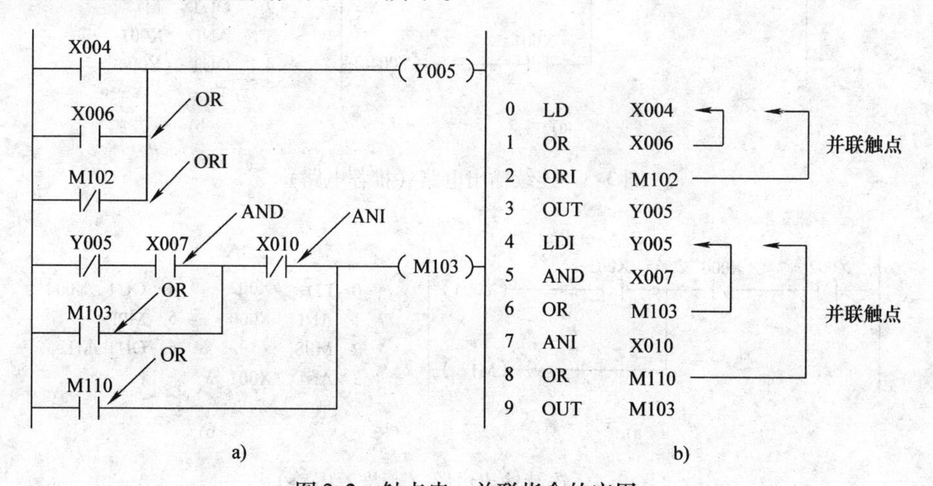

图 3-2　触点串、并联指令的应用

2. 使用注意事项

1）AND 是动合触点串联连接指令，ANI 是动断触点串联连接指令，OR 是动合触点并联连接指令，ORI 是动断触点并联连接指令。这 4 条指令后面必须有被操作的元件名称及元件号，都可以用于 X，Y，M，T，C 和 S。

2）单个触点与左边的电路串联，使用 AND 和 ANI 指令时，串联触点的个数没有限制，但是由于图形编程器和打印机的功能有限制，所以建议尽量做到每行不超过 10 个触点和 1 个线圈。

3）OR 和 ORI 指令是从该指令的当前步开始，对前面的 LD、LDI 指令并联连接的指令，并联连接的次数无限制，但是由于图形编程器和打印机的功能有限制，所以并联连接的次数不超过 24 次。

4）OR 和 ORI 用于单个触点与前面电路的并联，并联触点的左端接到该指令所在的电路块的起始点（LD 点）上，右端与前一条指令对应触点的右端相连，即单个触点并联到它前面已经连接好的电路的两端（两个及以上触点串联连接的电路块并联连接时，要用后续的 ORB 指令）。以图 3-2 所示的 M110 的动合触点为例，它前面的 4 条指令已经将 4 个触点串、并联为一个整体，因此 OR M110 指令对应的动合触点并联到该电路的两端。

3. 连续输出

如图 3-3 所示，OUT M1 指令之后通过 X001 的触点驱动 Y004，称为连续输出。串联和并联指令是用来描述单个触点与其他触点或触点（而不是线圈）组成电路的连接关系。虽然 X001 的触点和 Y004 的线圈组成的串联电路与 M1 的线圈是并联关系，但是 X001 的动合触点与左边的电路是串联关系，所以对 X001 的触点应使用串联指令。只要按正确的顺序设计电路，就可以多次使用连续输出，但是由于图形编程器和打印机的功能有限制，所以连续输出的次数不超过 24 次。

应该指出，如果将图 3-3 所示的 M1 和 Y004 线圈所在的并联支路改为如图 3-4 所示电路（不推荐），就必须使用后面要讲到的 MPS（进栈）和 MPP（出栈）指令。

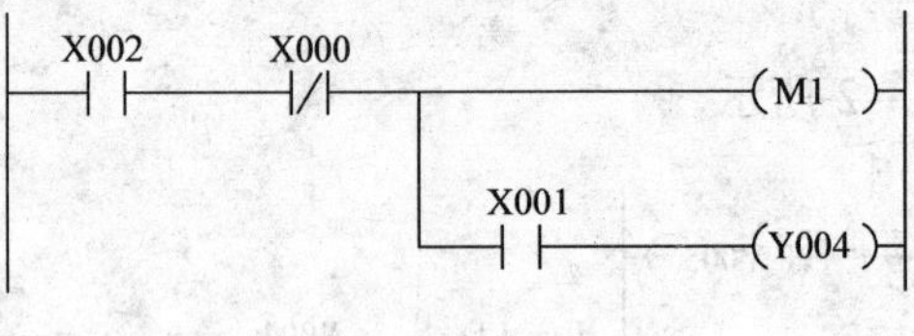

X002　X000　(M1)
X001　(Y004)

a)

```
0  LD   X002
1  ANI  X000
2  OUT  M1
3  AND  X001
4  OUT  Y004
```

b)

图 3-3　连续输出电路（推荐电路）

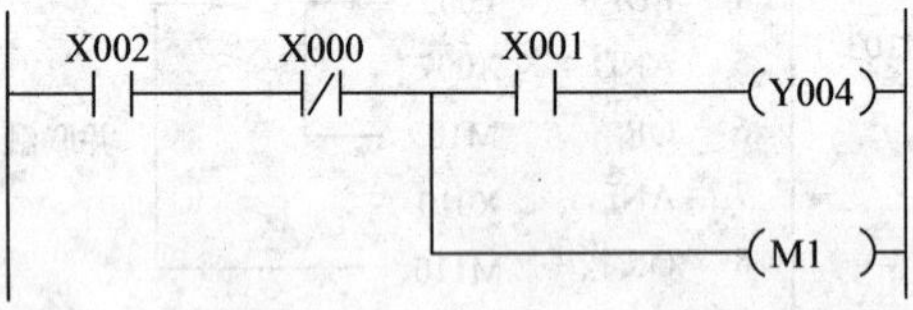

X002　X000　X001　(Y004)
(M1)

a)

```
0  LD   X002      4  OUT  Y004
1  ANI  X000      5  MPP
2  MPS            6  OUT  M1
3  AND  X001
```

b)

图 3-4　连续输出电路（不推荐电路）

任务 3　电动机正、反转的 PLC 控制实训（1）

1. 实训目的

1）熟悉指令与对应梯形图的关系。

2）会用梯形图和指令表方式编制程序。

3）掌握编程软件的基本操作。

2. 实训器材

1）PLC 应用技术综合实训装置 1 台。

2）交流接触器模块 1 个。

3）热继电器模块 1 个。

4）开关、按钮板模块 1 个（动合，其中 1 个用来代替热继电器的动合触点）。

5）电动机 1 台。

3. 实训内容

用所学指令设计三相异步电动机正、反转控制的梯形图。其控制要求如下：若按正转按钮 SB1，正转接触器 KM1 得电，电动机正转；若按反转按钮 SB2，反转接触器 KM2 得电，电动机反转；若按停止按钮 SB 或热继电器 FR 动作，正转接触器 KM1 或反转接触器 KM2 失电，电动机停止；只有电气互锁，没有按钮互锁。

1）根据以上控制要求，可画出其 I/O 分配图，如图 3-5 所示。

2）根据以上控制要求及其 I/O 分配图设计出梯形图，如图 3-6a 所示。

3）根据梯形图写出指令表，如图 3-6b 所示。

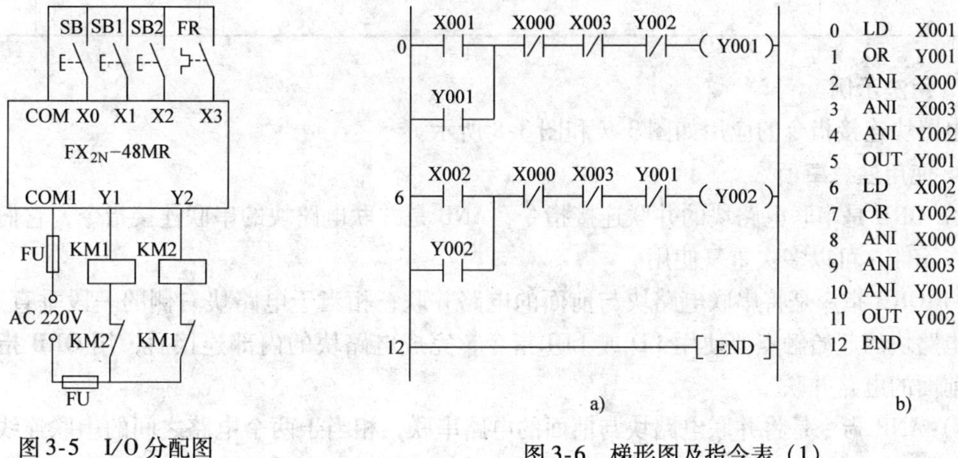

图 3-5　I/O 分配图

图 3-6　梯形图及指令表（1）

4）使用梯形图方式编制图 3-6a 所示程序，并下载到 PLC 中。

5）按图 3-5 所示连接好外部电路，经教师检查系统接线正确后，接通电源。

6）将 PLC 的运行开关置于 RUN 一侧，若 RUN 指示灯亮，则表示程序没有语法错误；若 PROG - E 指示灯闪烁，则表示程序有语法错误，需要检查修改程序，并重新将程序写入 PLC 中。

7）断开正转按钮 SB1、反转按钮 SB2、停止按钮 SB 和热继电器 FR，将运行开关置于 RUN（运行）状态，电动机不运行。

8）按下正转按钮 SB1，电动机正转；按下停止按钮 SB，电动机停止运行；按下反转按钮 SB2，电动机反转；按下停止按钮 SB，电动机停止运行；电动机在正转或反转时，若热继电器动作，电动机都停止运行。

9）对图 3-6a 进行编辑、修改、增加注释等操作。

10）通过 PLC 编程软件监控电动机的运行情况。

11）使用指令表方式编制程序。将图 3-6b 所示指令表程序输入到计算机，并将程序写入到 PLC 的 CPU 中，然后重复上述操作，观察运行情况是否一致。

12）用刚才所学指令设计一个电动机两地控制的程序，并完成模拟调试。

任务4 ORB/ANB 指令

电路块连接指令 ORB/ANB 见表 3-3。

表 3-3 电路块连接指令表

符号、名称	功能	电路表示	操作元件	程序步
ORB 电路块或	串联电路块的并联连接	Y005	无	1
ANB 电路块与	并联电路块的串联连接	Y005	无	1

1. 用法示例

电路块连接指令的应用如图 3-7 和图 3-8 所示。

2. 使用注意事项

1）ORB 是串联电路块的并联连接指令，ANB 是并联电路块的串联连接指令，它们都没有操作元件，可以多次重复使用。

2）ORB 指令是将串联电路块与前面的电路并联，相当于电路块右侧的一段垂直连线。串联电路块的起始触点要使用 LD 或 LDI 指令，完成电路块的内部连接后，用 ORB 指令将它与前面的电路并联。

3）ANB 指令是将并联电路块与前面的电路串联，相当于两个电路之间的串联连线。并联电路块的起始触点要使用 LD 或 LDI 指令，完成电路块的内部连接后，用 ANB 指令将它与前面的电路串联。

4）ORB、ANB 指令可以多次重复使用，但是，连续使用 ORB 时，应限制在 8 次及以下，所以，在写指令时，最好按图 3-7 和图 3-8 所示的方法写指令。

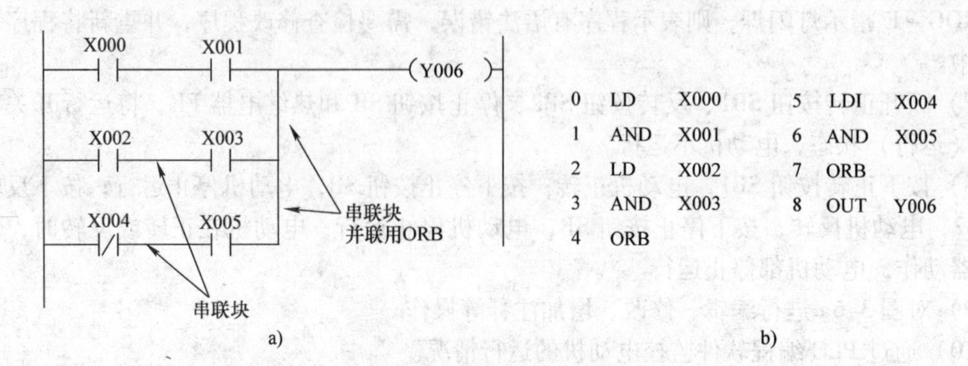

图 3-7 串联电路块并联

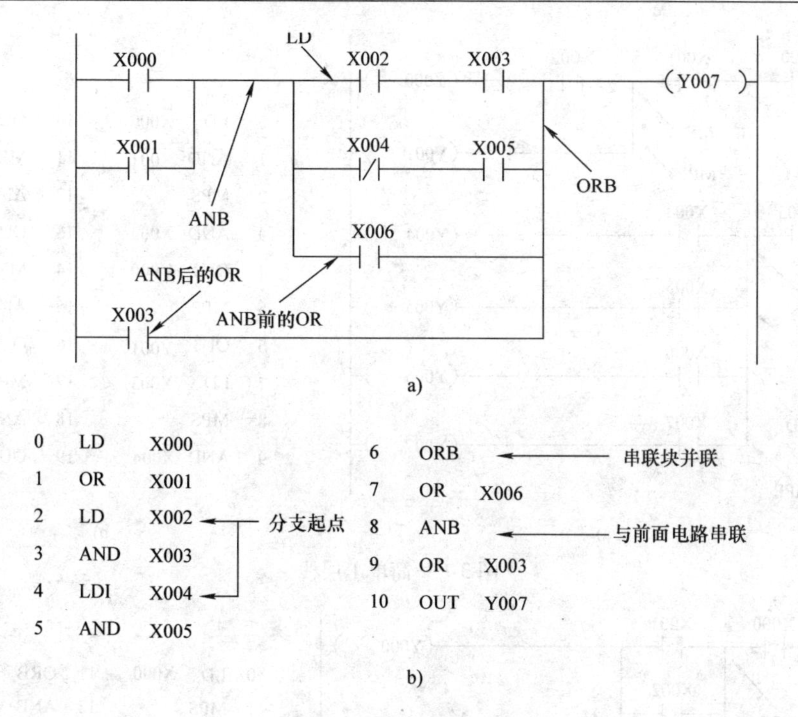

图 3-8　并联电路块串联

任务5　MPS/MRD/MPP 指令

多重电路连接指令 MPS/MRD/MPP 见表 3-4。

表 3-4　多重电路连接指令表

符号、名称	功能	电路表示	操作元件	程序步
MPS 进栈	进栈	MPS (Y004)	无	1
MRD 读栈	读栈	MRD (Y005)	无	1
MPP 出栈	出栈	MPP (Y006)	无	1

1. 用法示例

多重电路连接指令的应用如图 3-9 和图 3-10 所示。

2. 使用注意事项

1）MPS 指令是将多重电路的公共触点或电路块先存储起来，以便后面的多重支路使用。多重电路的第 1 个支路前使用 MPS 进栈指令，多重电路的中间支路前使用 MRD 读栈指令，多重电路的最后一个支路前使用 MPP 出栈指令。该组指令没有操作元件。

2）FX 系列 PLC 有 11 个存储中间运算结果的堆栈存储器，堆栈采用先进后出的数据存取方式。每使用 1 次 MPS 指令，当时的逻辑运算结果压入堆栈的第 1 层，堆栈中原来的数据依次向下一层推移。

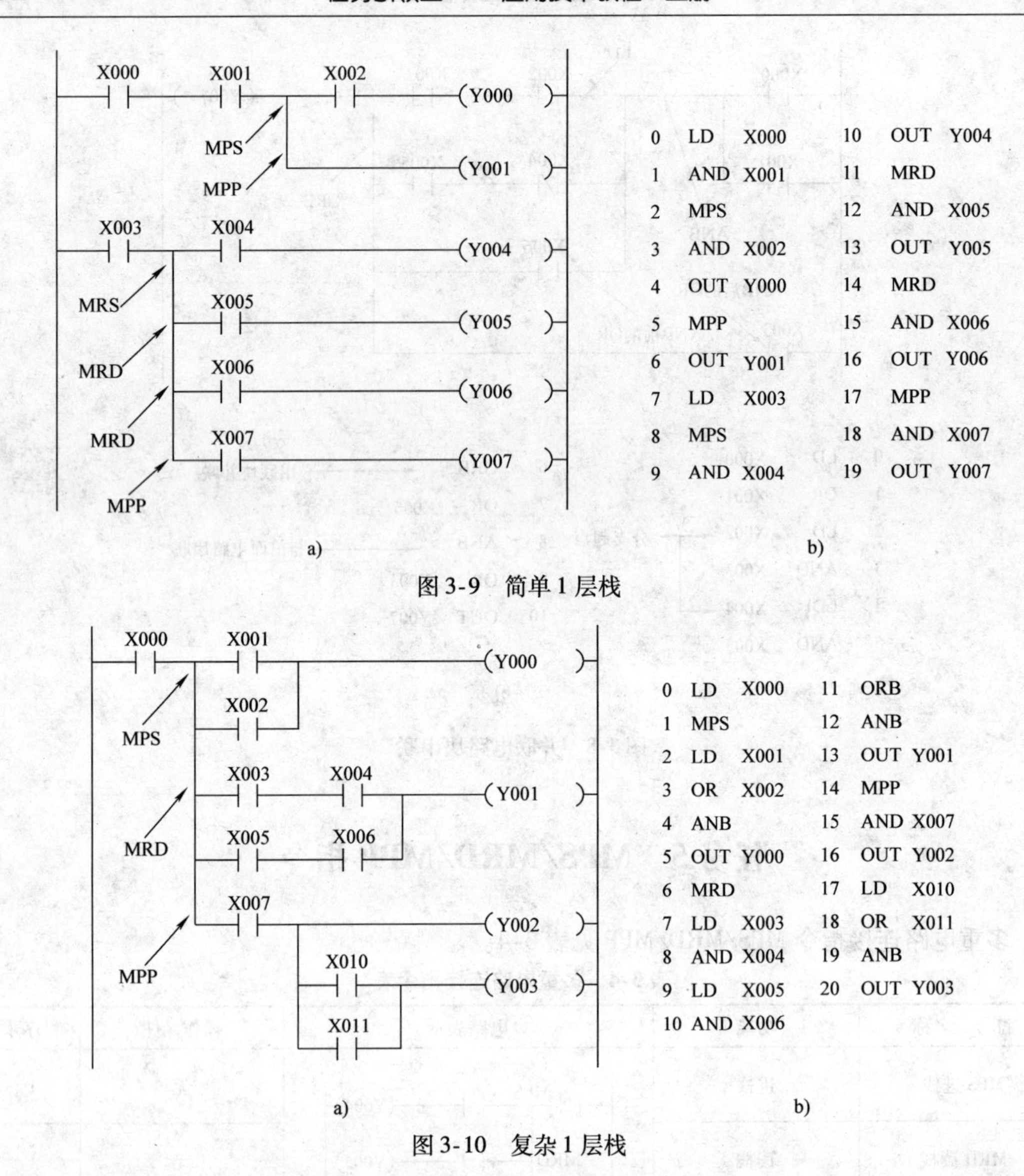

图3-9　简单1层栈

图3-10　复杂1层栈

3）MRD指令读取存储在堆栈最上层（即电路分支处）的运算结果，将下一个触点强制性地连接到该点，读栈后堆栈内的数据不会上移或下移。

4）MPP指令弹出堆栈存储器的运算结果，首先将下一触点连接到该点，然后从堆栈中去掉分支点的运算结果。使用MPP指令时，堆栈中各层的数据向上移动一层，最上层的数据在弹出后从栈内消失。

5）处理最后一条支路时必须使用MPP指令，而不是MRD指令，且MPS和MPP的使用必须不多于11次，并且要成对出现。

任务6　电动机正、反转的PLC控制实训（2）

1. 实训目的

1）熟悉指令与对应梯形图的关系。

2）会用梯形图和指令表方式编制程序。

3）进一步掌握编程软件的各项操作。

2. 实训器材

请参照模块 3→课题 1→任务 3 的实训器材。

3. 实训内容

1）用所学指令设计三相异步电动机正、反转控制的梯形图。其控制要求及 I/O 分配图与模块 3→课题 1→任务 3 的相同。

2）根据以上控制要求，可画出其梯形图及指令表如图 3-11 所示。

3）其他请参照模块 3→课题 1→任务 3 的实训内容来完成。

4）用刚才所学指令设计一个电动机两地控制的程序，并完成模拟调试。

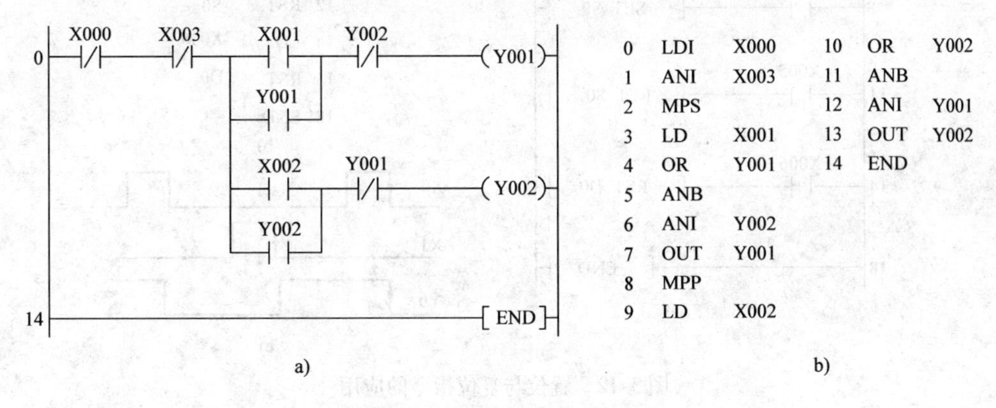

图 3-11　梯形图及指令表（2）

任务 7　SET/RST 指令

置位与复位指令 SET/RST 见表 3-5。

表 3-5　置位与复位指令表

符号、名称	功　能	电路表示	操作元件	程序步
SET 置位	令元件置位并自保持 ON	[SET Y000]	Y，M，S	Y，M：1 S，特 M：2
RST 复位	令元件复位并自保持 OFF 或清除寄存器的内容	[RST Y000]	Y，M，S，C，D，V，Z，积 T	Y，M：1 S，特 M，C，积 T：2 D，V，Z：3

1. 指令用法示例

指令用法示例如图 3-12 所示，其中图 3-12a 所示为梯形图，图 3-12b 所示为指令表，图 3-12c 所示为时序图。

2. 使用注意事项

1）图 3-12 所示的 X000 一旦接通，即使再变成断开，Y000 也保持接通。X001 接通后，即使再变成断开，Y000 也保持断开，对于 M、S 也是同样。

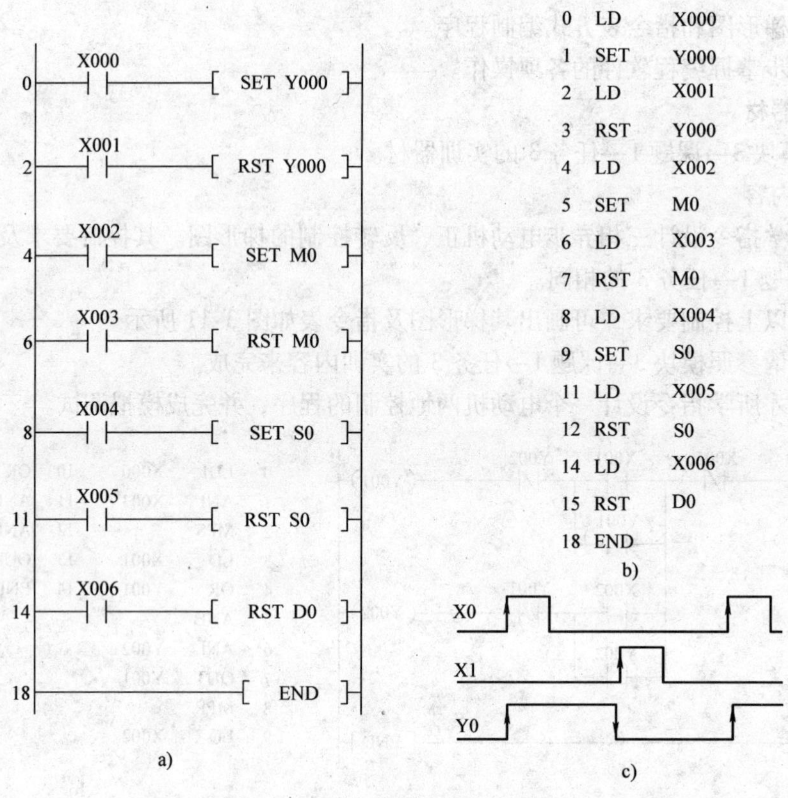

图 3-12 置位与复位指令的应用

2）对同一元件可以多次使用 SET、RST 指令，顺序可任意，但对外输出的结果只有最后执行的一条指令才有效。

3）要使数据寄存器 D、计数器 C、积算定时器 T、变址寄存器 V/Z 的内容清零，也可用 RST 指令。

3. 指令应用实例

用所学指令设计三相异步电动机正、反转控制的梯形图。其控制要求及 I/O 分配请参照模块 3→课题 1→任务 3，其梯形图及指令表如图 3-13 所示。

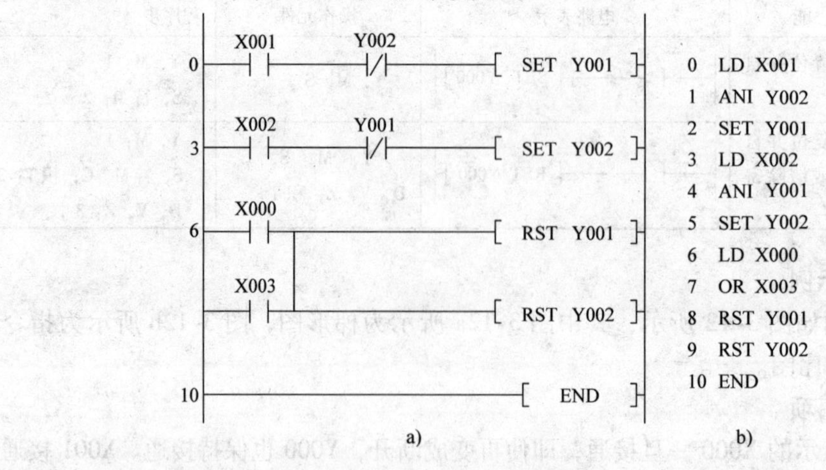

图 3-13 梯形图及指令表（3）

任务8　PLS/PLF指令

脉冲输出指令PLS/PLF见表3-6。

表3-6　脉冲输出指令表

符号、名称	功　能	电路表示	操作元件	程序步
PLS上升沿脉冲	上升沿微分输出	X000 ─┤├─ [PLS M0]	Y，M	2
PLF下降沿脉冲	下降沿微分输出	X001 ─┤├─ [PLF M1]	Y，M	2

1. 用法示例

脉冲输出指令的应用如图3-14所示。

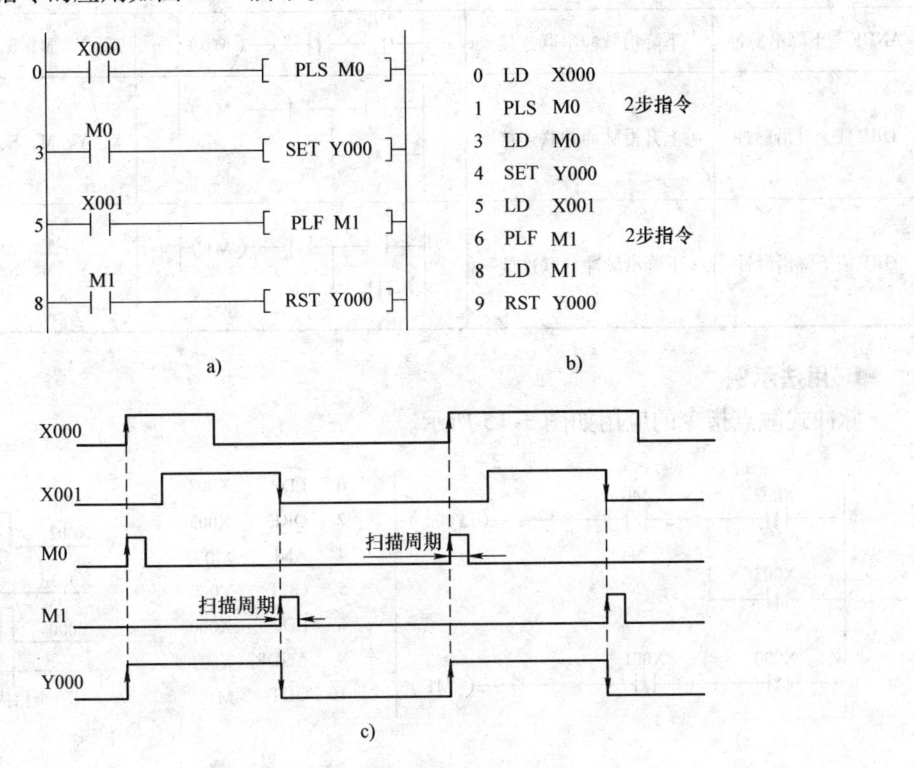

图3-14　脉冲输出指令的应用

2. 使用注意事项

1）PLS是脉冲上升沿微分输出指令，PLF是脉冲下降沿微分输出指令。PLS和PLF指令只能用于输出继电器Y和辅助继电器M（不包括特殊辅助继电器）。

2）图3-14所示的M0仅在X000的动合触点由断开变为闭合（即X000的上升沿）时的一个扫描周期内为ON；M1仅在X001的动合触点由闭合变为断开（即X001的下降沿）时的一个扫描周期内为ON。

3）图3-14中，在输入继电器X000接通的情况下，PLC由运行→停机→运行时，PLS M0指令将输出1个脉冲。然而，如果用电池后备（锁存）的辅助继电器代替M0，其PLS指令在这种情况下不会输出脉冲。

任务9 LDP/LDF/ANDP/ANDF/ORP/ORF指令

脉冲式触点指令LDP/LDF/ANDP/ANDF/ORP/ORF见表3-7。

表3-7 脉冲式触点指令表

符号、名称	功 能	电路表示	操作元件	程序步
LDP 取上升沿脉冲	上升沿脉冲逻辑运算开始	(M1)	X，Y，M，S，T，C	2
LDF 取下降沿脉冲	下降沿脉冲逻辑运算开始	(M1)	X，Y，M，S，T，C	2
ANDP 与上升沿脉冲	上升沿脉冲串联连接	(M1)	X，Y，M，S，T，C	2
ANDF 与下降沿脉冲	下降沿脉冲串联连接	(M1)	X，Y，M，S，T，C	2
ORP 或上升沿脉冲	上升沿脉冲并联连接	(M1)	X，Y，M，S，T，C	2
ORF 或下降沿脉冲	下降沿脉冲并联连接	(M1)	X，Y，M，S，T，C	2

1. 用法示例

脉冲式触点指令的应用如图3-15所示。

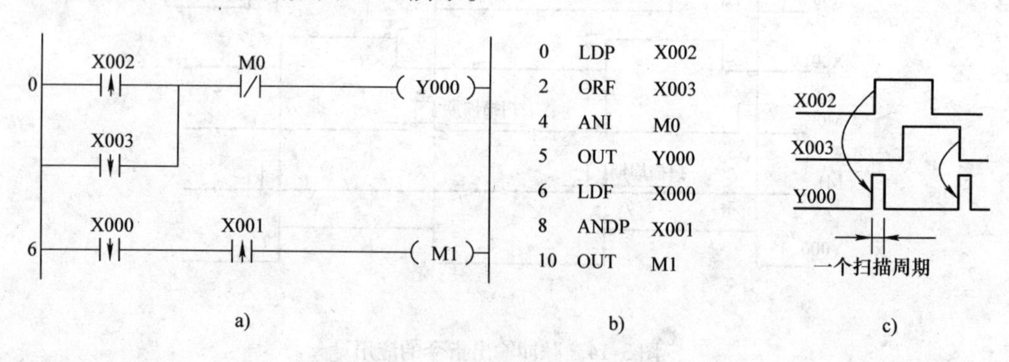

图3-15 脉冲式触点指令的应用

2. 使用注意事项

1）LDP、ANDP和ORP用来作上升沿检测的触点指令，触点的中间有一个向上的箭头，对应的触点仅在指定位元件的上升沿（由OFF变为ON）时接通一个扫描周期。

2）LDF、ANDF和ORF用来作下降沿检测的触点指令，触点的中间有一个向下的箭头，对应触点仅在指定位元件的下降沿（由ON变为OFF）时接通一个扫描周期。

3）脉冲式触点指令可以用于 X，Y，M，T，C 和 S。图 3-15 所示 X002 的上升沿或 X003 的下降沿出现时，Y000 仅在一个扫描周期为 ON。

任务10　电动机正、反转的PLC控制实训（3）

1. 实训目的

1）熟悉指令与对应梯形图的关系。

2）会用梯形图和指令表方式编制程序。

2. 实训器材

请参照模块 3→课题 1→任务 3 的实训器材。

3. 实训内容

1）用所学的 SET、RST、PLS 等指令来设计三相异步电动机正、反转控制的梯形图。其控制要求及 I/O 分配图与模块 3→课题 1→任务 3 的相同。

2）根据以上控制要求，可画出其梯形图及指令表如图 3-16 所示。

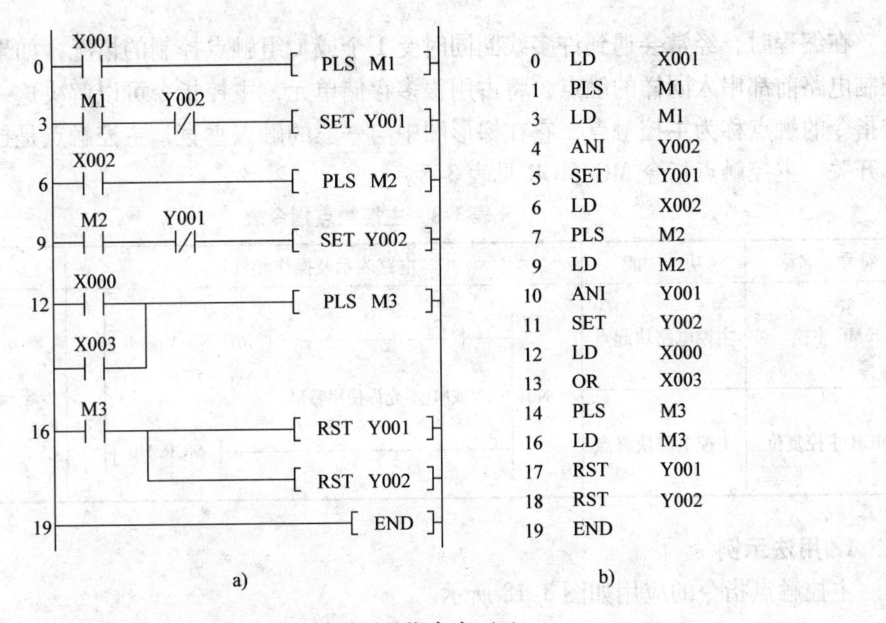

步	指令	元件
0	LD	X001
1	PLS	M1
3	LD	M1
4	ANI	Y002
5	SET	Y001
6	LD	X002
7	PLS	M2
9	LD	M2
10	ANI	Y001
11	SET	Y002
12	LD	X000
13	OR	X003
14	PLS	M3
16	LD	M3
17	RST	Y001
18	RST	Y002
19	END	

图 3-16　梯形图及指令表（4）

3）其他请参照模块 3→课题 1→任务 3 的实训来完成。

4）用所学的 SET、RST、LDP 等指令来设计三相异步电动机正、反转控制的梯形图。其控制要求及 I/O 分配图与模块 3→课题 1→任务 3 的相同。

5）根据以上控制要求，可画出其梯形图及指令表如图 3-17 所示。

6）其他请参照模块 3→课题 1→任务 3 的实训来完成。

7）请参照模块 3→课题 1→任务 3 的实训来完成图 3-13 所示程序，并比较与上述程序的区别。

8）用刚才所学指令设计一个电动机两地控制的程序，并完成模拟调试。

```
0   X001(上升沿)  Y002(常闭)          [SET  Y001]
4   X002(上升沿)  Y001(常闭)          [SET  Y002]
8   X000(上升沿)                      [RST  Y001]
    X003(上升沿)                      [RST  Y002]
14                                    [END]
                 a)
```

```
0    LDP   X001
2    ANI   Y002
3    SET   Y001
4    LDP   X002
6    ANI   Y001
7    SET   Y002
8    LDP   X000
10   ORP   X003
12   RST   Y001
13   RST   Y002
14   END
     b)
```

图 3-17　梯形图及指令表（5）

任务 11　MC/MCR 指令

在编程时，经常会遇到许多线圈同时受 1 个或 1 组触点控制的情况，如果在每个线圈的控制电路前都串入同样的触点，将占用很多存储单元，主控指令可以解决这一问题。使用主控指令的触点称为主控触点，它在梯形图中与一般的触点垂直，主控触点是控制一组电路的总开关。主控触点指令 MC/MCR 见表 3-8。

表 3-8　主控触点指令表

符号、名称	功　能	电路表示及操作元件	程序步
MC 主控	主控电路块起点	[MC N0 Y或M] N0　Y或M 不允许使用特M	3
MCR 主控复位	主控电路块终点	[MCR N0]	2

1. 用法示例

主控触点指令的应用如图 3-18 所示。

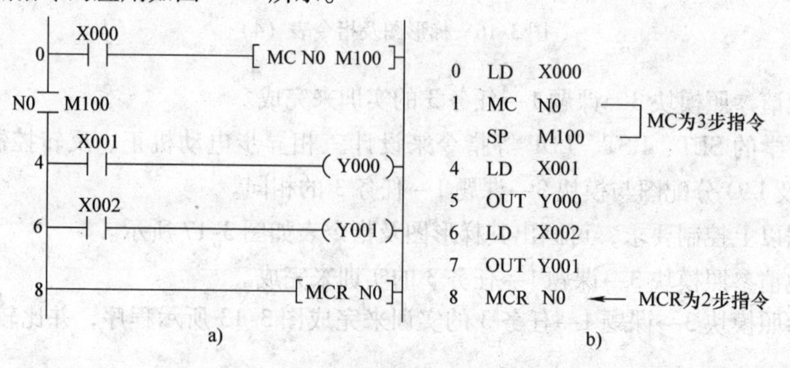

图 3-18　主控触点指令的应用

2. 使用注意事项

1）MC 是主控起点，操作数 N（0～7 层）为嵌套层数，操作元件为 M、Y，特殊辅助继电器不能用作 MC 的操作元件。MCR 是主控结束，主控电路块的终点，操作数 N（0～7）。MC 与 MCR 必须成对使用。

2）与主控触点相连的触点必须用 LD 或 LDI 指令，即执行 MC 指令后，母线移到主控触点的后面，MCR 使母线回到原来的位置。

3）图 3-18 所示 X000 的动合触点闭合时，执行从 MC 到 MCR 之间的指令；MC 指令的输入电路（X000）断开时，不执行上述区间的指令，其中的积算定时器、计数器、用复位/置位指令驱动的软元件保持其当时的状态，其余的元件被复位，如非积算定时器和用 OUT 指令驱动的元件变为 OFF。

4）在 MC 指令内再使用 MC 指令时，称为嵌套，嵌套层数 N 的编号顺次增大；主控返回时用 MCR 指令，嵌套层数 N 的编号顺次减小。

任务 12　INV/NOP 指令

逻辑运算结果取反及空操作指令 INV/NOP 见表 3-9。

表 3-9　逻辑运算结果取反及空操作指令表

符号、名称	功　能	电路表示	操作元件	程序步
INV 取反	逻辑运算结果取反	X000 ─┤├─／─(Y000)	无	1
NOP 空操作	无动作	无	无	1

1. 逻辑运算结果取反指令 INV

INV 指令在梯形图中用一条 45°的短斜线来表示，它将使无该指令时的运算结果取反，当运算结果为 0 时，将它变为 1；当运算结果为 1 时，将它变为 0。如图 3-19 所示，如果 X000 为 ON，则 Y000 为 OFF；反之则 Y000 为 ON。

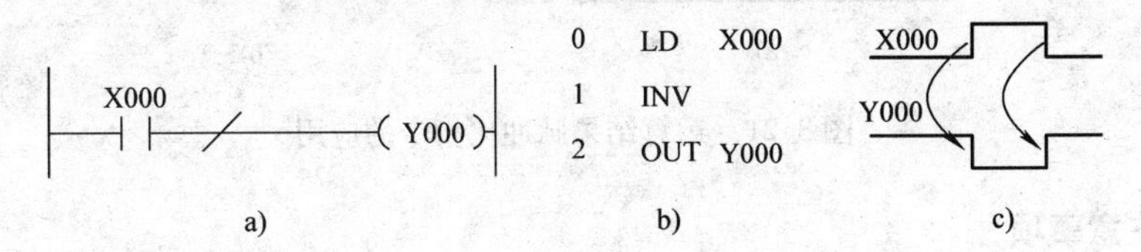

图 3-19　逻辑运算结果取反指令的应用

2. 空操作指令 NOP

1）若在程序中加入 NOP 指令，则改动或追加程序时，可以减少步序号的改变。

2）若将 LD、LDI、ANB、ORB 等指令换成 NOP 指令，电路构成将有较大幅度的变化，必须引起注意，如图 3-20 所示。

3）执行程序全清除操作后，全部指令都变成 NOP。

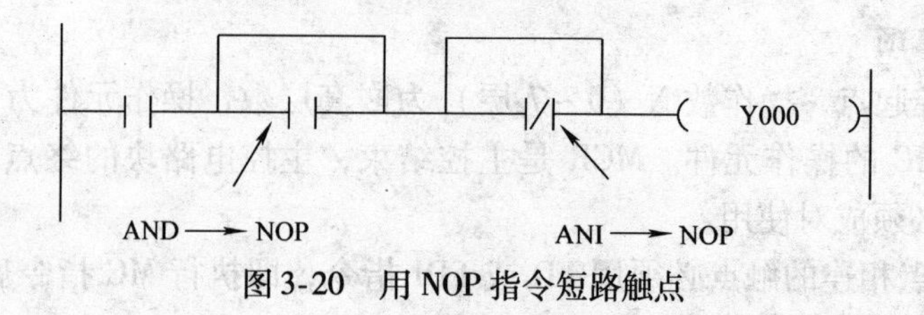

图 3-20　用 NOP 指令短路触点

任务 13　MEP/MEF 指令

运算结果脉冲化指令 MEP/MEF 是 FX_{3U}和 FX_{3G}系列 PLC 特有的指令，见表 3-10。

表 3-10　运算结果脉冲化指令表

符号、名称	功　能	电路表示	操作元件	程序步
MEP 上升沿脉冲化	运算结果上升沿时输出脉冲	X000 X001 MEP (M0)	无	1
MEF 下降沿脉冲化	运算结果下降沿时输出脉冲	X000 X001 MEF (M0)	无	1

1. 用法示例

运算结果脉冲化指令的应用如图 3-21 所示。

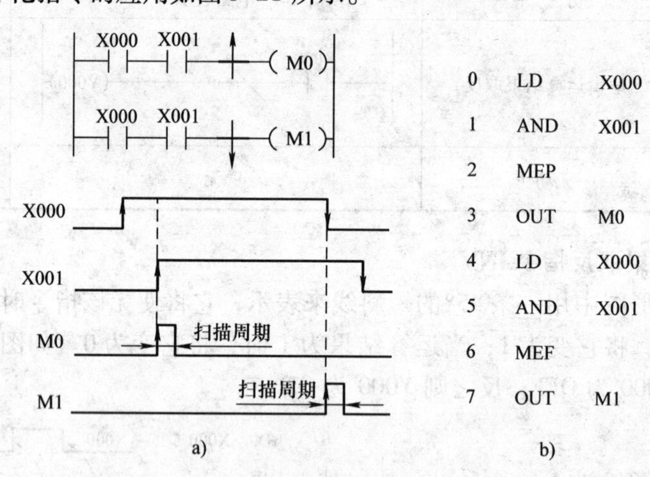

图 3-21　运算结果脉冲化指令的应用

2. 使用注意事项

1）MEP（MEF）指令将在无该指令时的运算结果上升（下降）沿时输出脉冲。

2）MEP（MEF）指令不能直接与母线相连，它在梯形图中的位置与 AND 指令相同。

任务 14　电动机正、反转的 PLC 控制实训（4）

1. 实训目的

1）熟悉指令与对应梯形图的关系。

2）会用梯形图和指令表方式编制程序。

2. 实训器材

与模块3→课题1→任务3的实训器材相同。

3. 实训内容

1）用所学的MC、MCR等指令来设计三相异步电动机正、反转控制的梯形图。其控制要求及I/O分配图与模块3→课题1→任务3的实训相同。

2）根据以上控制要求，可画出其梯形图及指令表如图3-22所示。

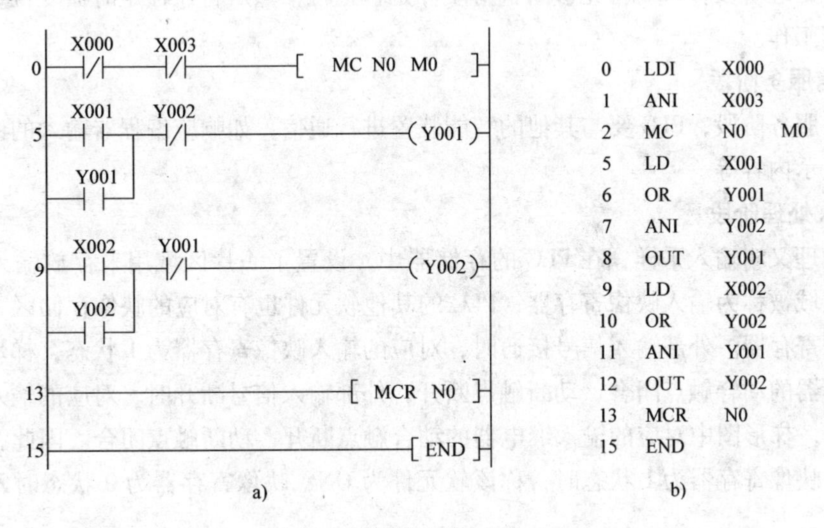

0	LDI	X000	
1	ANI	X003	
2	MC	N0	M0
5	LD	X001	
6	OR	Y001	
7	ANI	Y002	
8	OUT	Y001	
9	LD	X002	
10	OR	Y002	
11	ANI	Y001	
12	OUT	Y002	
13	MCR	N0	
15	END		

图3-22　梯形图及指令表（6）

3）其他请参照模块3→课题1→任务3的实训来完成。

4）用刚才所学指令设计一个电动机两地控制的程序，并完成模拟调试。

课题2　熟悉PLC的工作原理

学习目标

1. 掌握PLC的工作原理。
2. 掌握PLC程序的执行过程。
3. 会使用编程软件来监视程序的执行过程。

PLC有RUN（运行）与STOP（编程）两种基本工作模式。当处于STOP模式时，PLC只进行内部处理和通信服务等内容，一般用于程序的写入、修改与监视。当处于RUN模式时，PLC除了要进行内部处理、通信服务之外，还要执行反映控制要求的用户程序，即执行输入处理、程序处理、输出处理，如图3-23所示。PLC这种周而复始的循环工作方式称为扫描工作方式。

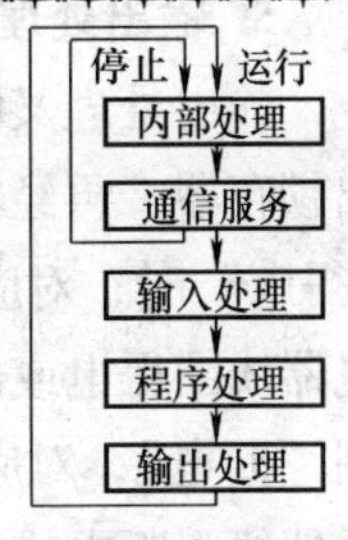

图3-23　扫描过程

任务1 循环扫描过程

由于PLC执行指令的速度极快，从外部输入/输出关系来看，其循环扫描过程似乎是同时完成的，其实不然，现就其循环扫描过程分析如下。

1. 内部处理阶段

在内部处理阶段，PLC首先诊断自身硬件是否正常，然后将监控定时器复位，并完成一些其他内部工作。

2. 通信服务阶段

在通信服务阶段，PLC要与其他的智能装置进行通信，如响应编程器输入的命令、更新编程器的显示内容等。

3. 输入处理阶段

输入处理又叫输入采样，在PLC的存储器中，设置了一片区域用来存放输入信号的状态，这片区域被称为输入映像寄存器；PLC的其他软元件也有对应的映像存储区，它们统称为元件映像寄存器。外部输入信号接通时，对应的输入映像寄存器为1状态，梯形图中对应的输入继电器的动合触点闭合，动断触点断开；外部输入信号断开时，对应的输入映像寄存器为0状态，梯形图中对应的输入继电器的动合触点断开，动断触点闭合。因此，当某一软元件对应的映像寄存器为1状态时，称该软元件为ON；映像寄存器为0状态时，称该软元件为OFF。

在输入处理阶段，PLC顺序读入所有输入端子的通、断状态，并将读入的信息存入内存所对应的输入元件映像寄存器中，此时，输入映像寄存器被刷新。接着进入程序执行阶段，在执行程序时，输入映像寄存器与外界隔离，即使输入信号发生变化，其映像寄存器的内容也不会发生变化，只有在下一个扫描周期的输入处理阶段才能被读入。

4. 程序处理阶段

程序处理又叫程序执行，根据PLC梯形图扫描原则，按先上后下、先左后右的顺序，逐行逐句扫描，即执行程序。但若遇到程序跳转指令，则根据跳转条件是否满足来决定程序的跳转地址。当用户程序涉及输入、输出状态时，PLC从输入映像寄存器中读取上一阶段输入处理时对应输入信号的状态，从输出映像寄存器中读取对应映像寄存器的当前状态，根据用户程序进行逻辑运算，运算结果再存入相关元件映像寄存器中。因此，对每个元件（输入继电器除外）而言，元件映像寄存器中所寄存的内容会随着程序执行过程而变化。

5. 输出处理阶段

输出处理又叫输出刷新，在输出处理阶段，CPU将输出映像寄存器的0/1状态传送到输出锁存器，再经输出单元隔离和功率放大后送到输出端子。梯形图中某一输出继电器的线圈“得电”时，对应的输出映像寄存器为1状态，在输出处理阶段之后，输出单元中对应的继电器线圈得电或晶体管、晶闸管导通，外部负载即可得电工作。若梯形图中输出继电器的线圈“断电”，对应的输出映像寄存器为0状态，在输出处理阶段之后，输出单元中对应的继电器线圈断电或晶体管、晶闸管关断，外部负载停止工作。

任务2　扫描周期

PLC在RUN工作模式时，执行一次如图3-23所示的扫描操作所需的时间称为扫描周期。但是由于内部处理和通信服务的时间相对固定，因此，扫描周期通常是指PLC的输入处理、程序处理和输出处理这3个阶段，其具体工作过程如图3-24所示。因此，扫描周期与用户程序的长短、指令的种类和CPU执行指令的速度有很大关系。当用户程序较长时，指令执行时间在扫描周期中占有相当大的比例；此外，PLC既可以按固定的顺序进行扫描，也可以按用户程序所指定的可变顺序进行，这样使有的程序无需每个扫描周期都执行一次，从而缩短循环扫描的周期，提高控制的实时性。

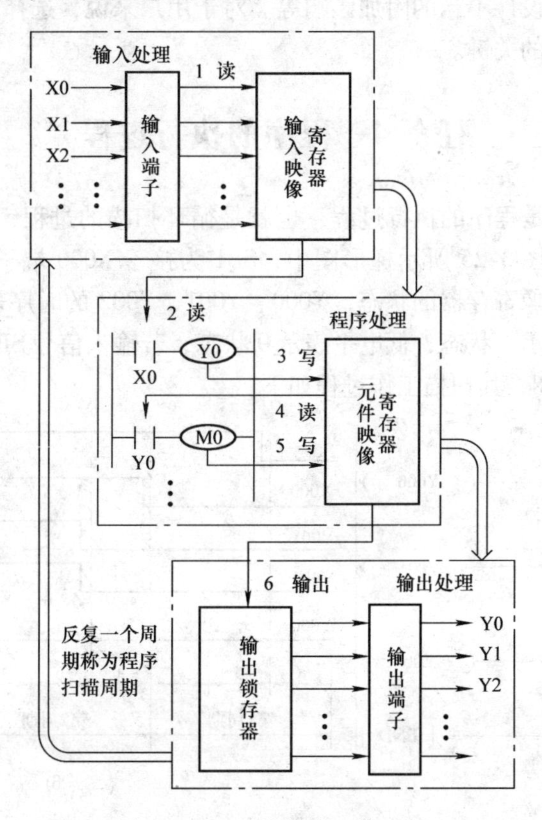

图3-24　PLC的扫描工作过程

循环扫描的工作方式是PLC的一大特点，也可以说PLC是“串行”工作的，这和传统的继电控制系统“并行”工作有质的区别，PLC的串行工作方式避免了继电控制系统中触点竞争和时序失配的问题。

任务3　输入/输出滞后时间

输入/输出滞后时间又称系统响应时间，它是指PLC外部输入信号发生变化的时刻至它控制的有关外部输出信号发生变化的时刻之间的时间间隔，它由输入电路滤波时间、输出电路的滞后时间和因扫描工作方式产生的滞后时间这三部分组成。

输入单元的RC滤波电路用来滤除由输入端引入的噪声等干扰，并消除因外接输入触点动作时产生的抖动引起的不良影响。滤波电路的时间常数决定了输入滤波时间的长短，一般为10ms左右。输出单元的滞后时间与输出单元的类型有关，继电器型输出电路的滞后时间一般在10ms左右；双向晶闸管型输出电路在负载由断开到接通的滞后时间约为1ms，负载由接通到断开的最大滞后时间为10ms；晶体管型输出电路的滞后时间一般在1ms以下。

由扫描工作方式引起的滞后时间最长可达两个多（约3个）扫描周期。PLC总的响应延时一般只有几十毫秒，对于一般的系统是无关紧要的，但对于要求输入/输出信号之间的滞后时间尽量短的系统，则可以选用扫描速度快的PLC或采取其他措施。

因此，影响输入/输出滞后的主要原因有：输入滤波器的惯性；输出继电器触点的惯性；程序执行的时间；程序设计不当的附加影响等。对于用户来说，选择了一个PLC，合理地编制程序是缩短滞后时间的关键。

任务4　程序的执行过程

PLC的工作过程就是程序的执行过程，也就是循环扫描的过程，下面来分析图3-25所示梯形图的执行过程。图3-25所示梯形图中，SB1为接于X000端子的输入信号，X000的时序表示对应的输入映像寄存器的状态，Y000、Y001、Y002的时序表示对应的输出映像寄存器的状态，高电平表示1状态，低电平表示0状态，若输入信号SB1在第1个扫描周期的输入处理阶段之后为ON，其扫描工作过程如下。

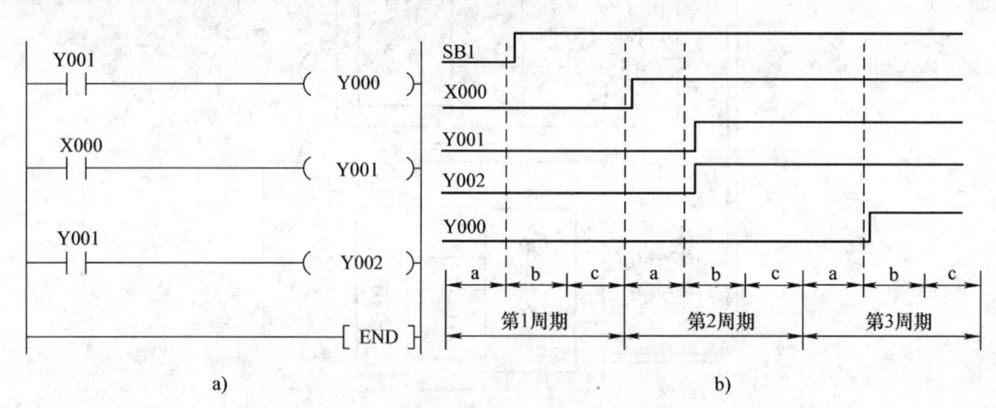

图3-25　程序执行过程

a—输入处理　b—程序处理　c—输出处理

1. 第1个扫描周期

（1）输入处理阶段

由于输入信号SB1尚未接通，输入处理的结果X000为OFF，因此写入X000输入映像寄存器的状态为0状态。

（2）程序处理阶段

程序按顺序执行，先读取Y001输出映像寄存器的内容（为0状态），因此逻辑处理的结果Y000线圈为OFF，其结果0写入Y000输出映像寄存器；接着读X000输入映像寄存器的内容（为0状态），因此逻辑处理的结果Y001线圈为OFF，其结果0写入Y001输出映像寄存器；再读Y001输出映像寄存器的内容（为0状态），因此逻辑处理的结果Y002线圈为OFF，其结果0写入Y002输出映像寄存器。所以在第1个扫描周期内各映像寄存器均为0状态。

（3）输出处理阶段

程序执行完毕，因Y000、Y001和Y002输出映像寄存器的状态均为0状态，所以，Y000、Y001和Y002输出均为OFF。

2. 第2个扫描周期

（1）输入处理阶段

因输入信号SB1已接通，输入处理的结果X000为ON，因此写入X000输入映像寄存器的状态为1状态。

（2）程序处理阶段

程序按顺序执行，先读取Y001输出映像寄存器的内容（为0状态），因此Y000为OFF，其结果0写入Y000输出映像寄存器；接着又读X000输入映像寄存器的内容（为1状态），因此Y001为ON，其结果1写入Y001输出映像寄存器；再读Y001输出映像寄存器的内容（为1状态），因此Y002为ON，其结果1写入Y002输出映像寄存器。所以，在第2个扫描周期内，只有Y000输出映像寄存器为0状态，其余的X000、Y001和Y002映像寄存器均为1状态。

（3）输出处理阶段

程序执行完毕，因Y000输出映像寄存器为0状态，而Y001和Y002输出映像寄存器为1状态，所以，Y000输出为OFF，而Y001和Y002输出均为ON。

3. 第3个扫描周期

（1）输入处理阶段

因输入信号SB1仍接通，输入处理的结果X000为ON，再次写入X000输入映像寄存器的状态为1状态。

（2）程序处理阶段

程序按顺序执行，先读取Y001输出映像寄存器的内容（为1状态），因此Y000为ON，其结果1写入Y000输出映像寄存器；接着读X000输入映像寄存器的内容（为1状态），因此Y001为ON，其结果1写入Y001输出映像寄存器；再读Y001输出映像寄存器的内容（为1状态），因此Y002为ON，其结果1写入Y002输出映像寄存器。所以在第3个扫描周期内各映像寄存器均为1状态。

（3）输出处理阶段

程序执行完毕，因Y000、Y001和Y002输出映像寄存器的状态均为1状态，所以，Y000、Y001和Y002输出均为ON。

可见，虽外部输入信号SB1是在第1个扫描周期的输入处理之后闭合的，但X000为ON是在第2个扫描周期的输入处理阶段才被读入的，因此，Y001、Y002输出映像寄存器是在第2个扫描周期的程序执行阶段为ON的，而Y000输出映像寄存器是在第3个扫描周期的程序执行阶段为ON的。对于Y001、Y002所驱动的负载，则要到第2个扫描周期的输出刷新阶段才为ON，而Y000所驱动的负载，则要到第3个扫描周期的输出刷新阶段才为

ON。因此，Y001、Y002 所驱动的负载要滞后的时间最长可达 1 个多（约 2 个）扫描周期，而 Y000 所驱动的负载要滞后的时间最长可达 2 个多（约 3 个）扫描周期。

若交换图 3-25 所示梯形图中第 1 行和第 2 行的位置，Y000 状态改变的滞后时间将减少 1 个扫描周期。由此可见，这种滞后时间可以通过程序优化的方法来减少。

任务5 双线圈输出

在梯形图中，同一个元件的线圈一般不能重复使用（重复使用即称双线圈输出），图 3-26 所示为 Y3 线圈多次使用的情况。设 X001 = ON，X002 = OFF，在程序处理时，最初因 X001 为 ON，Y003 的映像寄存器为 ON，输出 Y004 也为 ON。然而，当程序执行到第 3 行时，又因 X002 = OFF，Y003 的映像寄存器改写为 OFF，因此，最终的输出 Y003 为 OFF，Y004 为 ON。所以，若输出线圈重复使用，则后面线圈的动作状态对外输出有效。

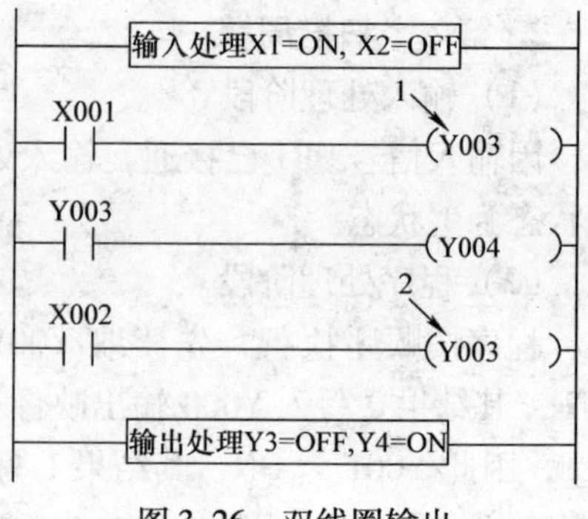

图 3-26 双线圈输出

任务6 彩灯顺序点亮的 PLC 控制实训

1. 实训目的

1）理解 PLC 循环扫描过程。

2）掌握 PLC 的工作原理。

3）会使用编程软件来监控 PLC 的运行情况。

2. 实训器材

1）PLC 应用技术综合实训装置 1 台。

2）开关、按钮板模块 1 个。

3）指示灯模块 1 个（或绿、红发光二极管各 1 个）。

3. 实训内容

图 3-27 所示是 3 位同学设计的三组彩灯顺序点亮的控制程序，其控制要求为：按下起动按钮 SB1（X1），黄灯（Y1）点亮，5s 后黄灯熄灭红灯（Y2）点亮，按下停止按钮 SB2（X2）系统停止运行。请通过编程软件来监控 PLC 的运行，并运用程序执行过程来分析其正误。

1）将 3-27b 所示程序输入到计算机，并下载到 PLC 中。

2）按图 3-27a 所示连接好外部电路，经教师检查系统接线正确后，接通电源。

3）将 PLC 的运行开关置于 RUN 一侧，按下起动按钮 SB1，观察彩灯的点亮情况。

4）通过编程软件来监控 PLC 的运行，并运用程序执行过程来分析其正误。

5）用同样的方法分析 3-27c 所示程序的执行过程。

6）用同样的方法分析 3-27d 所示程序的执行过程。

7）用同样的方法分析 3-26 所示程序的执行过程。

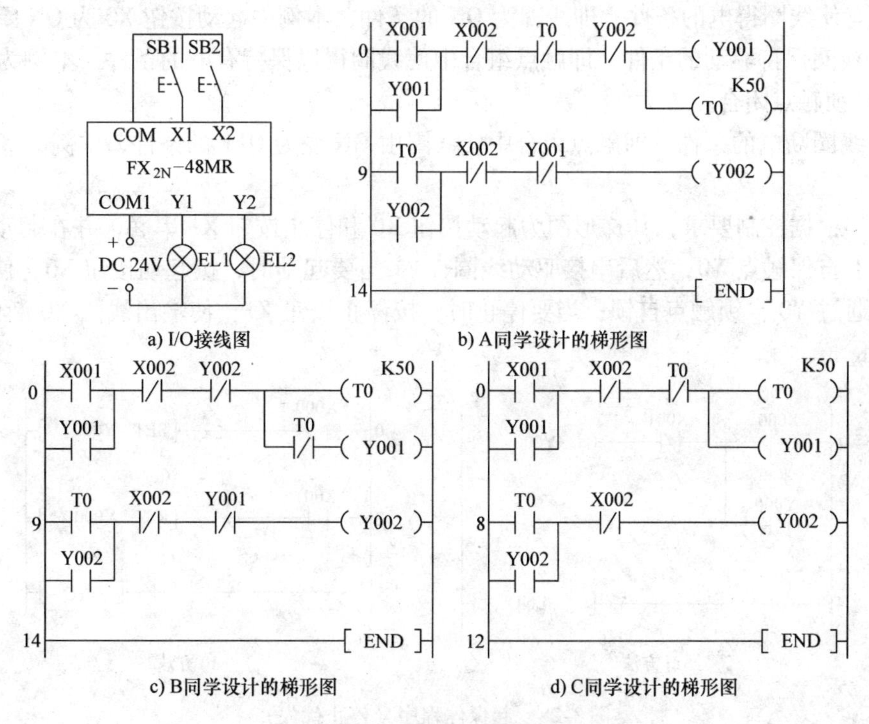

图 3-27　三组彩灯顺序点亮的控制程序

8）通过对上述 4 个程序的运行监控与分析，熟悉 PLC 程序的执行过程，并进一步掌握 PLC 的工作原理。

课题 3　掌握常用基本电路的程序设计

1. 掌握起保停程序的设计。
2. 掌握定时器、计数器在程序设计中的应用。
3. 掌握振荡程序的设计及应用。

为顺利掌握 PLC 程序设计的方法和技巧，尽快提升 PLC 的程序设计能力，本节介绍一些常用基本电路的程序设计，相信对今后 PLC 程序设计能力的提高会大有益处。

任务 1　起保停程序

起保停程序即起动、保持、停止的控制程序，是梯形图中最典型的基本程序，它包含了如下几个因素。

（1）驱动线圈　每一个梯形图逻辑行都必须针对驱动线圈，本例为输出线圈 Y0。

（2）线圈得电的条件　梯形图逻辑行中除了线圈外，还有触点的组合。其中，触点组合中必须有使线圈得电的条件，即线圈为 ON 的条件，本例中起动按钮 X0 为 ON 闭合。

（3）线圈保持驱动的条件　即触点组合中使线圈得以保持有电的条件，本例为与 X0 并联的 Y0 自锁触点闭合。

（4）线圈断电的条件　即触点组合中使线圈由 ON 变为 OFF 的条件，本例为 X1 动断触点断开。

因此，根据控制要求，其梯形图为起动按钮 X0 和停止按钮 X1 串联，并在起动按钮 X0 两端并联上自保触点 Y0，然后串接驱动线圈 Y0。当要起动时，按起动按钮 X0，使线圈 Y0 有输出并通过 Y0 自锁触点自锁；当要停止时，按停止按钮 X1，使输出线圈 Y0 断电，如图 3-28a 所示。

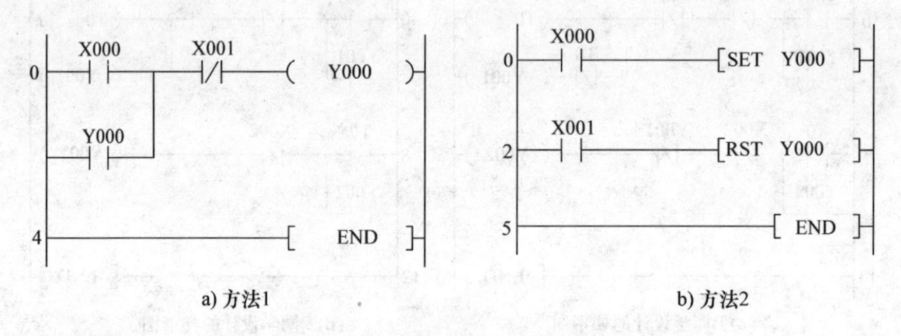

图 3-28　起保停程序（停止优先）

用 SET、RST 指令编程时，起保停程序包含了梯形图程序的两个要素：一个是使线圈置位并保持的条件，本例为起动按钮 X0 为 ON；另一个是使线圈复位并保持的条件，本例为停止按钮 X1 为 ON。因此，其梯形图为起动按钮 X0、停止按钮 X1 分别驱动 SET、RST 指令。当要起动时，按起动按钮 X0 使输出线圈置位并保持；当要停止时，按停止按钮 X1 使输出线圈复位并保持，如图 3-28b 所示。

由上可知，方法 2 的设计思路更简单明了，是最佳设计方案。但在运用这两种方法编程时，应注意以下几点：

1）在方法 1 中，用 X1 的动断触点；而在方法 2 中，用 X1 的动合触点，但它们的外部输入接线却完全相同，均为动合按钮。

2）上述的两个梯形图都为停止优先，即如果起动按钮 X0 和停止按钮 X1 同时被按下，则电动机停止；若要改为起动优先，则梯形图如图 3-29 所示。

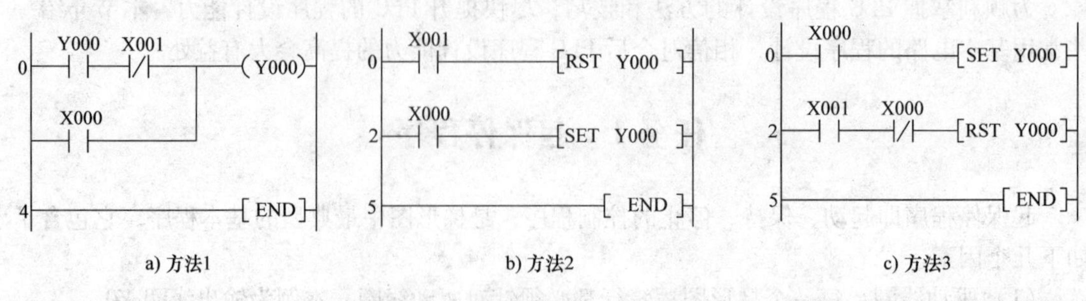

图 3-29　起保停程序（起动优先）

任务2　计数器应用程序

计数器用于对内部信号和外部高速脉冲进行计数，使用前需要进行复位，其应用如图3-30所示。X3首先使计数器C0复位，C0对X4输入的脉冲计数，输入的脉冲数达到6个时，计数器C0的动合触点闭合，Y0得电；当X3再次动作时，C0复位，Y0失电。

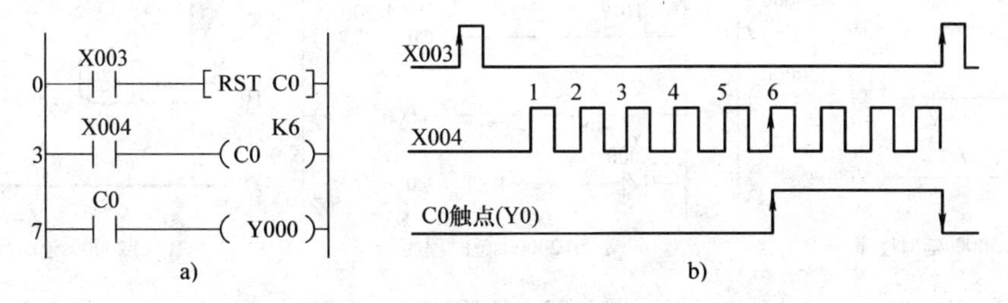

图3-30　计数器C的应用程序及时序图

任务3　定时器应用程序

1. 得电延时闭合程序

按下起动按钮X0，延时2s后输出Y0接通；当按下停止按钮X2时，输出Y0断开，其梯形图及时序图如图3-31所示。

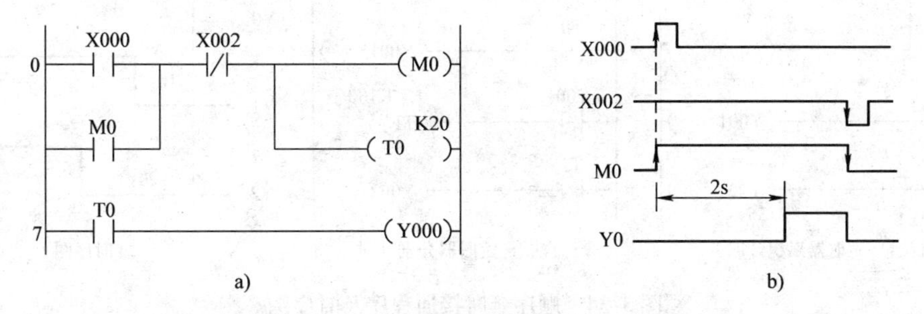

图3-31　得电延时闭合程序及时序图

2. 断电延时断开程序

当X0为ON时，Y0接通并自保；当X0断开时，定时器T0开始得电延时，当X0断开的时间达到定时器的设定时间10s时，Y0才由ON变为OFF，实现断电延时断开，其梯形图及时序图如图3-32所示。

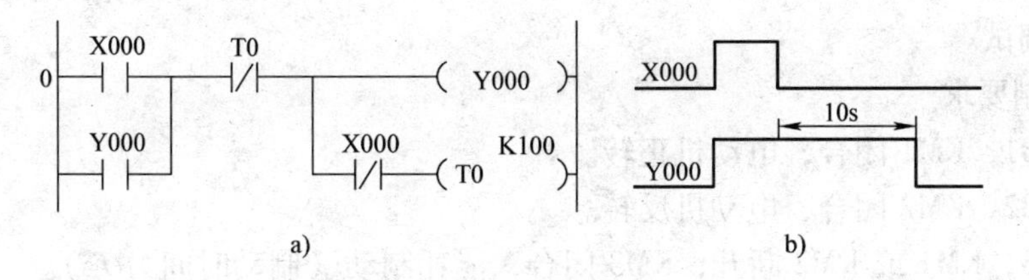

图3-32　断电延时断开程序及时序图

3. 长延时程序

FX_{2N}系列PLC的定时器最长延时时间为3276.7s，因此，利用多个定时器组合可以实现大于3276.7s的延时，图3-33a所示为5000s的延时程序。但几万秒甚至更长的延时，需用定时器与计数器的组合来实现，图3-33b所示为定时器与计数器组合的延时程序。

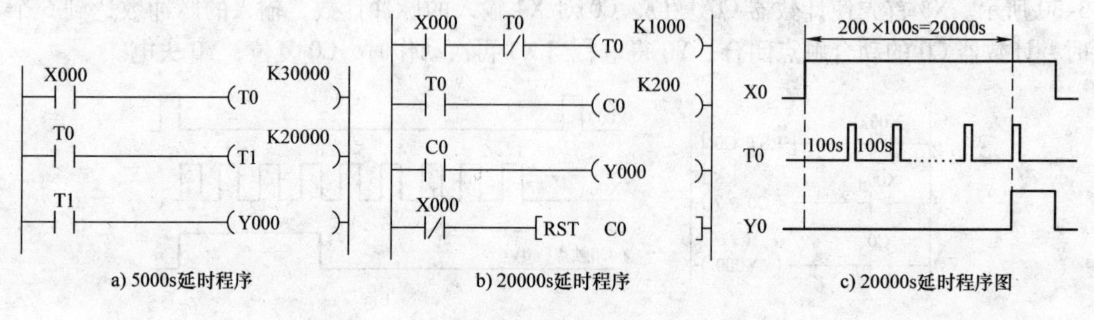

a) 5000s延时程序 b) 20000s延时程序 c) 20000s延时程序图

图3-33 长延时程序

4. 顺序延时接通程序

当X0接通后，输出继电器Y0、Y1、Y2按顺序每隔10s输出，用2个定时器T0、T1设置不同的延时时间，可实现按顺序接通，当X0断开时同时停止，程序如图3-34所示。

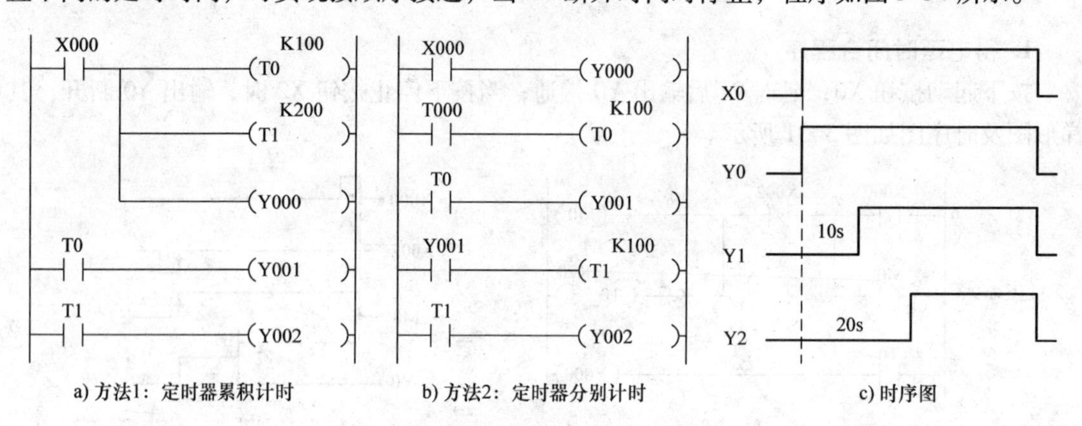

a) 方法1：定时器累积计时 b) 方法2：定时器分别计时 c) 时序图

图3-34 顺序延时接通程序及时序图

任务4 电动机正、反转能耗制动的PLC控制实训（1）

1. 实训任务

设计一个用PLC基本逻辑指令来实现电动机正、反转能耗制动的控制系统，并在实训室完成模拟调试。

（1）控制要求

1）按SB1，KM1闭合，电动机正转。

2）按SB2，KM2闭合，电动机反转。

3）按SB，KM1或KM2断开，KM3闭合，能耗制动（制动时间为*T*s）。

4）FR动作，KM1或KM2或KM3断开，电动机自由停车。

（2）实训目的

1）掌握起保停电路的应用。

2）掌握定时器的应用。

3）掌握电动机正、反转能耗制动的 PLC 外部接线及操作。

2. 实训步骤

（1）I/O 分配

X0——停止按钮 SB；X1——正转起动按钮 SB1；X2——反转起动按钮 SB2；X3——热继电器动合触点 FR；Y1——正转接触器 KM1；Y2——反转接触器 KM2；Y3——制动接触器 KM3。

（2）梯形图设计

根据控制要求和 PLC 的 I/O 分配，其梯形图如图 3-35a 所示。

（3）系统接线图

根据系统控制要求及 I/O 分配，其系统接线图如图 3-35b 所示。

（4）实训器材

根据控制要求、I/O 分配及系统接线图，完成本实训需要配备如下器材：

1）交流接触器模块 2 个。

2）其他与模块 3→课题 1→任务 3 的实训器材相同。

（5）系统调试

1）输入程序。用编程工具正确输入如图 3-35a 所示程序，并下载到 PLC 中。

2）静态调试。按图 3-35b 所示 PLC 的 I/O 接线图正确连接好输入设备，进行 PLC 的模拟静态调试：即按下正转起动按钮 SB1（X1）时，Y1 亮，按下停止按钮 SB（X0）时，Y1 熄灭，同时 Y3 亮，*T*s 后 Y3 熄灭；按下反转起动按钮 SB2（X2）时，Y2 亮，按下停止按钮 SB（X0）时，Y2 熄灭，同时 Y3 亮，*T*s 后 Y3 熄灭；在 Y1 或 Y2 或 Y3 点亮期间，若热继电器 FR（X3）动作，则 Y1、Y2、Y3 都熄灭。并通过手持式编程器监视，观察其是否与指示一致，否则，检查并修改程序，直至指示正确。

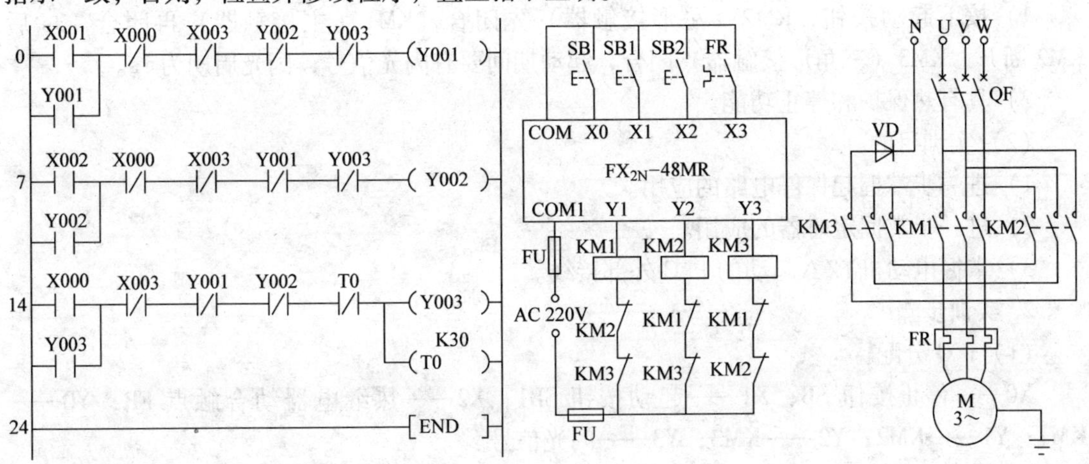

a) 梯形图　　b) 控制系统接线图　　c) 主电路

图 3-35 电动机正、反转能耗制动的系统接线图

3）动态调试。按图3-35b所示的PLC的I/O接线图正确连接好输出设备，进行系统的空载调试，观察交流接触器能否按控制要求动作：即按下正转起动按钮SB1（X1）时，KM1（Y1）闭合，按下停止按钮SB（X0）时，KM1（Y1）断开，同时KM3（Y3）闭合，*T*s后KM3也断开；按下反转起动按钮SB2（X2）时，KM2（Y2）闭合，按下停止按钮SB（X0）时，KM2（Y2）断开，同时KM3闭合，*T*s后KM3断开；在有接触器得电闭合期间，若热继电器FR（X3）动作，则KM1、KM2、KM3都断开。并通过手持式编程监视，观察其是否与动作一致，否则，检查电路或修改程序，直至交流接触器能按控制要求动作；然后按图3-35c所示的主电路连接好电动机，进行带载动态调试。

4）修改程序。动态调试正确后，练习读出、删除、插入、监视程序等操作。

3. 实训报告

（1）分析与总结

1）提炼出适合编程的控制要求。

2）画出电动机正、反转能耗制动的梯形图，并写出其指令表。

3）总结PLC程序设计与控制电路设计的思路与方法。

（2）巩固与提高

1）用另外的方法设计本实训的程序。

2）电动机能正、反转运行，正转时有能耗制动，反转时无能耗制动，请画出其梯形图。

任务5 电动机Y/△起动的PLC控制实训（1）

1. 实训任务

设计一个用PLC基本逻辑指令来实现电动机Y/△起动的控制系统，并在实训室完成模拟调试。

（1）控制要求

1）按下起动按钮，KM2（星形接触器）先闭合，KM1（主接触器）再闭合，3s后KM2断开，KM3（三角形接触器）闭合，起动期间要有闪光信号，闪光周期为1s。

2）具有热保护和停止功能。

（2）实训目的

1）进一步掌握起保停电路的应用。

2）进一步掌握定时器的应用。

3）掌握电动机Y/△起动的PLC外部接线。

2. 实训步骤

（1）I/O分配

X0——停止按钮SB；X1——起动按钮SB1；X2——热继电器动合触点FR；Y0——KM1；Y1——KM2；Y2——KM3；Y3——闪光信号。

（2）梯形图设计

根据控制要求和PLC的I/O分配，画出其梯形图。

（3）系统接线图

根据系统控制要求及I/O分配，其系统接线图如图3-36所示。

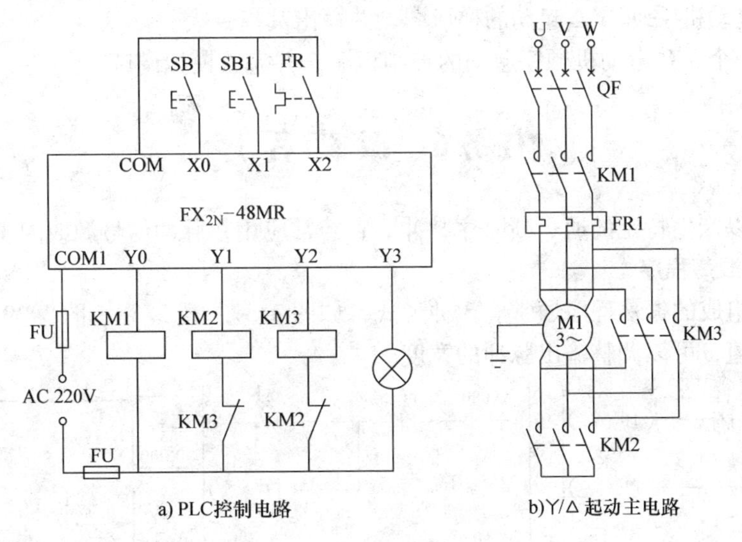

a) PLC控制电路　　b)Y/△起动主电路

图3-36　Y/△起动的系统接线图

（4）实训器材

根据控制要求、I/O分配及系统接线图，完成本实训需要配备的器材与模块3→课题3→任务4的实训器材相同。

（5）系统调试

1）输入程序。按前面介绍的程序输入方法，用编程工具正确输入程序。

2）静态调试。按图3-36a所示PLC的I/O接线图正确连接好输入设备，进行PLC的模拟静态调试：即按下起动按钮SB1（X1）时，Y1、Y0亮，3s后Y1熄灭Y2亮，在Y1亮的时间内Y3闪3次；在运行过程中，若按停止按钮（X0）或热继电器FR（X2）动作，都将全部熄灭，并通过计算机监视，观察其是否与指示一致，否则，检查并修改程序，直至指示正确。

3）动态调试。按图3-36a所示PLC的I/O接线图正确连接好输出设备，进行系统的空载调试，观察交流接触器能否按控制要求动作：即按下起动按钮SB1（X1）时，KM2（Y1）、KM1（Y0）闭合，3s后KM2断开KM3（Y2）闭合，KM2闭合期间指示灯（Y3）闪3次；在运行过程中，若按停止按钮SB（X0）或热继电器FR（X2）动作，则KM1、KM2或KM3断开。并通过计算机监视，观察其是否与动作一致，否则，检查电路或修改程序，直至交流接触器能按控制要求动作；然后按图3-36b所示的主电路连接好电动机，进行带载动态调试。

4）修改、打印并保存程序。动态调试正确后，练习删除、复制、粘贴、删除连线、绘制连线、程序读写、监视程序等操作，最后，打印程序（指令表及梯形图）并保存程序。

3. 实训报告

（1）分析与总结

1）提炼出适合编程的控制要求。

2）画出电动机Y/△起动的梯形图，并写出其指令表。

（2）巩固与提高

1）画出电动机手动Y/△起动的梯形图，并写出其指令表。

2）设计一个3台电动机顺序起动的控制程序，并完成模拟调试。

任务6 振荡程序

振荡程序以产生特定的通、断时序脉冲，它经常应用在脉冲信号源或闪光报警电路中。

1. 定时器振荡程序

由定时器组成的振荡程序通常有3种形式，如图3-37、图3-38、图3-39所示。若改变定时器的设定值，可以调整输出脉冲的宽度。

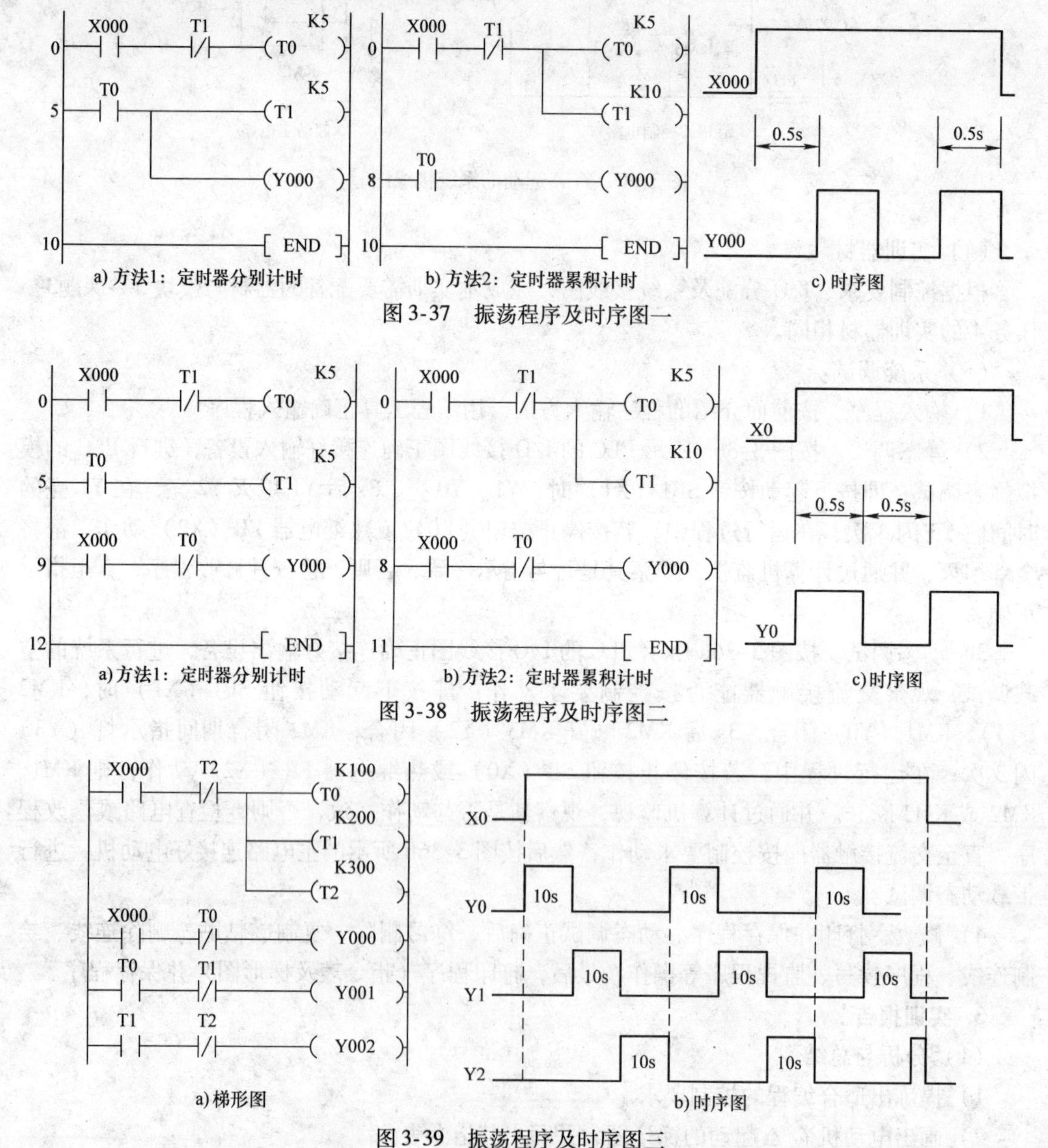

图3-37 振荡程序及时序图一

图3-38 振荡程序及时序图二

图3-39 振荡程序及时序图三

2. M8013 振荡程序

由 M8013 组成的振荡程序如图 3-40 所示。因为 M8013 为 1s 的时钟脉冲，所以 Y0 输出脉冲宽度为 0.5s。

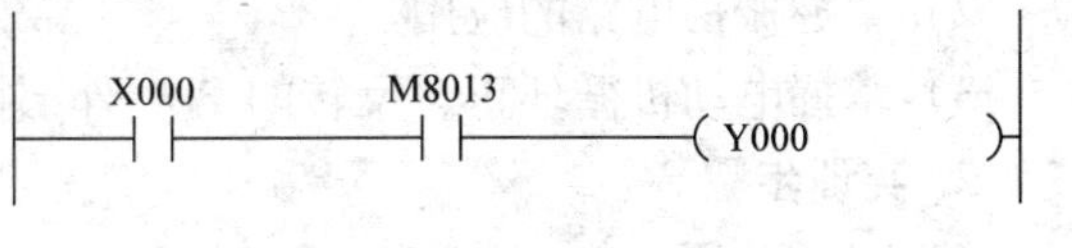

图 3-40　M8013 振荡程序

3. 二分频程序

若输入一个频率为 f 的方波，则在输出端得到一个频率为 $f/2$ 的方波，其梯形图如图 3-41 所示。对于图 3-41a 所示，当 X0 闭合时（设为第 1 个扫描周期），M0、M1 线圈为 ON，此时，Y0 线圈由于 M0 动合触点、Y0 动断触点闭合为 ON；下一个扫描周期，M0 线圈由于 M1 线圈为 ON 而为 OFF，所以，Y0 线圈由于 M0 动断触点和其自锁触点闭合一直为 ON，直到下一次 X0 闭合时，M0、M1 线圈又为 ON，把 Y0 线圈断开，从而实现二分频。对于图 3-41b 所示，当 X0 的上升沿到来时（设为第 1 个扫描周期），M0 线圈为 ON（只接通 1 个扫描周期），此时 M1 线圈由于 Y0 动合触点断开为 OFF，因此 Y0 线圈由于 M0 动合触点闭合为 ON；下一个扫描周期，M0 线圈为 OFF，虽然 Y0 动合触点是闭合的，但此时 M0 动合触点已经断开，所以 M1 线圈仍为 OFF，Y0 线圈则由于自锁触点闭合而一直为 ON，直到下一次 X0 的上升沿到来时，M1 线圈才为 ON，并把 Y0 线圈断开，从而实现二分频。

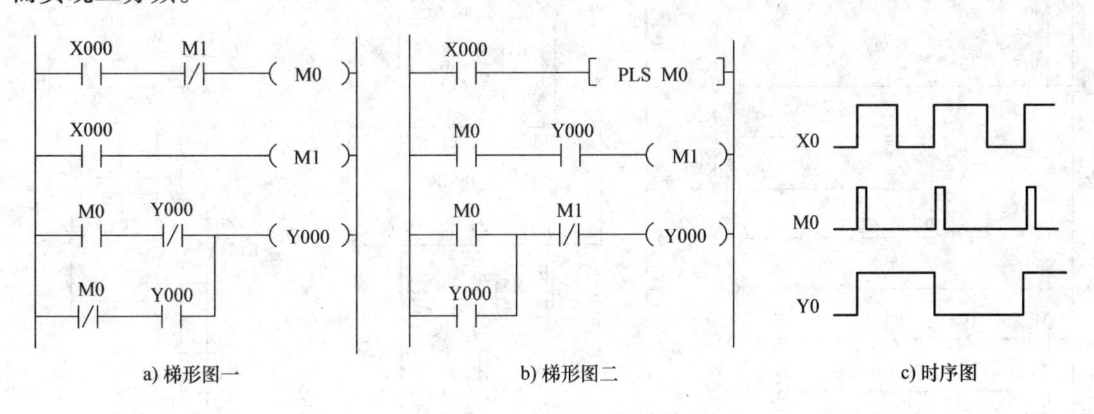

图 3-41　二分频程序及时序图

任务 7　电动机循环正、反转的 PLC 控制实训

1. 实训任务

设计一个用 PLC 的基本逻辑指令来控制电动机循环正、反转的控制系统，并在实训室完成模拟调试。

（1）控制要求

1）按下起动按钮，电动机正转 3s，停 2s，反转 3s，停 2s，如此循环 5 个周期，然后自动停止。

2）运行中，可按停止按钮停止，热继电器动作也应停止。

（2）实训目的

1）掌握定时器、计数器的应用。

2）掌握振荡电路的应用。

3）掌握电动机循环正、反转的 PLC 外部接线及操作。

2. 实训步骤

（1）I/O 分配

X0——停止按钮 SB；X1——起动按钮 SB1；X2——热继电器动合点 FR；Y1——电动机正转接触器 KM1；Y2——电动机反转接触器 KM2。

（2）梯形图设计

根据控制要求，可采用定时器连续输出并累积计时的方法，这样可使电动机的运行由时间来控制，使编程的思路变得简单，而电动机循环的次数，则由计数器来控制。定时器 T0、T1、T2、T3 的用途如下（设电动机运行时间 $t_1=3\text{s}$；电动机停止时间 $t_2=2\text{s}$）：T0 为 t_1 的时间，所以 T0 = 30；T1 为 t_1+t_2 的时间，所以 T1 = 50；T2 为 $t_1+t_2+t_1$ 的时间，所以T2 = 80；T3 为 $t_1+t_2+t_1+t_2$ 的时间，所以 T3 = 100。因此，其梯形图如图 3-42 所示。

（3）系统接线图

根据系统控制要求及 I/O 分配，其系统接线图如图 3-43 所示。

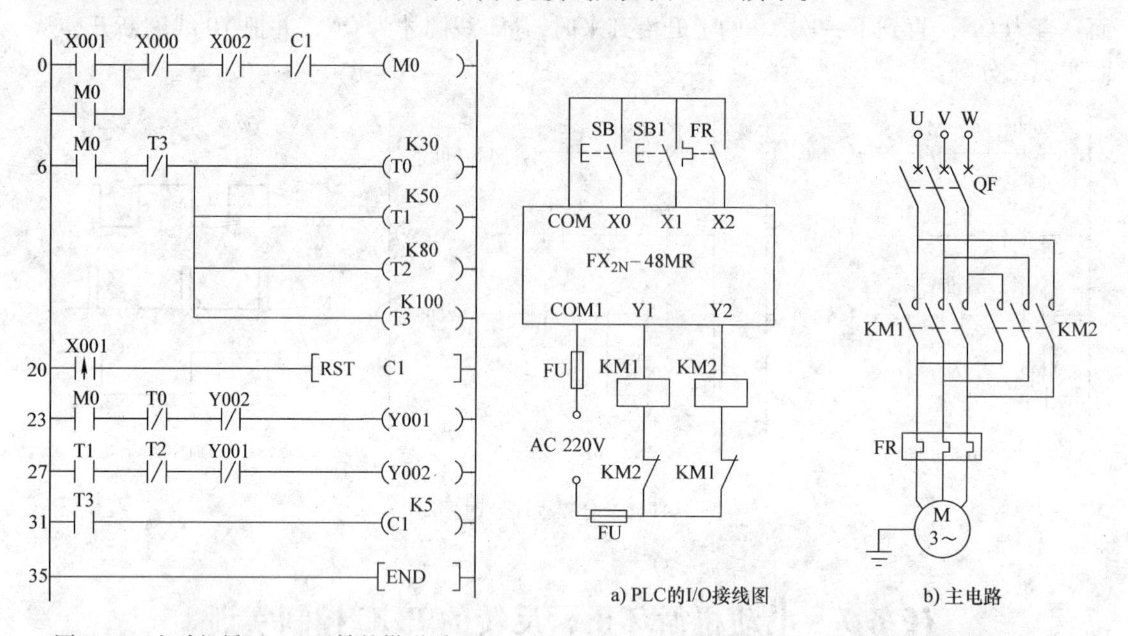

图 3-42 电动机循环正、反转的梯形图

图 3-43 电动机循环正、反转的系统接线图

（4）实训器材

根据控制要求、I/O 分配及系统接线图，完成本实训需要配备的器材与模块 3→课题1→任务 3 的实训器材相同。

（5）系统调试

1）输入程序。通过计算机将图 3-42 所示的梯形图正确输入 PLC 中。

2）静态调试。按图 3-43a 所示 PLC 的 I/O 接线图正确连接好输入设备，进行 PLC 的模拟静态调试：即按下起动按钮 SB1（X1）后，Y1 亮 3s 后熄灭 2s，然后 Y2 亮 3s 后熄灭 2s，循环 5 次；在此期间，只要按停止按钮 SB（X0）或热继电器动作 FR（X2），都将全部熄灭。观察 PLC 的输出指示灯是否按要求指示，否则，检查并修改程序，直至指示正确。

3）动态调试。按图3-43a所示PLC的I/O接线图正确连接好输出设备，进行系统的空载调试，观察交流接触器能否按控制要求动作，否则，检查电路或修改程序，直至交流接触器能按控制要求动作；再按图3-43b所示的主电路连接好电动机，进行带载动态调试。

4）修改、打印并保存程序。动态调试正确后，练习删除、复制、粘贴、删除连线、绘制连线、程序读写、监视程序、设备注释等操作，最后，打印程序（指令表及梯形图）并保存程序。

3. 实训报告

（1）分析与总结

1）画出电动机循环正、反转的梯形图，并加适当的设备注释。

2）画出电动机正、反转的继电器电路，并说明设计继电器控制电路与PLC控制电路的异同。

（2）巩固与提高

1）试用其他编程方法设计程序。

2）请用基本逻辑指令，设计一个既能自动循环正、反转，又能点动正转和点动反转的电动机控制系统。

3）设计一个两台水泵每10天轮流切换工作的控制程序，并完成模拟调试。

任务8　电动机Y/△起动的PLC控制实训（2）

1. 实训任务

设计一个用PLC基本逻辑指令和振荡程序来实现电动机Y/△起动的控制系统，并在实训室完成模拟调试。

（1）控制要求

与模块3→课题3→任务5的控制要求相同。

（2）实训目的

1）进一步掌握定时器、计数器的应用。

2）进一步掌握振荡电路的应用。

3）熟练掌握电动机Y/△起动的PLC外部接线。

2. 实训步骤

与模块3→课题3→任务5的实训步骤相同。

3. 实训报告

（1）分析与总结

1）分析M8013产生的时序脉冲和定时器组成的振荡电路产生的时序脉冲的异同。

2）总结振荡电路程序设计的一般规律。

（2）巩固与提高

1）设计一个带有手动与自动的Y/△起动的控制程序，并完成模拟调试。

2）设计一个3台电动机循环顺序起动的控制程序，并完成模拟调试。

课题4 熟悉PLC程序设计方法及技巧

1. 掌握梯形图的基本规则。
2. 掌握梯形图程序设计的方法及技巧。
3. 会设计和调试比较复杂的控制程序。

如何根据控制要求，设计出符合要求的程序，这就是PLC程序设计人员所要解决的问题。PLC程序设计是指根据被控对象的控制要求和现场信号，对照PLC的软元件，画出梯形图（或状态转移图），进而写出指令表程序的过程。这需要编程人员熟练掌握程序设计的规则、方法和技巧，在此基础上再积累一定的编程经验，PLC的程序设计就不难掌握了。

任务1 梯形图的基本规则

梯形图作为PLC程序设计的一种最常用的编程语言，被广泛应用于工程现场的程序设计。为更好地使用梯形图语言，下面介绍梯形图的一些基本规则。

（1）线圈右边无触点

梯形图中每一逻辑行从左到右排列，以触点与左母线连接开始，以线圈、功能指令与右母线（可允许省略右母线）连接结束。触点不能接在线圈的右边，线圈也不能直接与左母线连接，必须通过触点连接，如图3-44所示。

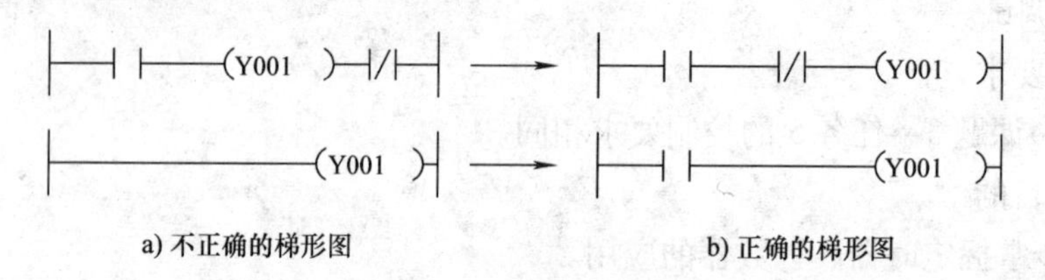

图3-44 线圈右边无触点的梯形图

（2）触点可串可并无限制

触点可用于串行电路，也可用于并行电路，且使用次数不受限制，所有输出继电器也都可以作为辅助继电器使用。

（3）触点水平不垂直

触点应画在水平线上，不能画在垂直线上。图3-45a所示梯形图中的X3触点被画在垂直线上，所以很难正确识别它与其他触点的逻辑关系，因此，应根据其逻辑关系改为如图3-45b或图3-45c所示的梯形图。

（4）多个线圈可并联输出

两个或两个以上的线圈可以并联输出，但不能串联输出，如图3-46所示。

（5）线圈不能重复使用

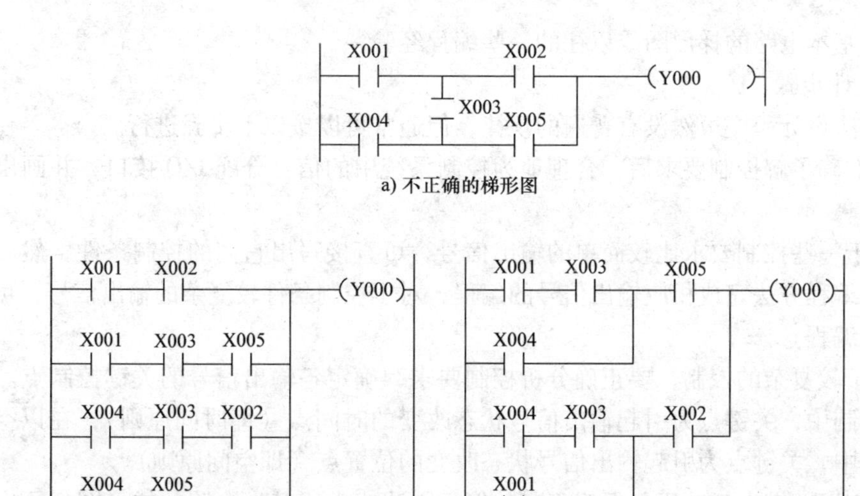

图 3-45　触点水平不垂直的梯形图

在同一个梯形图中，如果同一元件的线圈使用两次或多次，这时前面的输出线圈对外输出无效，只有最后一个输出线圈有效，所以，梯形图中一般不出现双线圈输出，故如图 3-47a 所示的梯形图必须改为如图 3-47b 所示的梯形图。

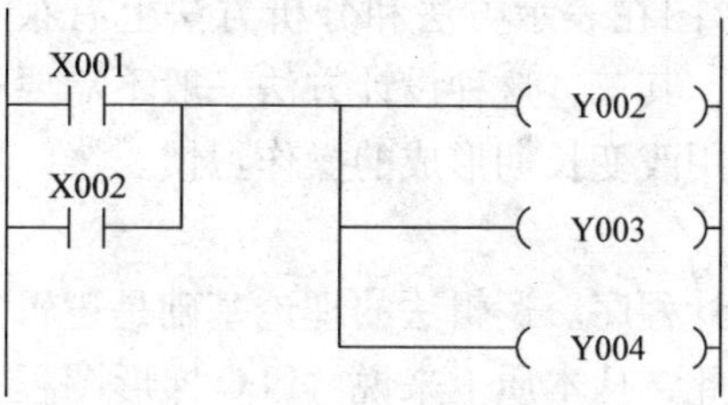

a) 不正确的梯形图　　b) 正确的梯形图

图 3-46　多个线圈可并联输出的梯形图

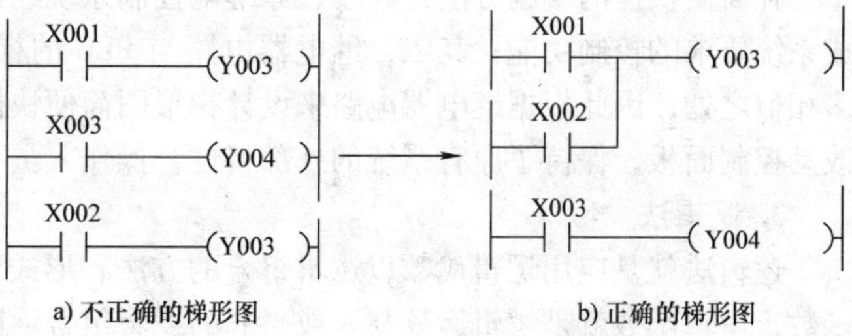

图 3-47　线圈不能重复使用的梯形图

任务2　程序设计的方法

PLC 程序设计有许多种方法，常用的有经验法、转换法、逻辑法及步进顺控法等。

1. 经验法

经验法也叫试凑法，这种方法没有普遍的规律可以遵循，具有很大的试探性和随意性，最后的结果也不是唯一的，设计所用的时间、设计的质量与设计者的经验有很大关系，一般用于较简单的程序设计。

（1）基本方法

经验法是设计者在掌握了大量典型程序的基础上，充分理解实际控制要求，将实际的控制问题分解成若干典型控制程序，再在典型控制程序的基础上不断修改拼凑而成的，需要经过多次反复的调试、修改和完善，最后才能得到一个较为满意的结果。用经验法设计时，可以参考一些基本电路的梯形图或以往的一些编程经验。

（2）设计步骤

用经验法设计程序虽然没有普遍的规律，但通常可以按以下步骤进行。

1）在准确了解控制要求后，合理地为控制系统中的信号分配I/O接口，并画出I/O分配图。

2）对于一些控制要求比较简单的输出信号，可直接写出它们的控制条件，然后按照起保停程序的编程方法完成相应输出信号的编程；对于控制条件较复杂的输出信号，可借助辅助继电器来编程。

3）对于较复杂的控制，要正确分析控制要求，确定各输出信号的关键控制点。在以时间为主的控制中，关键点为引起输出信号状态改变的时间点（即时间原则）；在以空间位置为主的控制中，关键点为引起输出信号状态改变的位置点（即空间原则）。

4）确定了关键点后，用起保停程序的编程方法或常用基本电路的梯形图，画出各输出信号的梯形图。

5）在完成关键点梯形图的基础上，针对系统的控制要求，画出其他输出信号的梯形图。

6）在此基础上，检查所设计的梯形图，更正错误，补充遗漏功能，进行最后优化。

2. 转换法

转换法就是将继电器电路转换成与原有功能相同的PLC内部的梯形图。这种等效转换是一种简便快捷的编程方法：其一，原继电控制系统经过长期使用和考验，已经被证明能完成系统要求的控制功能；其二，继电器电路与PLC的梯形图在表示方法和分析方法上有很多相似之处，因此根据继电器电路来设计梯形图简便快捷；其三，这种设计方法一般不需要改动控制面板，保持了原有系统的外部特性，操作人员不用改变长期形成的操作习惯。

3. 逻辑法

逻辑法就是应用逻辑代数以逻辑组合的方法和形式设计程序。逻辑法的理论基础是逻辑函数，逻辑函数就是逻辑运算与、或、非的逻辑组合。因此，从本质上来说，PLC梯形图程序就是与、或、非的逻辑组合，也可以用逻辑函数表达式来表示。

4. 步进顺控法

对于复杂的控制系统，特别是复杂的顺序控制系统，一般采用步进顺控的编程方法。步进顺控法是一种先进的设计方法，很容易被初学者接受，对于有经验的工程师，也会提高设计的效率，并且程序的调试、修改和阅读也很方便。有关步进顺控的编程方法将在模块4中介绍。

任务3 梯形图程序设计的技巧

设计梯形图程序时，一方面要掌握梯形图程序设计的基本规则；另一方面，为了减少指令的条数，节省内存和提高运行速度，还应该掌握设计的技巧。

1）如果有串联电路块并联，最好将串联触点多的电路块放在最上面，这样可以使编制的程序简洁，指令语句少，如图3-48所示。

2）如果有并联电路块串联，最好将并联电路块移近左母线，这样可以使编制的程序简洁，指令语句少，如图3-49所示。

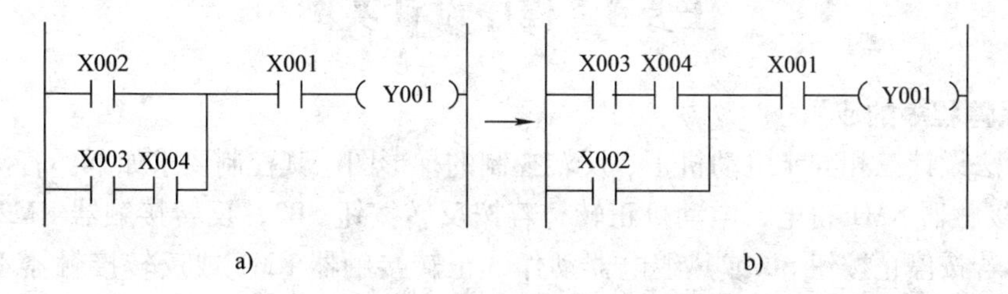

图3-48　技巧1梯形图

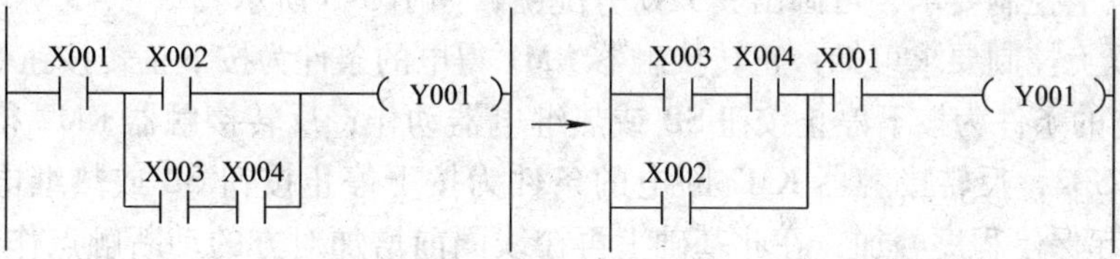

a)　b)

图3-49　技巧2梯形图

3）如果有多重输出电路，最好将串联触点多的电路放在下面，这样可以不使用MPS、MPP指令，如图3-50所示。

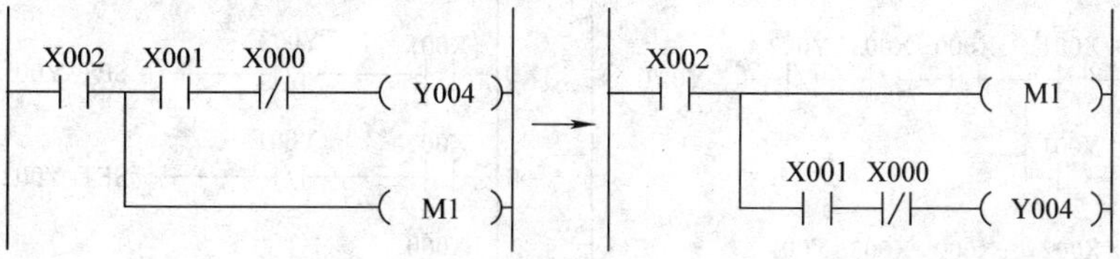

图3-50　技巧3梯形图

4）如果电路复杂，采用ANB、ORB等指令实现比较困难时，可以重复使用一些触点改成等效电路，再进行编程，如图3-51所示。

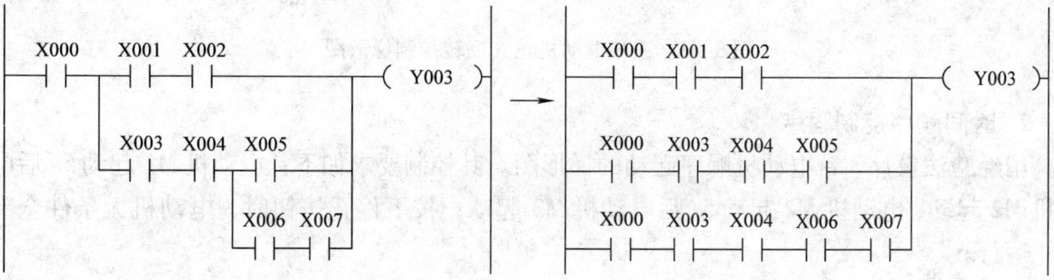

a)　b)

图3-51　技巧4梯形图

任务4　程序设计实例

1. 起保停程序的应用

用经验法设计三相异步电动机正、反转控制的梯形图。其控制要求如下：若按正转按钮 SB1，正转接触器 KM1 得电，电动机正转；若按反转按钮 SB2，反转接触器 KM2 得电，电动机反转；若按停止按钮 SB 或热继电器动作，正转接触器 KM1 或反转接触器 KM2 断电，电动机停止；只有电气互锁，没有按钮互锁。

根据经验法的程序设计的基本方法及设计步骤，其设计过程如下：

1）根据以上控制要求，可画出其 I/O 分配图，如图 3-5 所示。

2）根据以上控制要求可知：正转接触器 KM1 得电的条件为按下正转按钮 SB1，正转接触器 KM1 断电的条件为按下停止按钮 SB 或热继电器动作；反转接触器 KM2 得电的条件为按下反转按钮 SB2，反转接触器 KM2 断电的条件为按下停止按钮 SB 或热继电器动作。因此，可用两个起保停程序叠加，在此基础上再在线圈前增加对方的动断触点作电气软互锁，如图 3-52a 所示。

另外，可用 SET、RST 指令进行编程，若按正转按钮 X1，正转接触器 Y1 置位并自保持；若按反转按钮 X2，反转接触器 Y2 置位并自保持；若按停止按钮 X0 或热继电器 X3 动作，正转接触器 Y1 或反转接触器 Y2 复位并自保持；在此基础上再增加对方的动断触点作电气软互锁，如图 3-52b 所示。

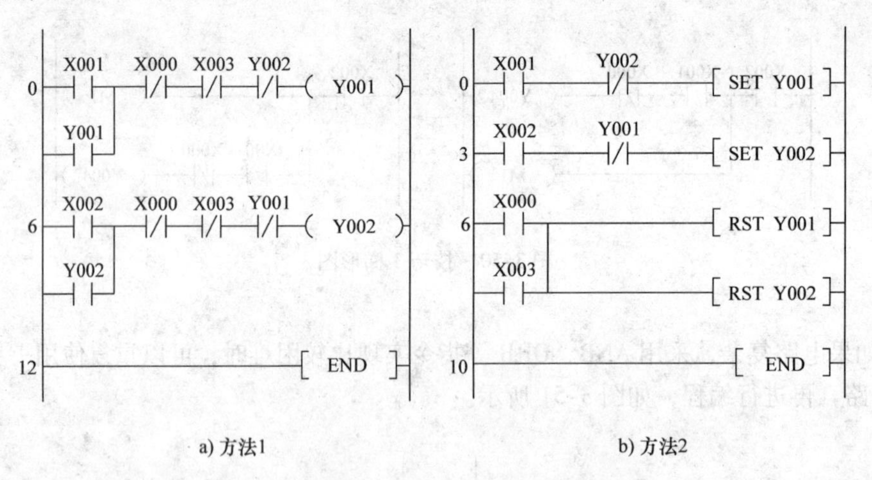

图 3-52　三相电动机正、反转控制梯形图

2. 时间顺序控制程序

用经验法设计 3 台电动机顺序起动的梯形图。其控制要求如下：电动机 M1 起动 5s 后电动机 M2 起动，电动机 M2 起动 5s 后电动机 M3 起动；按下停止按钮时，电动机无条件全部停止运行。

根据经验法的程序设计的基本方法及设计步骤，其程序设计过程如下。

1）根据以上控制要求，其 I/O 分配为 X1——起动按钮；X0——停止按钮；Y1——电动机 M1；Y2——电动机 M2；Y3——电动机 M3。

2）根据以上控制要求可知：引起输出信号状态改变的关键点为时间，即采用定时器进行计时，计时时间到则相应的电动机动作，而计时又可以采用分别计时和累积计时的方法，其梯形图分别如图 3-53a、b 所示。

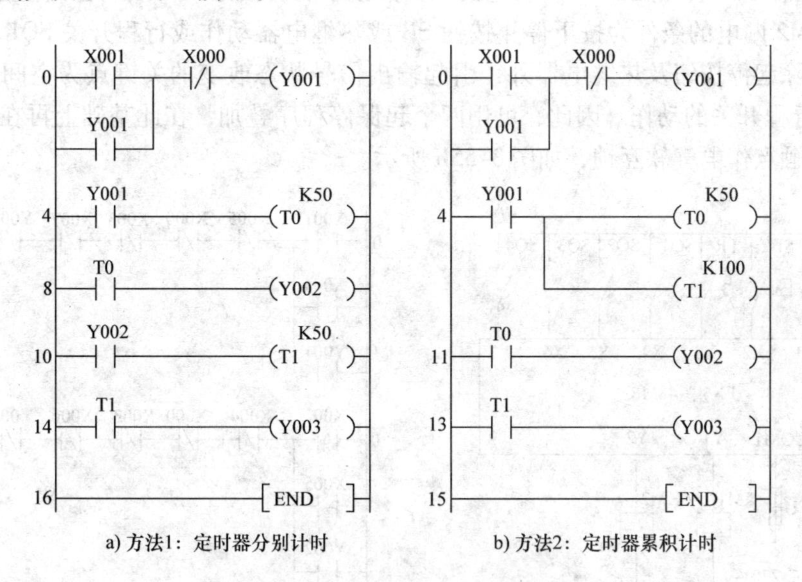

图 3-53　3 台电动机顺序起动梯形图

3. 空间位置控制程序

图 3-54 所示为行程开关控制的正、反转电路，图中行程开关 SQ1、SQ2 作为往复控制用，而行程开关 SQ3、SQ4 作为极限保护用，试用经验法设计其梯形图。

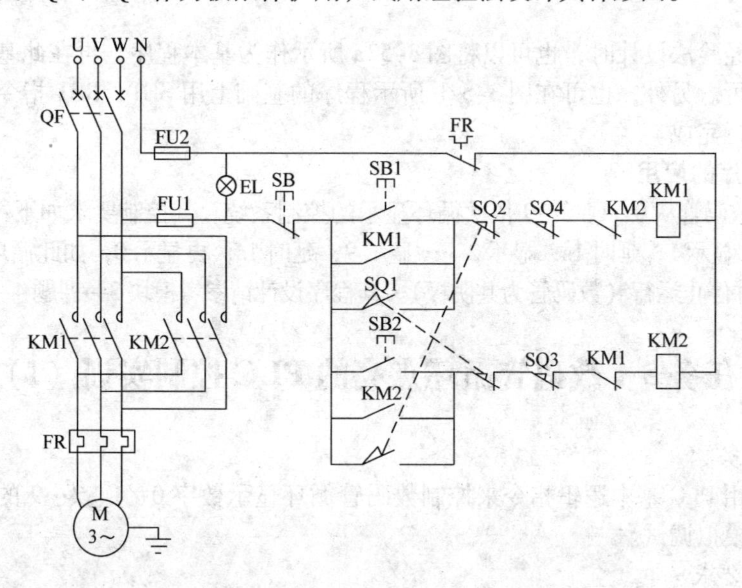

图 3-54　行程开关控制的正、反转电路

根据经验法的程序设计的基本方法及设计步骤，其程序设计过程如下：

1）根据以上控制要求，可画出其 I/O 分配图，如图 3-55a 所示。

2）根据以上控制要求可知：正转接触器 KM1 得电的条件为按下正转按钮 SB1 或闭合行程开关 SQ1，正转接触器 KM1 断电的条件为按下停止按钮 SB 或热继电器动作或行程开关 SQ2、SQ4 动作；反转接触器 KM2 得电的条件为按下反转按钮 SB2 或闭合行程开关 SQ2，反转接触器 KM2 断电的条件为按下停止按钮 SB 或热继电器动作或行程开关 SQ1、SQ3 动作。由此可知，除起停按钮及热继电器外，引起输出信号状态改变的关键点为空间位置（空间原则），即行程开关的动作。因此，可用两个起保停程序叠加，在此基础上再在线圈前增加对方的动断触点作电气软互锁，如图 3-55b 所示。

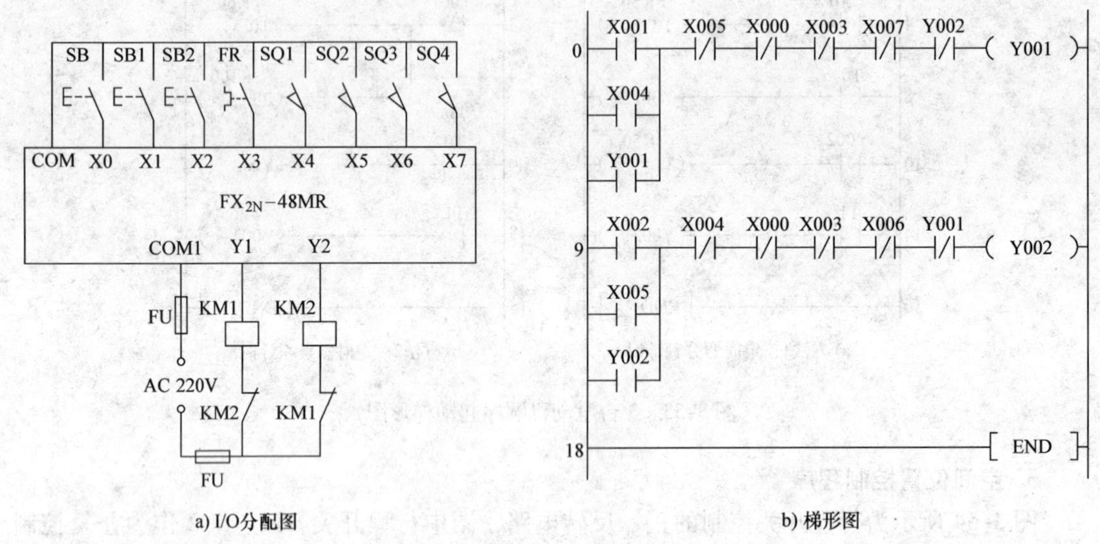

图 3-55　行程开关控制正、反转

当然，用经验法设计时，也可以将图 3-52a 所示作为基本程序，再在此基础上增加相应的行程开关即可。另外，也可在图 3-52b 所示程序的基础上用 SET、RST 指令来设计，其梯形图由读者自行完成。

4. 振荡程序的应用

设计一个数码管从 0、1、2…9 依次循环显示的控制系统。其控制要求如下：程序开始后显示 0，延时 1s，显示 1，延时 1s，显示 2……显示 9，延时 1s，再显示 0，如此循环；按停止按钮时，程序无条件停止运行（数码管为共阴极）。其程序设计请参考模块 3→课题 4→任务 5。

任务 5　数码管循环点亮的 PLC 控制实训（1）

1. 实训任务

设计一个用 PLC 基本逻辑指令来控制数码管循环显示数字 0、1、2…9 的控制系统，并在实训室完成模拟调试。

（1）控制要求

1）程序开始后显示 0，延时 Ts，显示 1，延时 Ts，显示 2…显示 9，延时 Ts，再显示 0，如此循环。

2）按停止按钮时，程序无条件停止运行。

3）需要连接数码管（数码管选用共阴极）。

（2）实训目的

1）掌握 PLC 的基本逻辑指令的应用。

2）熟练掌握 PLC 编程的基本方法和技巧。

3）熟练掌握编程软件的基本操作。

4）掌握 PLC 的外部接线及操作。

2. 实训步骤

（1）I/O 分配

X0——停止按钮 SB；X1——起动按钮 SB1；Y1 ~ Y7——数码管的 a ~ g。

（2）梯形图设计

根据控制要求，可采用定时器连续输出并累积计时的方法，这样可使数码管的显示由时间来控制，使编程思路变得简单。数码管的显示通过输出点来控制，显示的数字与各输出点的对应关系如图 3-56 所示。根据上述时间与图 3-56 所示的对应关系，其梯形图如图 3-57 所示。

输出点		0	1	2	3	4	5	6	7	8	9
Y1	a	1	0	1	1	0	1	0	1	1	1
Y2	b	1	1	1	1	1	0	0	1	1	1
Y3	c	1	1	0	1	1	1	1	1	1	1
Y4	d	1	0	1	1	0	1	1	0	1	0
Y5	e	1	0	1	0	0	0	1	0	1	0
Y6	f	1	0	0	0	1	1	1	0	1	1
Y7	g	0	0	1	1	1	1	1	0	1	1

b) 数字与输出点的对应关系

图 3-56　数字与输出点的对应关系

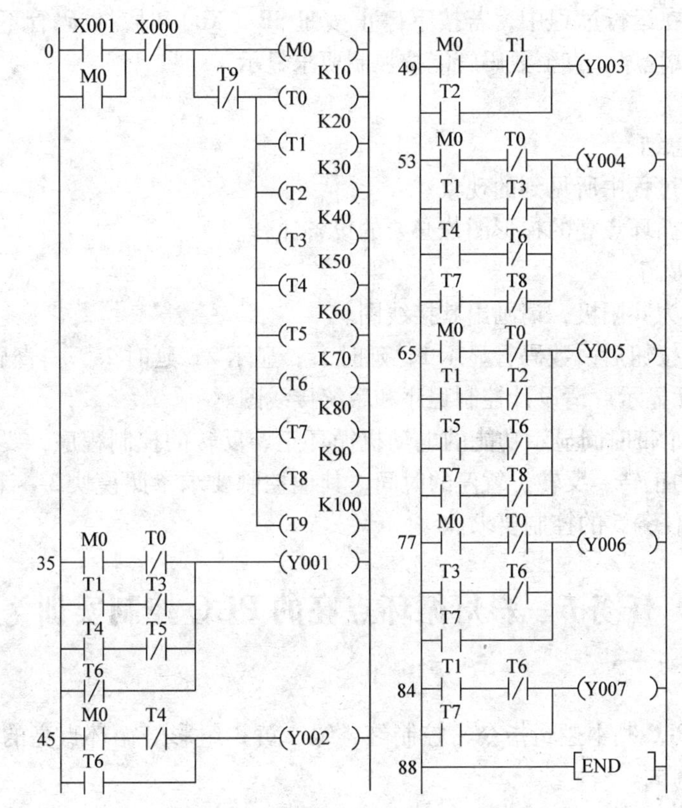

图 3-57　数码管循环点亮的梯形图

（3）系统接线图

根据系统控制要求及 I/O 分配，其系统接线图如图 3-58 所示。

（4）实训器材

根据控制要求、I/O 分配及系统接线图，完成本实训需要配备如下器材：

1）PLC 应用技术综合实训装置 1 台。

2）开关、按钮板模块 1 个。

3）数码管模块 1 个（共阴极数码管，且已串接了分压电阻）。

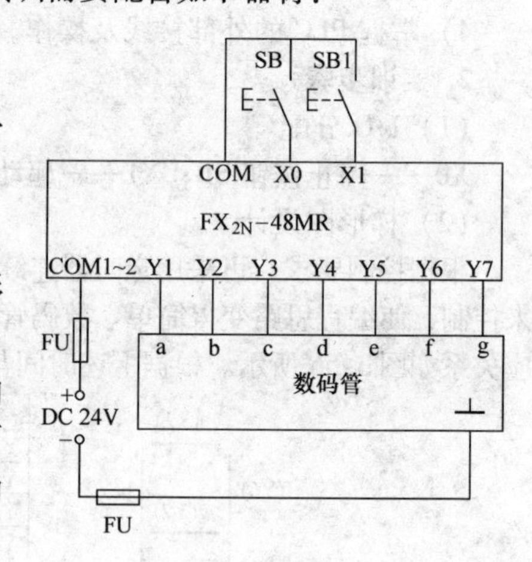

图 3-58　数码管循环点亮的系统接线图

（5）系统调试

1）输入程序。通过计算机将图 3-57 所示的梯形图正确输入 PLC 中。

2）静态调试。按图 3-58 所示的系统接线图正确连接好输入设备，进行 PLC 的模拟静态调试：即按下起动按钮 SB1（X1），输出指示灯按图 3-56b 所示动作；在运行过程中，若按下停止按钮 SB（X0）时，输出指示灯不显示。观察 PLC 的输出指示灯是否按要求指示，否则，检查并修改程序，直至指示正确。

3）动态调试。按图 3-58 所示的系统接线图正确连接好输出设备，进行系统的调试，观察数码管能否按控制要求显示：即按下起动按钮 SB1（X1），数码管依次循环显示数字 0、1、2…9、0、1…在运行过程中，若按下停止按钮 SB（X0）时，数码管不显示。否则，检查电路并修改调试程序，直至数码管能按控制要求显示。

3. 实训报告

（1）分析与总结

1）描述实训过程中所见到的现象。

2）给数码管循环点亮的梯形图加必要的设备注释。

（2）巩固与提高

1）若数码管为共阳极，请画出其接线图。

2）按下起动按钮后，数码管显示 1，延时 1s，显示 2，延时 2s，一直显示 3，按停止按钮后，程序停止无显示。请设计控制程序和系统接线图。

3）请设计一个带时间显示功能的电动机循环正、反转的控制程序，要求为：用一个数码管显示电动机的正转、反转、暂停的时间，其他控制要求参照模块 3→课题 3→任务 7 与模块 3→课题 4→任务 5 的控制要求。

任务 6　彩灯循环点亮的 PLC 控制实训

1. 实训任务

设计一个用 PLC 基本逻辑指令来控制红、绿、黄 3 组彩灯循环点亮的控制系统，并在实训室完成模拟调试。

（1）控制要求

1）按下起动按钮，彩灯按规定组别进行循环点亮：①→②→③→④→⑤循环次数 n 及点亮时间 T 由教师现场规定。

2）组别的规定见表3-11。

表3-11　彩灯组别规定

组别	红	绿	黄
1	灭	灭	亮
2	亮	亮	灭
3	灭	亮	灭
4	灭	亮	亮
5	灭	灭	灭

3）具有急停功能。

（2）实训目的

1）熟练掌握手持式编程器的基本操作。

2）熟练掌握编程的基本方法和技巧。

3）熟练掌握 PLC 的外部接线。

根据系统控制要求，其系统接线图如图3-59所示。

2. 实训步骤

（1）I/O 点分配

X0——停止按钮 SB；X1——起动按钮 SB1；Y1——红灯；Y2——绿灯；Y3——黄灯。

（2）梯形图设计

根据控制要求和 PLC 的 I/O 分配，画出其梯形图。

（3）系统接线图

根据控制要求及 I/O 分配，其系统接线如图3-59所示。

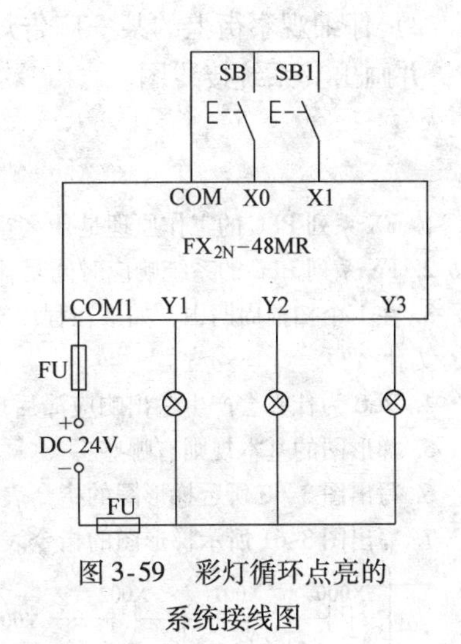

图3-59　彩灯循环点亮的系统接线图

（4）实训器材

根据控制要求、I/O 分配及系统接线图，完成本实训需要配备如下器材：

1）PLC 应用技术综合实训装置1台。

2）指示灯模块1个（含发光二极管3个）。

3）开关、按钮板模块1个。

4）手持式编程器1个。

（5）系统调试

1）输入程序。按前面介绍的程序输入方法，用手持式编程器正确输入程序。

2）静态调试。按图 3-59 所示的系统接线图正确连接好输入设备，进行 PLC 的模拟静态调试：即按下起动按钮 SB1（X1）时，Y3 亮，*T*s 后 Y3 熄灭，同时 Y1、Y2 亮，*T*s 后 Y1 灭 Y2 亮，*T*s 后 Y2、Y3 同时亮，*T*s 后全熄灭，*T*s 后又开始循环；在运行过程中，若按下停止按钮 SB（X0）或循环次数到，则 Y1、Y2、Y3 都熄灭。并通过手持式编程器监视，观察其是否与指示一致，否则，检查并修改程序，直至指示正确。

3）动态调试。按图 3-59 所示的系统接线图正确连接好输出设备，进行系统的调试，观察彩灯能否按控制要求动作：即按下起动按钮 SB1（X1）时，黄灯（Y3）亮，*T*s 后黄灯（Y3）熄灭，同时红灯（Y1）、绿灯（Y2）亮，*T*s 后红灯（Y1）灭绿灯（Y2）亮，*T*s 后绿灯（Y2）、黄灯（Y3）同时亮，*T*s 后全熄灭，*T*s 后又开始循环；在运行过程中，若按下停止按钮 SB（X0）或循环次数到，则红灯（Y1）、绿灯（Y2）、黄灯（Y3）都熄灭。并通过手持式编程器监视，观察其是否与动作一致，否则，检查电路或修改程序，直至彩灯能按控制要求动作。

4）修改程序。动态调试正确后，练习读出、删除、插入、监视程序等操作。

3. 实训报告

（1）分析与总结

1）提炼出适合编程的控制要求，并画出动作时序图。

2）画出彩灯循环点亮的梯形图，并写出其指令表。

（2）巩固与提高

1）用另外的方法编制程序。

2）仔细观察街上的某一广告灯，先拟出一个比较全面的控制要求，然后设计其控制程序，并画出其系统接线图。

思考与练习

1. FX 系列 PLC 的工作原理是什么？并说明其工作过程。
2. FX 系列 PLC 的系统响应时间是什么？主要由哪几部分组成？
3. 在 1 个扫描周期中，如果在程序执行期间输入状态发生变化，输入映像寄存器的状态是否也随之变化？为什么？
4. PLC 为什么会产生输出响应滞后现象？如何提高 I/O 响应速度？
5. 梯形图的基本规则有哪些？
6. 写出图 3-60 所示梯形图的指令表程序。
7. 写出图 3-61 所示梯形图的指令表程序。

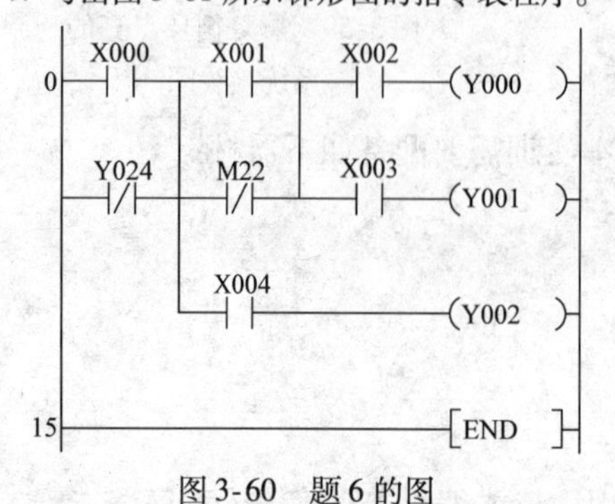

图 3-60　题 6 的图

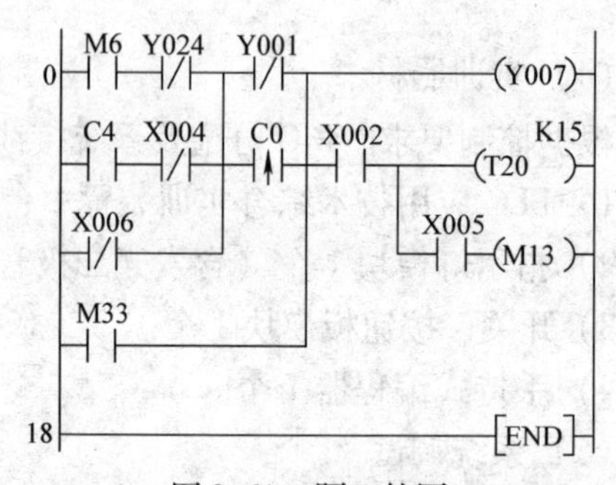

图 3-61　题 7 的图

8. 写出图3-62所示梯形图的指令表程序。

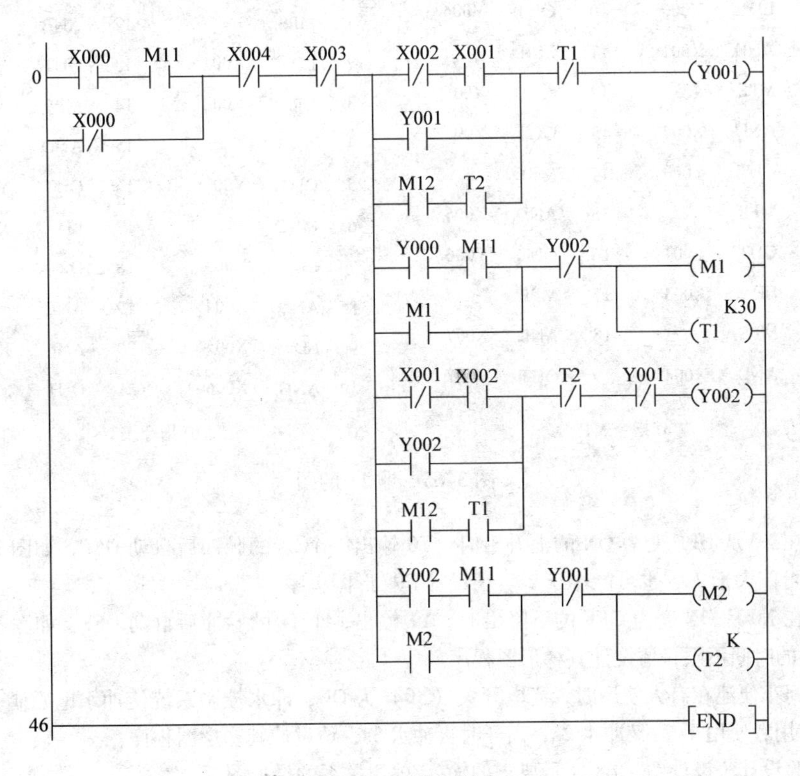

图3-62　题8的图

9. 写出图3-63所示梯形图的指令表程序。

10. 画出图3-64所示M0的时序图，交换上、下2行电路的位置，M0的时序有什么变化？为什么？

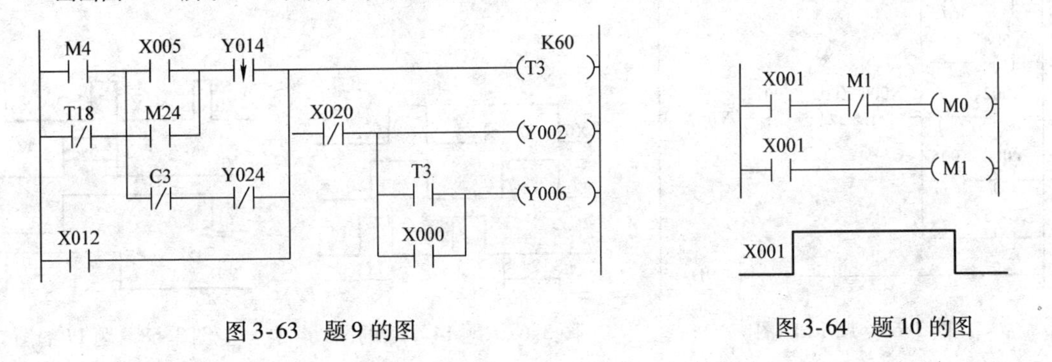

图3-63　题9的图　　　　图3-64　题10的图

11. 画出图3-65所示2段指令所对应的梯形图。

12. 图3-66所示梯形图为某同学设计的具有点动的电动机正、反转控制程序。其中X0为停止按钮SB（动合），X1为连续正转按钮SB1，X2为连续反转按钮SB2，X3为热继电器FR动合触点，X4为点动正转按钮SB4，X5为点动反转按钮SB5。请判断程序是否正确？若正确，请说明道理；若不正确，请分析原因并更正。

13. 有一条生产线，用光电感应开关X1检测传送带上通过的产品，有产品通过时X1为ON，如果在连续的10s内没有产品通过，则发出灯光报警信号，如果在连续的20s内没有产品通过，则灯光报警的同时发出声音报警信号，用X0输入端的开关解除报警信号，请画出其梯形图，并写出其指令表程序。

步	指令	元件	步	指令	元件
0	LD	X000	10	OUT	Y004
1	AND	X001	11	MRD	
2	MPS		12	AND	X005
3	AND	X002	13	OUT	Y005
4	OUT	Y000	14	MRD	
5	MPP		15	AND	X006
6	OUT	Y001	16	OUT	Y006
7	LD	X003	17	MPP	
8	MPS		18	AND	X007
9	AND	X004	19	OUT	Y007

a) 指令表1

步	指令	元件	步	指令	元件
0	LD	X000	11	ORB	
1	MPS		12	ANB	
2	LD	X001	13	OUT	Y001
3	OR	X002	14	MPP	
4	ANB		15	AND	X007
5	OUT	Y000	16	OUT	Y002
6	MRD		17	LD	X010
7	LD	Y003	18	OR	X011
8	AND	X004	19	ANB	
9	LD	X005	20	ANI	X012
10	AND	X006	21	OUT	Y003

b) 指令表2

图3-65 题11的图

14. 要求在X0从OFF变为ON的上升沿时，Y0输出一个2s的脉冲后自动OFF，如图3-67所示。X0为ON的时间可能大于2s，也可能小于2s，请设计其梯形图程序。

15. 要求在X0从ON变为OFF的下降沿时，Y1输出一个1s的脉冲后自动OFF，如图3-67所示。X0为ON或OFF的时间不限，请设计其梯形图程序。

16. 洗手间小便池在有人使用时，光电开关（X0）为ON，冲水控制系统使冲水电磁阀（Y0）为ON，冲水2s，在使用者使用4s后又冲水2s，离开时再冲水3s，请设计其梯形图程序。

17. 用经验设计法设计图3-68所示要求的输入/输出关系的梯形图。

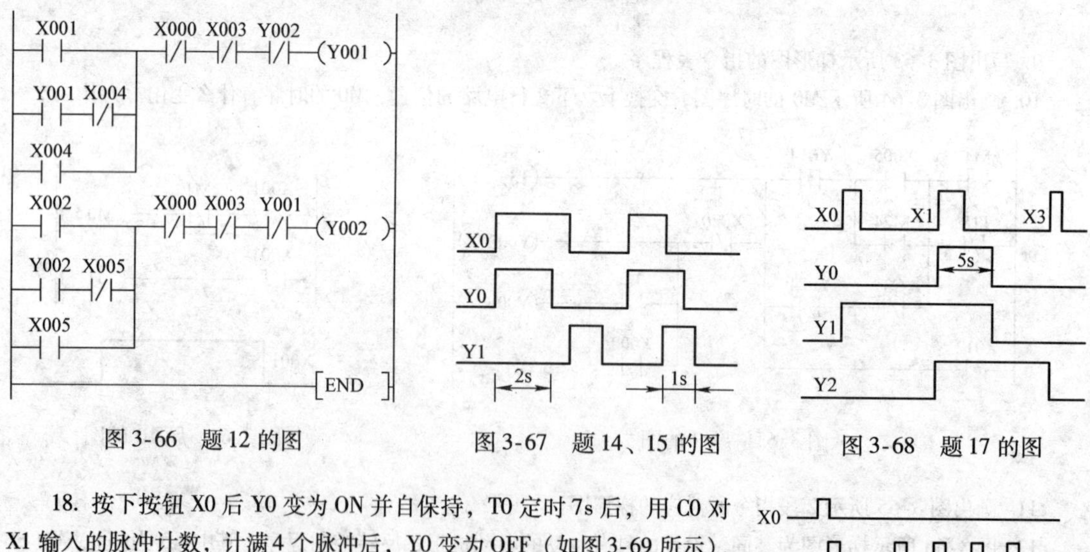

图3-66 题12的图　　图3-67 题14、15的图　　图3-68 题17的图

18. 按下按钮X0后Y0变为ON并自保持，T0定时7s后，用C0对X1输入的脉冲计数，计满4个脉冲后，Y0变为OFF（如图3-69所示），同时C0和T0被复位，在PLC刚开始执行用户程序时，C0也被复位，设计出梯形图。

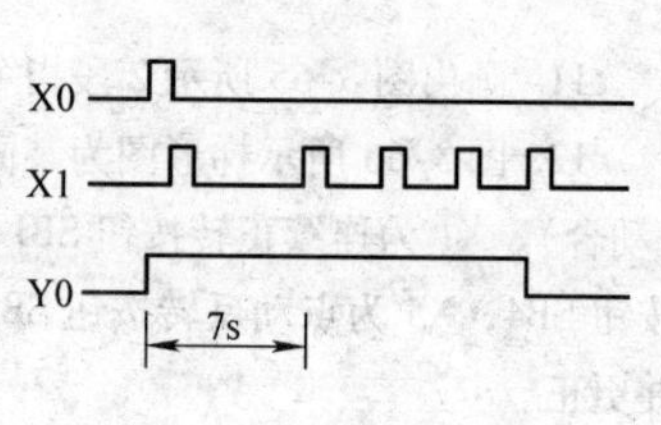

图3-69 题18的图

19. 请设计一个PLC控制的抢答器，其控制要求如下：抢答台A、B、C、D各有一个有指示灯和一个抢答键；裁判员台有一个指示灯和一个复位按键；抢答时，有2s的声音报警。

20. 分析图3-70a和b的两个程序的执行结果有何不同？并说明道理。

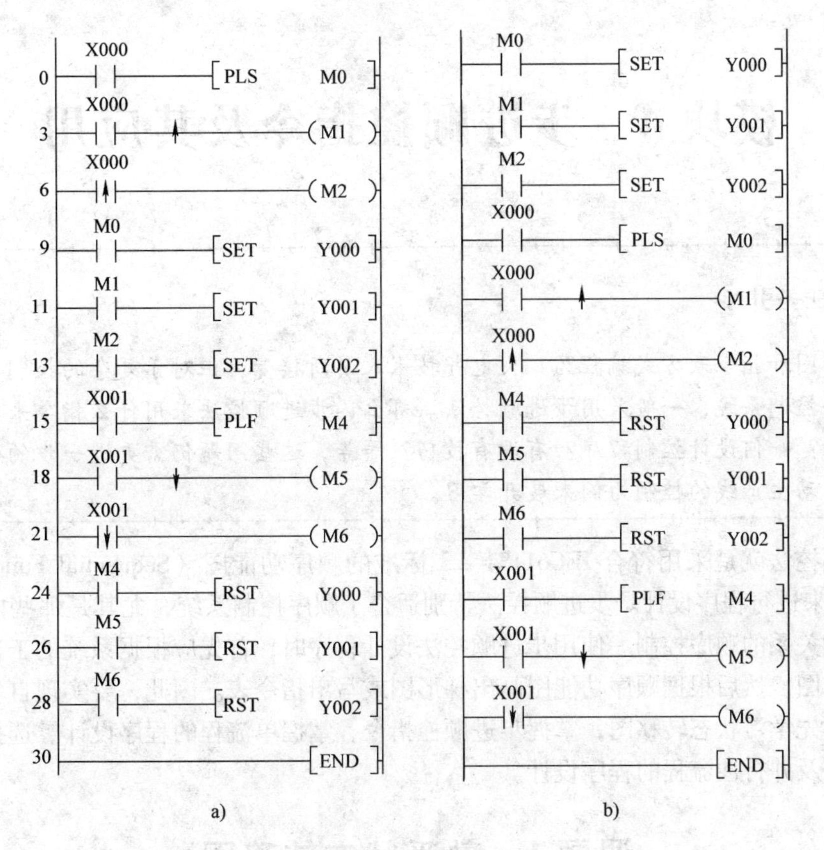
0
X000
PLS
M0
3
X000
M1
6
X000
M2
9
M0
SET
Y000
11
M1
SET
Y001
13
M2
SET
Y002
15
X001
PLF
M4
18
X001
M5
21
X001
M6
24
M4
RST
Y000
26
M5
RST
Y001
28
M6
RST
Y002
30
END
a)
M0
SET
Y000
M1
SET
Y001
M2
SET
Y002
X000
PLS
M0
X000
M1
X000
M2
M4
RST
Y000
M5
RST
Y001
M6
RST
Y002
X001
PLF
M4
X001
M5
X001
M6
END
b)

图 3-70　题 20 的图

模块4　步进顺控指令及其应用

任务引入

梯形图和指令表方式编程为广大电气技术人员所接受，但对于复杂的控制系统，尤其是顺序控制系统，一般采用步进顺控法。那么，步进顺控法采用什么指令来实现？有哪些优势？如何设计控制程序？有没有技巧？等等，这些问题仍需更进一步的研究，现在就以自动生产线的控制为例来展开学习。

步进顺控法就是采用符合IEC61131－3标准的顺序功能图（Sequential Function Chart，SFC）语言来进行程序设计。步进顺控法特别适合于顺序控制系统，尤其是那些内部有复杂联锁、互动关系的顺序控制。使用步进顺控法设计程序时，首先应根据系统的工艺流程，画出顺序功能图，然后根据顺序功能图画出梯形图或写出指令表。因此，要实现自动生产线的控制，必须先学习状态转移图，掌握步进顺控指令，掌握单流程的程序设计、选择性流程的程序设计以及并行性流程的程序设计。

课题1　熟悉状态转移图

学习目标

1. 会根据控制要求绘制控制系统的流程图。
2. 会将流程图转换为状态转移图。
3. 理解状态转移图的程序执行过程。

任务1　流　程　图

首先，还是来分析一下模块2→课题2→任务3的彩灯循环点亮过程，实际上这是一个顺序控制过程，整个控制过程可分为如下4个阶段（或叫工序）：复位、黄灯亮、绿灯亮、红灯亮。每个阶段又分别完成如下的工作（也叫动作）：初始及停止复位，亮黄灯、延时，亮绿灯、延时，亮红灯、延时。各个阶段之间只要延时时间到就可以过渡（也叫转移）到下一阶段。因此，可以很容易地画出其工作流程图，如图4-1所示。

流程图对大家来说并不陌生，但是，要让PLC来识别大家所熟悉的流程图，就要将流程图“翻译”成如图4-2所示的状态转移图，完成“汉译英”的过程就是本课题要解决的问题。

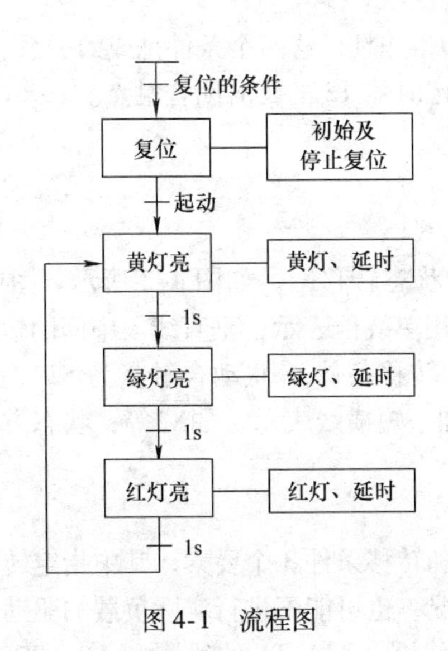

图4-1 流程图

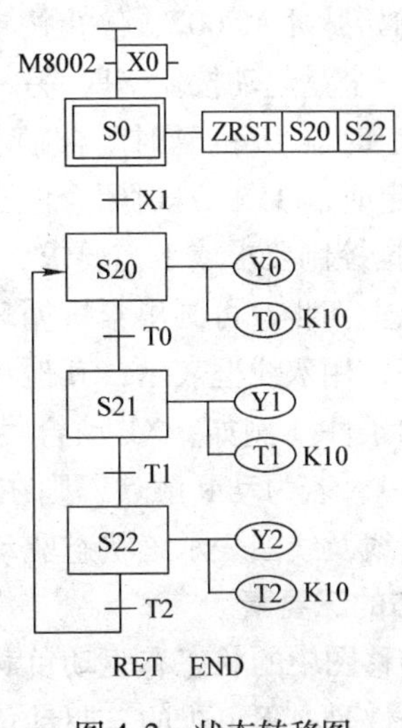

图4-2 状态转移图

任务2 状态转移图

状态转移图又称状态流程图，它是一种用状态继电器来表示的顺序功能图，是FX系列和汇川系列PLC专门用于编制顺序控制程序的一种编程语言。那么，要将流程图转化为状态转移图只要进行如下的变换：将流程图中的每一个阶段（或工序）用PLC的一个状态继电器来表示；将流程图中每个阶段要完成的工作（或动作）用PLC的线圈指令或功能指令来实现；将流程图中各个阶段之间的转移条件用PLC的触点或电路块来替代；流程图中的箭头方向就是PLC状态转移图中的转移方向。

1. 设计状态转移图的方法和步骤

下面以模块2→课题2→任务3的彩灯循环点亮控制系统为例，说明设计PLC状态转移图的方法和步骤。

1）将整个控制过程按任务要求分解成若干道工序，其中的每一道工序对应一个状态（即步），并分配状态继电器。

彩灯循环点亮控制系统的状态继电器分配如下：复位→S0，黄灯亮→S20，绿灯亮→S21，红灯亮→S22。

2）搞清楚每个状态的功能。状态的功能是通过状态元件驱动各种负载（即线圈或功能指令）来完成的，负载可由状态元件直接驱动，也可由其他软触点的逻辑组合驱动。

彩灯循环点亮控制系统的各状态功能如下：

S0：PLC初始及停止复位（驱动ZRST S20 S22区间复位指令，将在模块5中介绍）。

S20：亮黄灯、延时（驱动Y0、T0的线圈，使黄灯亮1s）。

S21：亮绿灯、延时（驱动Y1、T1的线圈，使绿灯亮1s）。

S22：亮红灯、延时（驱动Y2、T2的线圈，使红灯亮1s）。

3）找出每个状态的转移条件和方向，即在什么条件下将下一个状态“激活”。状态的转移条件可以是单一的触点，也可以是多个触点串、并联电路的组合。

彩灯循环点亮控制系统的各状态转移条件如下：

S0：初始脉冲 M8002，停止按钮（动合触点）X0，并且，这两个条件是或的关系。

S20：一个是起动按钮 X1，另一个是从 S22 来的定时器 T2 的延时闭合触点。

S21：定时器 T0 的延时闭合触点。

S22：定时器 T1 的延时闭合触点。

4）根据控制要求或工艺要求，画出状态转移图。

经过以上四步，可画出彩灯循环点亮控制系统的状态转移图，如图 4-2 所示。图中 S0 为初始状态，用双线框表示；其他状态为普通状态，用单线框表示；垂直线段中间的短横线表示转移的条件（例如，X1 动合触点为 S0 到 S20 的转移条件，T0 动合触点为 S20 到 S21 的转移条件），若为动断触点，则在软元件的正上方加一短横线表示，如$\overline{\text{X2}}$等；状态方框右侧的水平横线及线圈表示该状态驱动的负载。

2. 状态的三要素

状态转移图中的状态有驱动负载、指定转移方向和转移条件 3 个要素，其中指定转移方向和转移条件是必不可少的，驱动负载则要视具体情况，也可能不进行实际负载的驱动。在图 4-2 中，ZRST S20 S22 区间复位指令，Y0、T0 的线圈，Y1、T1 的线圈和 Y2、T2 的线圈，分别为状态 S0、S20、S21 和 S22 驱动的负载；X1、T0、T1、T2 的触点分别为状态 S0、S20、S21、S22 的转移条件；S20、S21、S22、S0 分别为 S0、S20、S21、S22 的转移方向。

3. 状态转移和驱动的过程

当某一状态被激活而成为活动状态时，它右边的电路才被处理（即扫描），即该状态的负载可以被驱动。当该状态的转移条件满足时，就执行转移，即后续状态对应的状态继电器被 SET 或 OUT 指令驱动，后续状态变为活动状态，同时原活动状态对应的状态继电器被系统程序自动复位，其右边的负载也复位（SET 指令驱动的负载除外）。图 4-2 所示状态转移图的驱动过程如下。

当 PLC 开始运行时，M8002 产生一初始脉冲使初始状态 S0 置 1，进而使 ZRST S20 S22 指令有效，使 S20 ~ S22 复位。当按下起动按钮 X1 时，状态转移到 S20，使 S20 置 1，同时 S0 在下一扫描周期自动复位，S20 马上驱动 Y0、T0（黄灯亮、延时）。当延时时间到，即转移条件 T0 闭合时，状态从 S20 转移到 S21，使 S21 置 1，同时驱动 Y1、T1（绿灯亮、延时），而 S20 则在下一扫描周期自动复位，Y0、T0 线圈失电。当转移条件 T1 闭合时，状态从 S21 转移到 S22，使 S22 置 1，同时驱动 Y2、T2（红灯亮、延时），而 S21 则在下一扫描周期自动复位，Y1、T1 线圈失电。当转移条件 T2 闭合时，状态转移到 S20，使 S20 又置 1，同时驱动 Y0、T0（黄灯亮、延时），而 S22 则在下一扫描周期自动复位，Y2、T2 线圈失电，开始下一个循环。在上述过程中，若按下停止按钮 X0，则随时可以使状态 S20 ~ S22 复位，同时 Y0 ~ Y2、T0 ~ T2 的线圈也复位，彩灯熄灭。

4. 状态转移图的特点

由以上分析可知，状态转移图就是由状态、状态转移条件及转移方向构成的流程图。步进顺控的编程过程就是设计状态转移图的过程，其一般思路为：将一个复杂的控制过程分解为若干个工作状态，弄清楚各状态的工作细节（即各状态的功能、转移条件和转移方向），再依据总的控制要求将这些状态连接起来，就形成了状态转移图。状态转移图和流程图一样，具有如下特点：

1）可以将复杂的控制任务或控制过程分解成若干个状态。无论多么复杂的过程都能分解为若干个状态，有利于程序的结构化设计。

2）相对某一个具体的状态来说，控制任务相对简单，给局部程序的编制带来方便。

3）整体程序是局部程序的综合，只要搞清楚各状态需要完成的动作、状态转移的条件和转移的方向，就可以进行状态转移图的设计。

4）这种图形很容易理解，可读性很强，能清楚地反映整个控制的工艺过程。

5. 状态转移图的理解

若对应状态有电（即激活），则状态的负载驱动和转移处理才有可能执行；若对应状态无电（即未激活），则状态的负载驱动和转移处理就不可能执行。因此，除初始状态外，其他所有状态只有在其前一个状态处于激活且转移条件成立时才可能被激活；同时，一旦下一个状态被激活，上一个状态就自动变成无电。从PLC程序的循环扫描角度来分析，在状态转移图中，所谓的有电或激活可以理解为该段程序被扫描执行；而无电或未激活则可以理解为该段程序被跳过，未能扫描执行。这样，状态转移图的分析就变得条理清楚，无需考虑状态间繁杂的联锁关系。也可以将状态转移图理解为“接力赛跑”，只要跑完自己这一棒，将接力棒传给下一个人，就由下一个人去跑，自己就可以不跑了。或者理解为“只干自己需要干的事，无需考虑其他”。

课题2 掌握步进顺控指令及其编程方法

学习目标

1. 掌握步进顺控指令的含义及用法。
2. 理解状态转移图、状态梯形图、步进顺控指令之间的对应关系。
3. 会使用编程软件编制状态转移图。

状态转移图画好后，接下来的工作是如何将它变成指令表程序，即写出指令清单，以便通过手持式编程器将程序输入到PLC中。

任务1 步进顺控指令

FX系列和汇川系列PLC仅有两条步进顺控指令，其中STL（Step Ladder）是步进顺控开始指令，以使该状态的负载可以被驱动；RET是步进顺控返回（也叫步进顺控结束）指令，使步进顺控程序执行完毕时，非步进顺控程序的操作在主母线上完成。为防止出现逻辑错误，步进顺控程序的结尾必须使用RET步进顺控返回指令。利用这两条指令，可以很方便地编制状态转移图的指令表程序。

任务2 状态转移图的编程

1. 编程方法

对状态转移图进行编程，就是如何使用STL和RET指令的问题。状态转移图的编程原则为：先进行负载的驱动处理，然后进行状态的转移处理。图 4-2 所示状态转移图所对应的指令表程序见表 4-1，其状态梯形图如图 4-3 所示。

表 4-1 图 4-2 的指令表

步序	指令	步序	指令	步序	指令
0	LD M8002	14	OUT Y000	27	SET S22
1	OR X000	15	OUT T0 K10	29	STL S22
2	SET S0	18	LD T0	30	OUT Y002
4	STL S0	19	SET S21	31	OUT T2 K10
5	ZRST S20 S22	21	STL S21	34	LD T2
10	LD X001	22	OUT Y001	35	OUT S20
11	SET S20	23	OUT T1 K10	37	RET
13	STL S20	26	LD T1	38	END

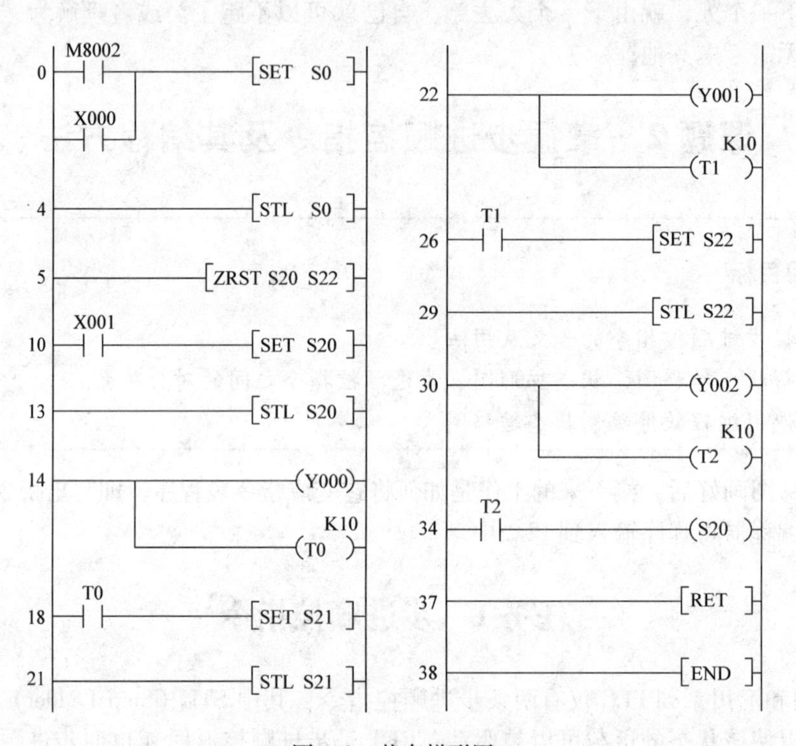

图 4-3 状态梯形图

从以上指令表程序可看出，负载驱动及转移处理必须在 STL 指令之后进行，负载的驱动通常使用 OUT 指令（也可以使用 SET、RST 及功能指令，还可以通过触点及其组合来驱动）；状态的转移必须使用 SET 指令，但若为向上游转移、向非相邻的下游转移或向其他流程转移（称为不连续转移），一般不使用 SET 指令，而用 OUT 指令。

2. 编程注意事项

对状态转移图进行编程时，需注意如下事项。

1）与 STL 指令相连的触点应使用 LD 或 LDI 指令，下一条 STL 指令的出现意味着当前

STL 程序区的结束和新的 STL 程序区的开始，最后一个 STL 程序区结束（即步进顺控程序的最后）时，一定要使用 RET 指令，这就意味着整个 STL 程序区的结束，否则将出现“程序语法错误”信息，PLC 不能执行用户程序。

2）初始状态必须预先作好驱动，否则状态流程无法向下进行。通常采用控制系统的初始条件驱动，若无初始条件，可用 M8002 或 M8000 进行驱动。

M8002 是初始脉冲特殊辅助继电器，它只在 PLC 运行开关由 STOP→RUN 时，其动合触点闭合一个扫描周期，故初始状态 S0 就只被激活一次，因此，初始状态 S0 只有初始置位和复位的功能。M8000 是运行监视特殊辅助继电器，它在 PLC 的运行开关由 STOP→RUN 后其动合触点一直闭合，直到 PLC 停电或 PLC 的运行开关由 RUN→STOP，故初始状态 S0 一直处在被激活的状态。

3）STL 指令可以直接驱动或通过别的触点来驱动 Y、M、S、T、C 等元件的线圈和功能指令。若同一线圈需要在连续多个状态下驱动，则可在各个状态下分别使用 OUT 指令，也可以使用 SET 指令将其置位，等到不需要驱动时，再用 RST 指令将其复位。

4）由于 CPU 只执行激活（即有电）状态对应的程序，因此，在状态转移图中允许双线圈输出，即在不同的 STL 程序区可以驱动同一软元件的线圈，但是同一元件的线圈不能在同时为活动状态的 STL 程序区内出现。在有并行流程的状态转移图中，应特别注意这一问题。另外，状态软元件 S 在状态转移图中不能重复使用，否则会引起程序执行错误。

5）在状态的转移过程中，相邻两个状态的状态继电器会同时保持 ON 一个扫描周期，可能会引发瞬时的双线圈问题。因此，要特别注意如下两个问题。

一是定时器在下一次运行之前，应将它的线圈断电复位，否则将导致定时器的非正常运行。所以，同一定时器的线圈可以在不同的状态中使用，但是不可以在相邻的状态使用。若同一定时器的线圈用于相邻的两个状态，则在状态转移时，该定时器的线圈还没有来得及断开，又被下一活动状态起动并开始计时，这样会导致定时器的当前值不能复位，从而影响定时器的正常运行。

二是为了避免不能同时动作的两个输出（如控制三相电动机正、反转的交流接触器线圈）出现同时动作，除了在程序中设置软件互锁电路外，还应在 PLC 外部设置由动断触点组成的硬件互锁电路。

6）若为不连续转移（即跳转），则一般不使用 SET 指令，而用 OUT 指令进行状态转移。

7）需要在停电恢复后继续维持停电前的状态时，可使用 S500 ~ S899 停电保持型状态继电器。

任务 3　GX 编程软件编制状态转移图的实训

1. 实训目的

1）会用 GX Developer 软件编制 SFC 程序。

2）会利用编程软件进行程序的编辑、调试等操作。

2. 实训器材

与模块 2→课题 2→任务 3 的实训器材相同。

3. 实训指导

GX Developer 编程软件除了编制梯形图和指令表外，还能编制 SFC 程序。对于状态转移图，可以用梯形图方式编制程序（如图 4-3 所示），也可以用指令表方式编制程序（如表 4-1所示），还可以用 SFC 方式编制程序，下面以图 4-2 所示为例介绍 SFC 方式的编程方法。

（1）创建新工程

启动 GX Develop 编程软件，执行“工程”菜单下的“创建新工程”命令或单击创建新工程按钮“□”，弹出如图 2-23 所示创建新工程界面。在程序类型选项中，选择“SFC”（不要选梯形图逻辑），其余按图 2-23 所示进行设置和选择，最后单击“确认”，弹出块列表窗口，如图 4-4 所示。

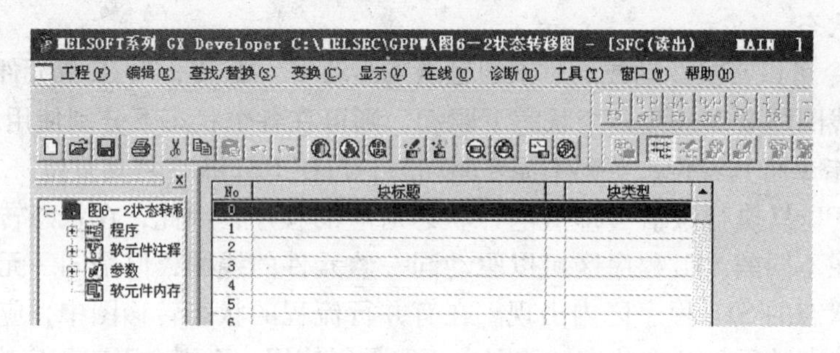

图 4-4　块列表窗口

（2）块信息设置及梯形图编制

双击第 1 行的第 0 块，弹出块信息设置对话框，在块标题文本框中可以填入相应的块标题（也可以不填），在块类型中选择“梯形图块”。单击“执行”按钮，弹出梯形图编辑窗口，在右边窗口中输入驱动初始状态的梯形图，输入完成后，单击“变换”菜单，选择“变换”项或按“F4”快捷键完成梯形图的变换，如图 4-5 所示。

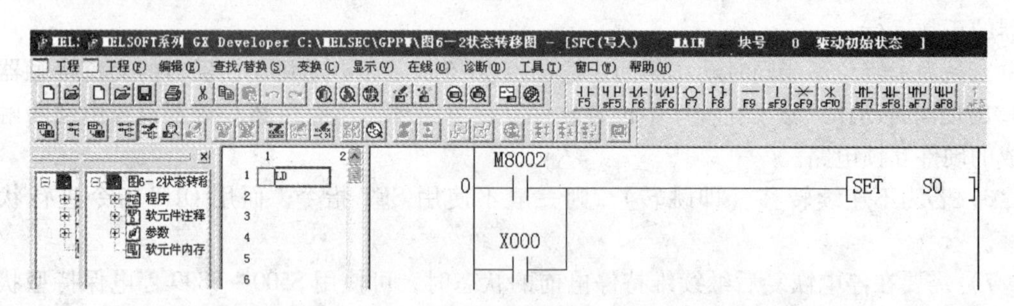

图 4-5　梯形图编辑窗口

需要说明的是，在每一个 SFC 程序中至少有一个初始状态，且初始状态必须在 SFC 程序的最前面。在 SFC 程序的编制过程中，每一个状态中的梯形图编制完成后必须进行变换，才能进行下一步工作，否则将会弹出出错信息。

（3）单流程 SFC 程序编制

在完成了程序的第 0 块（即梯形图块）后，双击工程数据列表窗口中的“程序”→“MAIN”，返回到如图 4-4 所示块列表窗口。双击第 2 行的第 1 块，在弹出的块信息设置对话框中，填入相应的块标题（也可以不填），在块类型中选择“SFC 块”，单击“执行”按钮，弹出如图4-6所示的SFC程序编辑窗口，然后按如下步骤进行操作。

1）输入SFC的状态。在屏幕左侧的SFC程序编辑窗口中，把光标下移到方向线底端，双击图4-7所示的长方形，或按工具栏中的工具按钮或单击“F5”快捷键，弹出状态输入设置对话框，在对话框中输入图标号20，如图4-7所示，然后单击“确认”。这时光标将自动向下移动，此时可以看到状态图标号前面有一个“?”号，这表示对此状态还没有进行梯形图编辑，右边的梯形图编辑窗口是灰色的不可编辑状态。

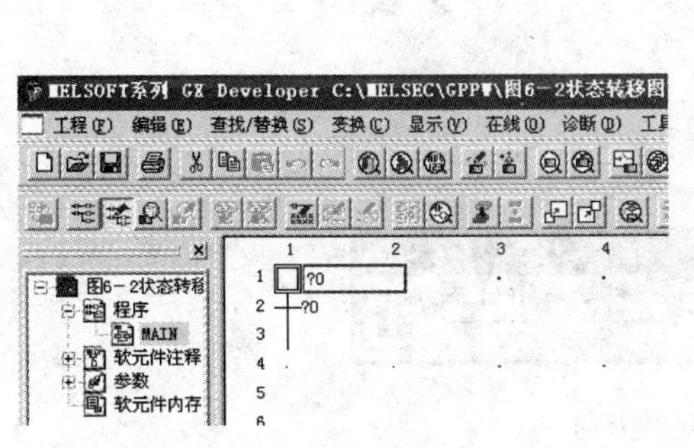

图4-6　SFC程序编辑窗口

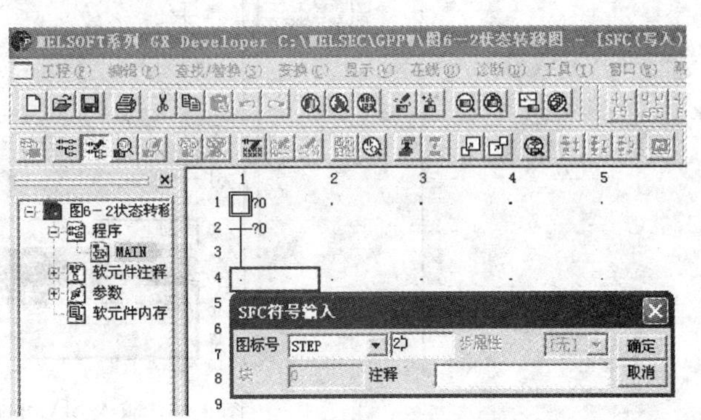

图4-7　输入SFC的状态步骤

2）输入状态转移方向线。在SFC程序编辑窗口中，将光标移到状态图标的正下方（即图4-8中的长方形处）双击，出现如图4-8所示对话框，采用默认设置，然后单击“确认”。按照上述的步骤1）和2）分别输入状态S21、S22及其转移方向线。

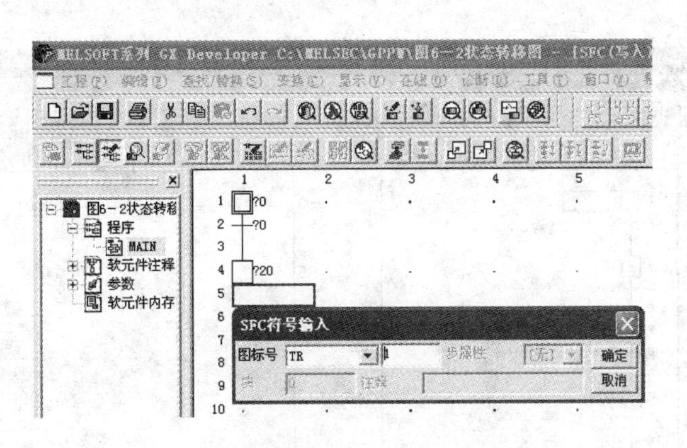

图4-8　输入SFC的转移方向

3）输入状态的跳转方向。在SFC程序中，用JUMP加目标状态号进行返回操作，输入方法是在SFC程序编辑窗口中，将光标移到方向线的最下端，按“F8”快捷键或者单击工具栏中的工具按钮或双击（本例为双击状态22转移方向线的正下方即图4-9所示的长方形处），出现图4-9所示的对话框，然后在图标号文本框中选择“JUMP”，并输入跳转的目的状态号“20”，然后单击“确认”。当输入完跳转目的状态号后，在SFC编辑窗口中，可以看到在跳转返回状态符号的方框中多了一个小黑点，这说明此状态是跳转返回的目标状态，这为阅读SFC程序提供了方便。

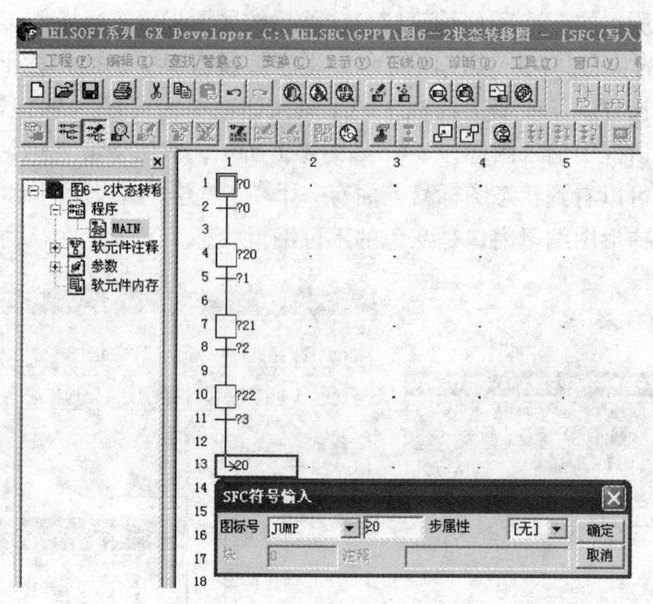

图 4-9　输入 SFC 的跳转方向

4）输入状态的驱动负载。将光标移到 SFC 程序编辑窗口中图 4-9 所示的状态 0 左边的“?”处单击，此时再看右边的梯形图编辑窗口为白色可编辑状态，在梯形图编辑窗口中输入梯形图，此处的梯形图是指程序运行到此状态时要驱动的那些线圈或功能指令（状态 20 的驱动负载为 ZRST S20 S22），然后进行变换，如图 4-10 所示。然后用类似的方法输入其他状态的驱动负载。

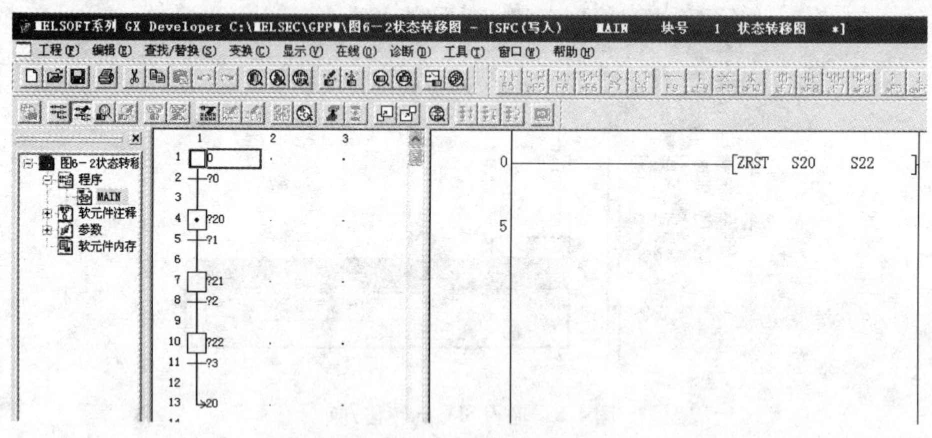

图 4-10　输入状态的驱动负载

5）输入状态的转移条件。在 SFC 程序编辑窗口中，将光标移到转移条件 0 处，在右侧梯形图编辑窗口输入使状态转移的条件和 TRAN。（在 SFC 程序中所有的转移（Transfer）用 TRAN 表示，不可以用“SET + S + 元件号”的语句表示，这一点请注意），再看 SFC 程序编辑窗口中转移条件 0 前面的“?”不见了。本例为单击图 4-10 所示的转移条件 0，在出现的对话框的右边编辑区域输入如图 4-11 所示的梯形图，然后进行变换，其他状态转移条件的输入与此类似。

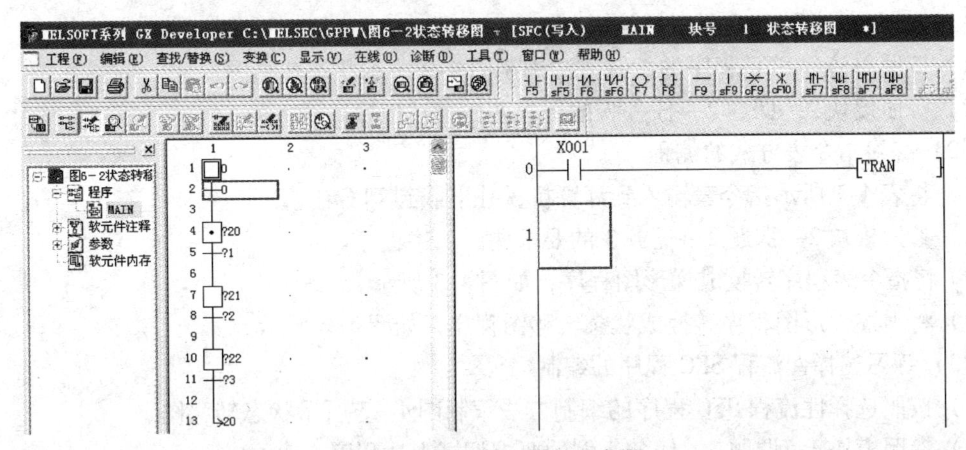

图 4-11　输入状态的转移条件

（4）多流程 SFC 程序编制

对于分支流程 SFC 程序编制可按如下步骤进行，双击图 4-12 所示转移条件 0 下面的长方形，在出现的对话框中选择图标号文本框中的分支类型，然后单击“确认”即可。对于汇合流程 SFC 程序编制可参照执行。

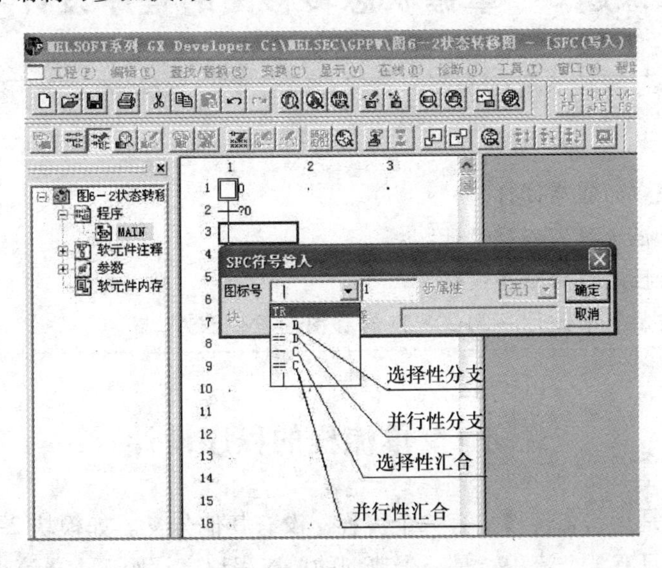

图 4-12　多流程 SFC 程序编制

所有的 SFC 程序编制完成后，单击“变换”按钮进行 SFC 程序的变换（编译），如果在变换时弹出块信息设置对话框，不用理会单击“执行”按钮即可，变换后的程序就可以进行仿真实训或写入 PLC 进行调试了。如果想观看 SFC 程序对应的步进梯形图，可以单击“工程”→“编辑数据”→“改变程序类型”，进行数据改变。改变后可以看到由 SFC 程序（如图 4-2 所示）变换成的步进梯形图程序（如图 4-3 所示）。

4. 实训内容

将图 4-2 所示状态转移图或表 4-1 所示指令写入 PLC 中，运行程序，并观察 PLC 的输出情况。在此基础上，对上述程序进行编辑、调试等操作，练习 PLC 编程软件的各项功能。

（1）练习单流程 SFC 程序的编制

1）按照单流程 SFC 程序的编制方法编制图 4-2 所示状态转移图。

2）参照模块 2→课题 2→任务 3 的要求调试上述程序。

（2）练习指令表方式的编程

1）将表 4-1 所示指令表输入到计算机，并下载到 PLC 中。

2）参照模块 2→课题 2→任务 3 的要求调试上述程序。

3）将指令表程序转换成梯形图程序，如图 4-3 所示。

4）将上述梯形图程序转换成状态转移图程序，如图 4-2 所示。

（3）练习选择性流程 SFC 程序的编制

1）按照选择性流程 SFC 程序的编制方法编制图 4-23 所示状态转移图。

2）参照模块 4→课题 3→任务 4 例的要求调试上述程序。

（4）练习并行性流程 SFC 程序的编制

1）按照并行性流程 SFC 程序的编制方法编制图 4-31 所示状态转移图。

2）参照模块 4→课题 3→任务 7 例的要求调试上述程序。

课题 3 掌握状态转移图的程序设计

学习目标

1. 掌握单流程的程序设计。
2. 掌握选择性流程的程序设计。
3. 掌握并行性流程的程序设计。
4. 会根据控制要求设计和调试状态转移图的控制程序。

任务 1 单流程的程序设计

所谓单流程就是指状态转移只有一个流程，没有其他分支。如模块 2→课题 2→任务 3 的彩灯循环点亮就只有 1 个流程，是一个典型的单流程程序示例。由单流程构成的状态转移图就叫单流程状态转移图。当然，现实当中并非所有的顺序控制都为一个流程，含有多个流程（或路径）的叫分支流程，分支流程将在后面介绍。

1. 设计方法和步骤

单流程的程序设计比较简单，其设计方法和步骤如下。

1）根据控制要求，列出 PLC 的 I/O 分配表，画出 I/O 分配图。

2）将整个工作过程按工作步序进行分解，每个工作步序对应一个状态，将其分为若干个状态。

3）理解每个状态的功能和作用，即设计负载驱动程序。

4）找出每个状态的转移条件和转移方向。

5）根据以上分析，画出控制系统的状态转移图。

6）根据状态转移图写出指令表。

2. 程序设计实例

例1　用步进顺控指令设计一个三相电动机循环正、反转的控制系统。其控制要求如下：按下起动按钮，电动机正转3s，暂停2s，反转3s，暂停2s，如此循环5个周期，然后自动停止；运行中，可按停止按钮停止，热继电器动作也应停止。

解　①根据控制要求，其I/O分配为X0——停止按钮SB；X1——起动按钮SB1；X2——热继电器动合触点FR；Y1——电动机正转接触器KM1；Y2——电动机反转接触器KM2。其I/O分配图如图4-13所示。

②根据控制要求可知，这是一个单流程控制程序，其工作流程图如图4-14所示；再根据其工作流程图可以画出其状态转移图，如图4-15所示。

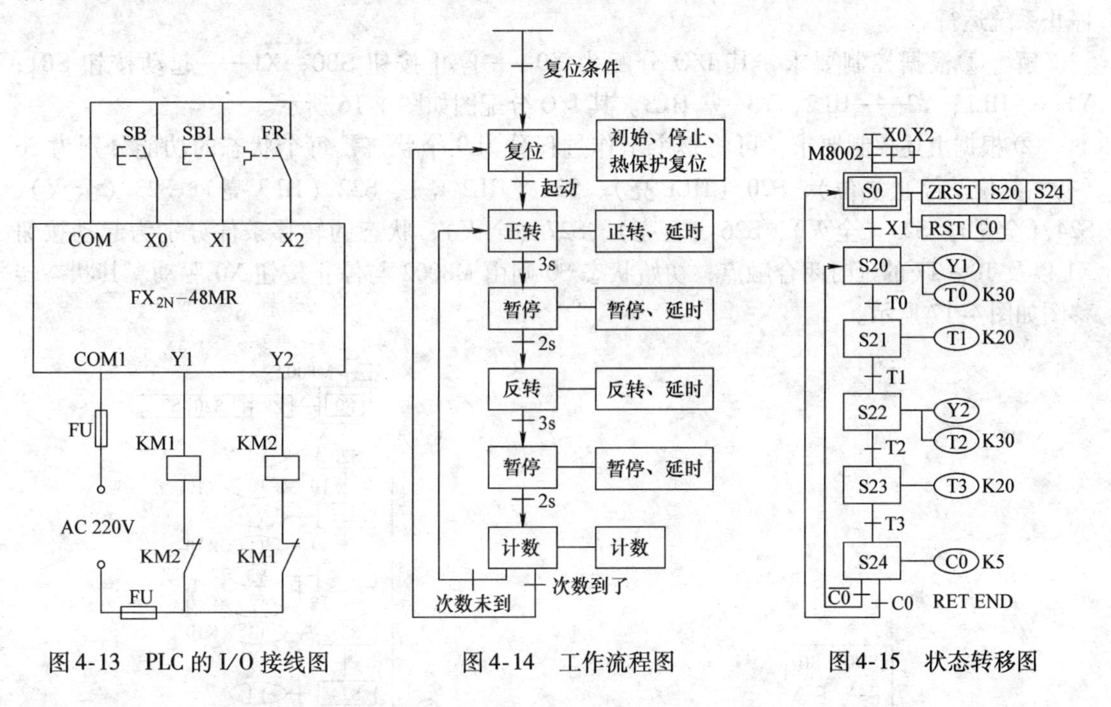

图4-13　PLC的I/O接线图　　图4-14　工作流程图　　图4-15　状态转移图

③图4-15所示的指令见表4-2。

表4-2　图4-15的指令表

LD M8002	LD T0	OUT T3 K20
OR X0	SET S21	LD T3
OR X2	STL S21	SET S24
SET S0	OUT T1 K20	STL S24
STL S0	LD T1	OUT C0 K5
ZRST S20 S24	SET S22	LDI C0
RST C0	STL S22	OUT S20
LD X001	OUT Y002	LD C0

（续）

SET S20	OUT T2 K30	OUT S0
STL S20	LD T2	RET
OUT Y001	SET S23	END
OUT T0 K30	STL S23	

例2 用步进顺控指令设计一个彩灯自动循环闪烁的控制系统。其控制要求如下：3盏彩灯HL1、HL2、HL3，按下起动按钮后HL1亮，1s后HL1灭HL2亮，1s后HL2灭HL3亮，1s后HL3灭，1s后HL1、HL2、HL3全亮，1s后HL1、HL2、HL3全灭，1s后HL1、HL2、HL3全亮，1s后HL1、HL2、HL3全灭，1s后HL1亮……如此循环；随时按停止按钮停止系统运行。

解 ①根据控制要求，其I/O分配为X0——停止按钮SB0；X1——起动按钮SB1；Y1——HL1；Y2——HL2；Y3——HL3。其I/O分配图如图4-16所示。

② 根据上述控制要求，可将整个工作过程分为9个状态，每个状态的功能分别为S0（初始复位及停止复位）、S20（HL1亮）、S21（HL2亮）、S22（HL3亮）、S23（全灭）、S24（全亮）、S25（全灭）、S26（全亮）、S27（全灭）；状态的转移条件分别为起动按钮X1以及T0～T7的延时闭合触点；初始状态S0则由M8002与停止按钮X0驱动。其状态转移图如图4-17所示。

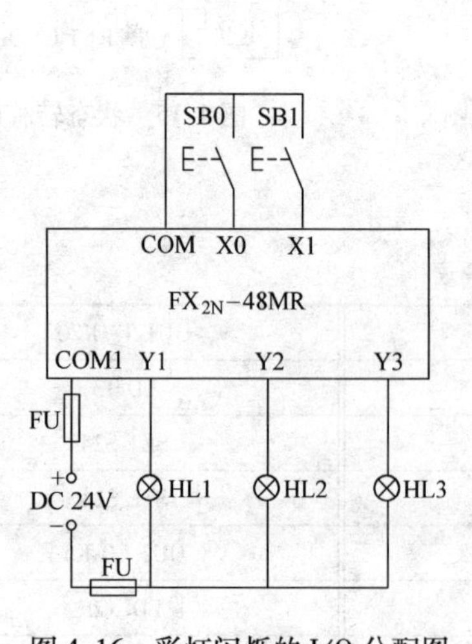

图4-16 彩灯闪烁的I/O分配图

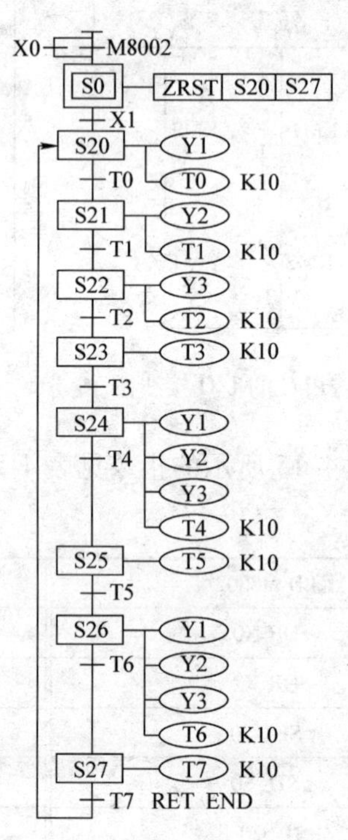

图4-17 彩灯闪烁的状态转移图

③ 图4-17所示的指令见表4-3。

表4-3　图4-17的指令表

LD X000	STL S22	OUT T5 K10
OR M8002	OUT Y003	LD T5
SET S0	OUT T2 K10	SET S26
STL S0	LD T2	STL S26
ZRST S20 S27	SET S23	OUT Y001
LD X001	STL S23	OUT Y002
SET S20	OUT T3 K10	OUT Y003
STL S20	LD T3	OUT T6 K10
OUT Y001	SET S24	LD T6
OUT T0 K10	STL S24	SET S27
LD T0	OUT Y001	STL S27
SET S21	OUT Y002	OUT T7 K10
STL S21	OUT Y003	LD T7
OUT Y002	OUT T4 K10	OUT S20
OUT T1 K10	LD T4	RET
LD T1	SET S25	END
SET S22	STL S25	

任务2　机械手的PLC控制实训

1. 实训任务

设计一个用PLC控制的将工件从A点移到B点的机械手控制系统，并在实训室完成模拟调试。

（1）控制要求

1）手动操作，每个动作均能单独操作，用于将机械手复归至原点位置。

2）连续运行，在原点位置按起动按钮时，机械手按图4-18连续工作1个周期，1个周期的工作过程如下。

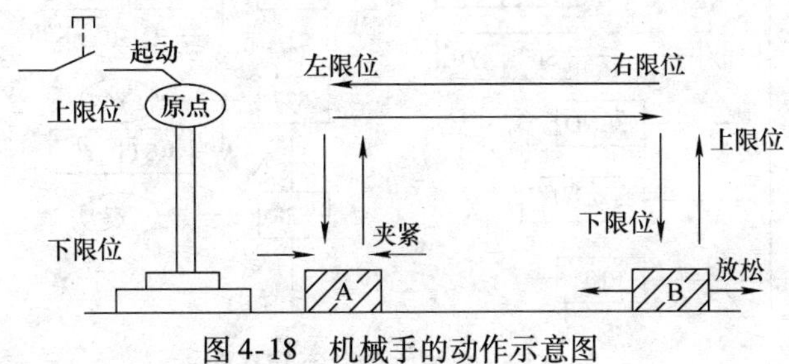

图4-18　机械手的动作示意图

注：1. 机械手的工作是从A点将工件移到B点。

2. 原点位置机械夹钳处于夹紧位，机械手处于左上角位。

3. 机械夹钳为有电放松，无电夹紧。

原点→放松→下降→夹紧（*T*）→上升→右移→下降→放松（*T*）→上升（夹紧）→左移到原点，时间*T*由教师现场规定。

（2）实训目的

1）熟悉步进顺控指令的编程方法。

2）掌握单流程的程序设计。

3）掌握机械手的程序设计及其外部接线。

2. 实训步骤

（1）I/O分配

X0——自动/手动转换；X1——停止；X2——自动位起动；X3——上限位；X4——下限位；X5——左限位；X6——右限位；X7——手动上升；X10——手动下降；X11——手动左移；X12——手动右移；X13——手动放松/夹紧；Y0——夹紧/放松；Y1——上升；Y2——下降；Y3——左移；Y4——右移；Y5——原点指示。

（2）程序设计

根据系统的控制要求及PLC的I/O分配，机械手的状态转移图如图4-19所示。

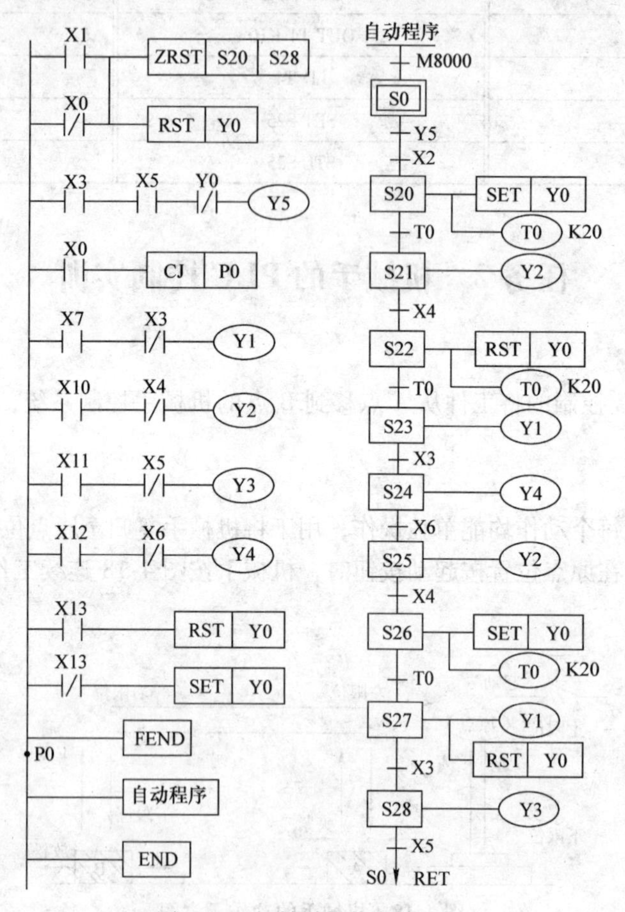

图4-19　机械手的状态转移图

（3）系统接线图

根据系统控制要求及I/O分配，其系统接线图如图4-20所示（PLC驱动的负载都用指示灯代替)。

(4) 实训器材

根据控制要求、I/O分配及系统接线图，完成本实训需要配备如下器材：

1) PLC应用技术综合实训装置1台。

2) 机械手模拟显示模块1块(带指示灯、接线接口及按钮等)。

3) 手持式编程器或计算机1台。

(5) 系统调试

1) 输入程序，按如图4-19所示程序正确输入(以状态梯形图的形式显示)。

2) 静态调试，按如图4-20所示系统接线图正确连接好输入设备，进行PLC的模拟静态调试，观察PLC驱动的指示灯是否按要求指示，否则，检查并修改程序，直至指示正确。

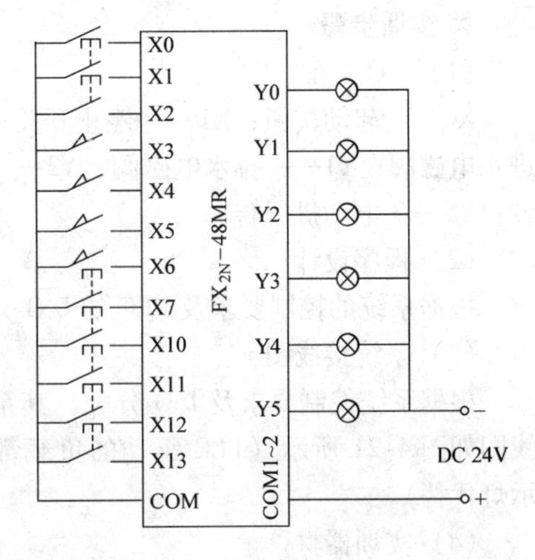

图4-20　机械手的控制系统线图

3) 动态调试，按如图4-20所示的系统接线图正确连接好输出设备，进行系统的动态调试，先调试手动程序，后调试自动程序，观察机械手能否按控制要求动作，否则，检查电路或修改程序，直至机械手按控制要求动作。

3. 实训报告

(1) 分析与总结

1) 描述机械手的动作情况，总结操作要领。

2) 画出机械手工作流程图。

(2) 巩固与提高

1) 在右限位增加一个光电检测，检测B点是否有工件：若无工件，则下降；若有工件，则不下降，请在本实训程序的基础上设计其程序。

2) 请自学功能指令IST，然后用IST指令来设计机械手的程序。

任务3　工业洗衣机的PLC控制实训

1. 实训任务

设计一个用PLC控制的工业洗衣机的控制系统，并在实训室完成模拟调试。

(1) 控制要求

起动后，洗衣机进水，高水位开关动作时，开始洗涤。正转洗涤20s，暂停3s后反转洗涤20s，暂停3s再正转洗涤，如此循环三次，洗涤结束；然后排水，当水位下降到低水位时进行脱水(同时排水)，脱水时间是10s，这样完成一个大循环，经过3次大循环后洗衣结束，并且报警，报警10s后全过程结束，自动停机。

(2) 实训目的

1) 熟悉步进顺控指令的编程方法。

2) 掌握单流程程序的程序设计。

3）掌握工业洗衣机的程序设计及其外部接线。

2. 实训步骤

（1）I/O 分配

X0——起动按钮；X1——停止开关；X2——高水位开关；X3——低水位开关；Y0——进水电磁阀；Y1——排水电磁阀；Y2——脱水电磁阀；Y3——报警指示；Y4——电动机正转；Y5——电动机反转。

（2）程序设计

根据系统的控制要求及 PLC 的 I/O 分配，画出其状态转移图。

（3）系统接线图

根据系统控制要求及 I/O 分配，其系统接线图如图 4-21 所示（PLC 驱动的负载都用指示灯代替）。

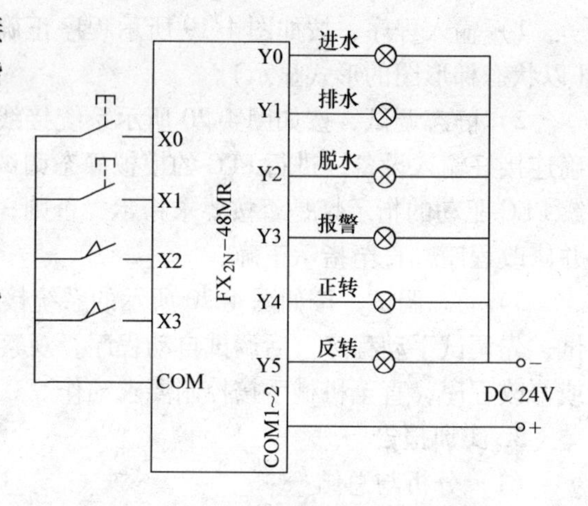

图 4-21 工业洗衣机的控制系统接线图

（4）实训器材

根据控制要求、I/O 分配及系统接线图，完成本实训需要配备如下器材：

1）工业洗衣机模拟显示模块 1 块（带指示灯、接线端口及按钮等）。

2）PLC 应用技术综合实训装置 1 台。

3）手持式编程器或计算机 1 台。

（5）系统调试

1）输入程序，按前面介绍的程序输入方法，用手持式编程器（或计算机）正确输入程序。

2）静态调试，按图 4-21 所示系统接线图正确连接好输入设备，进行 PLC 的模拟静态调试，观察 PLC 驱动的指示灯是否按要求指示，否则，检查并修改程序，直至指示正确。

3）动态调试，按图 4-21 所示系统接线图正确连接好输出设备，进行系统的动态调试，观察工业洗衣机能否按控制要求动作，否则，检查电路或修改程序，直至工业洗衣机按控制要求动作。

3. 实训报告

（1）分析与总结

1）描述工业洗衣机的动作情况，并总结其操作要领。

2）画出工业洗衣机工作流程图和状态转移图。

（2）巩固与提高

1）若要在自动运行的基础上增加手动运行功能，请设计其程序。

2）请用另外的编程方法设计程序。

3）请设计一个数码管循环点亮的控制系统，并在实训室完成模拟调试。

任务 4 选择性流程的程序设计

前面介绍的均为单流程顺序控制的状态转移图，在较复杂的顺序控制中，一般都是多流程控制，常见的有选择性流程和并行性流程两种。下面将对选择性流程的程序设计做全面介绍。

1. 选择性流程程序的特点

由两个及两个以上的分支流程组成，但根据控制要求只能从中选择一个分支流程执行的程序称为选择性流程程序。图4-22所示是具有3个支路的选择性流程程序，其特点如下。

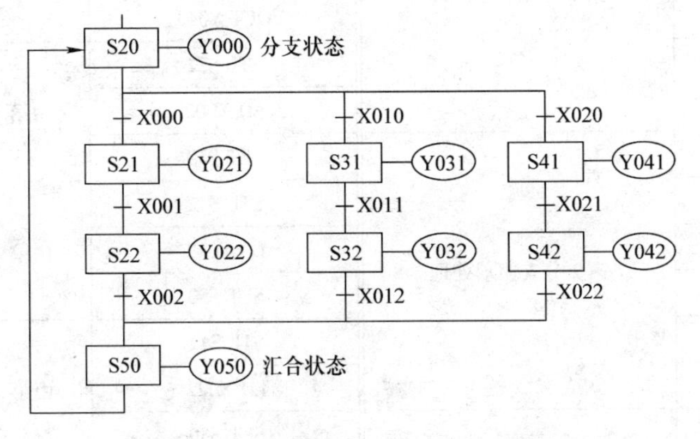

图4-22　选择性流程程序的结构形式

1）从三个流程中选择执行哪个流程由转移条件X0、X10、X20决定。

2）分支转移条件X0、X10、X20不能同时接通，哪个先接通，就执行哪条分支。

3）当S20已动作时，一旦X0接通，程序就向S21转移，则S20就复位。因此，在S20再次动作前，即使X10或X20接通，S31或S41也不会动作。

4）汇合状态S50可由S22、S32、S42中任意一个驱动。

2. 选择性分支的编程

选择性分支的编程与一般状态的编程一样，先进行驱动处理，然后进行转移处理，所有的转移处理按顺序执行，简称先驱动后转移。因此，首先对S20进行驱动处理（OUT Y000），然后按S21、S31、S41的顺序进行转移处理。选择性分支程序的指令见表4-4。

表4-4　选择性分支程序的指令表

指令	功能说明	指令	功能说明
STL S20	SLT程序开始	LD X010	第2分支的转移条件
OUT Y000	驱动处理	SET S31	转移到第2分支
LD X000	第1分支的转移条件	LD X020	第3分支的转移条件
SET S21	转移到第1分支	SET S41	转移到第3分支

3. 选择性汇合的编程

选择性汇合的编程是先进行汇合前状态的驱动处理，然后按顺序向汇合状态进行转移处理。因此，首先应分别对第1分支（S21和S22）、第2分支（S31和S32）、第3分支（S41和S42）进行驱动处理，然后按S22、S32、S42的顺序向S50转移。选择性汇合程序的指令见表4-5。

表 4-5　选择性汇合程序的指令表

指令	功能说明	指令	功能说明
STL S21	第 1 分支驱动处理	LD X021	第 3 分支驱动处理
OUT Y021		SET S42	
LD X001		STL S42	
SET S22		OUT Y042	
STL S22		STL S22	由第 1 分支转移到汇合点
OUT Y022		LD X002	
STL S31	第 2 分支驱动处理	SET S50	
OUT Y031		STL S32	由第 2 分支转移到汇合点
LD X011		LD X012	
SET S32		SET S50	
STL S32		STL S42	由第 3 分支转移到汇合点
OUT Y032		LD X022	
STL S41	第 3 分支驱动处理	SET S50	
OUT Y041		STL S50 OUT Y050	

4. 程序设计实例

例　用步进顺控指令设计三相电动机正、反转的控制程序。其控制要求如下：按正转起动按钮 SB1，电动机正转，按停止按钮 SB，电动机停止；按反转起动按钮 SB2，电动机反转，按停止按钮 SB，电动机停止；热继电器具有保护功能。

解　① 根据控制要求，其 I/O 分配为 X0——SB（动合）；X1——SB1；X2——SB2；X3——热继电器 FR（动合）；Y1——正转接触器 KM1；Y2——反转接触器 KM2。

② 根据控制要求，三相电动机的正、反转控制是一个具有两个分支的选择性流程，分支转移的条件是正转起动按钮 X1 和反转起动按钮 X2，汇合的条件是热继电器 X3 或停止按钮 X0，而初始状态 S0 可由初始脉冲 M8002 来驱动。其状态转移图如图 4-23a 所示。

③ 根据图 4-23a 所示的状态转移图，其指令表如图 4-23b 所示。

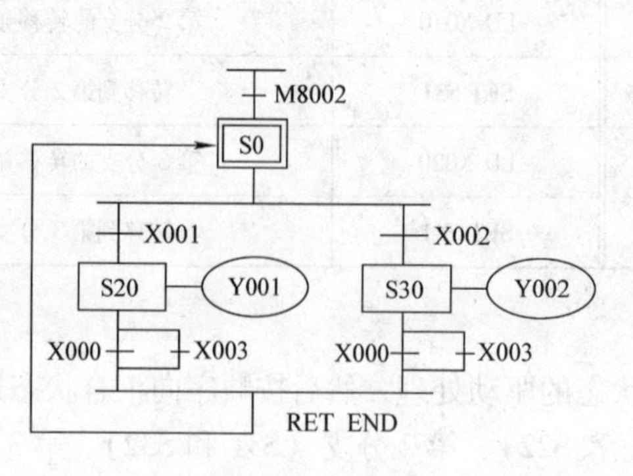

a) 状态转移图

LD	M8002	STL	S20
SET	S0	LD	X000
STL	S0	OR	X003
LD	X001	OUT	S0
SET	S20	STL	S30
LD	X002	LD	X000
SET	S30	OR	X003
STL	S20	OUT	S0
OUT	Y001	RET	
STL	S30	END	
OUT	Y002		

b) 指令表

图 4-23　三相电动机正、反转控制的状态转移图和指令表

任务 5　电动机正、反转能耗制动的 PLC 控制实训（2）

1. 实训任务

使用步进顺控指令设计一个电动机正、反转能耗制动的 PLC 控制系统，并在实训室完成模拟调试。

（1）控制要求

与模块 3→课题 3→任务 4 的控制要求相同。

（2）实训目的

1）熟悉顺控指令的编程方法。

2）掌握选择性流程程序的程序设计。

3）掌握电动机正、反转能耗制动的程序设计及其外部接线。

2. 实训步骤

与模块 3→课题 3→任务 4 的实训步骤相同。

3. 实训报告

（1）分析与总结

1）根据图 4-24 所示电动机正、反转能耗制动的状态转移图，写出其指令表。

2）比较用基本逻辑指令和 STL 指令编程的异同，并说明各自的优、缺点。

3）画出电动机正、反转能耗制动主电路的接线图。

（2）巩固与提高

1）用另外的方法编制程序。

2）从安全的角度分析一下状态 S22 的作用，并说明为什么？

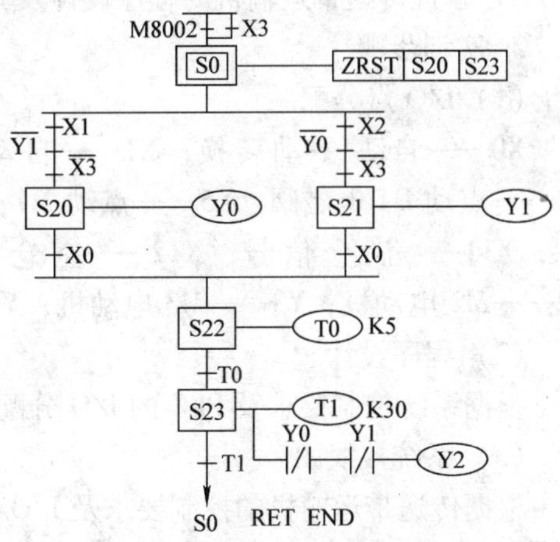

图 4-24　电动机正、反转能耗制动的状态转移图

任务 6　传送带运输机的 PLC 控制实训

1. 实训任务

设计一个用 PLC 控制的传送带运输机的控制系统，并在实训室完成模拟调试。

（1）控制要求

在建材、化工、机械、冶金、矿山等工业生产中广泛使用传送带运输系统运送原料或物品。供料由电磁阀 DT 控制，电动机 M1、M2、M3、M4 分别用于驱动传送带运输线 PD1、PD2、PD3、PD4。储料仓设有空仓和满仓信号，其动作示意简图如图 4-25 所示，其具体要求如下。

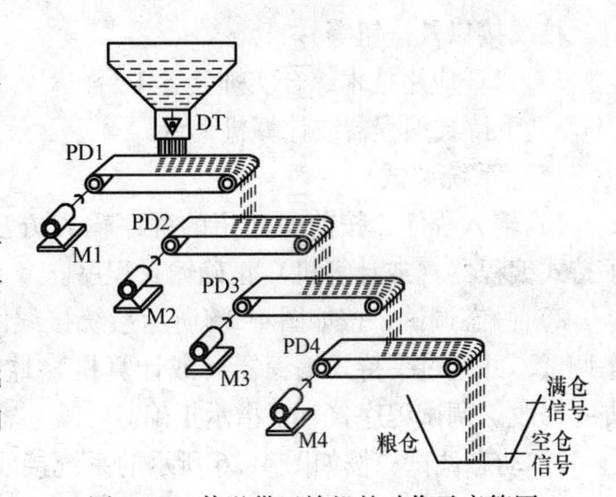

图 4-25　传送带运输机的动作示意简图

1）正常起动，仓空或按起动按钮时的起动顺序为M1、DT、M2、M3、M4，间隔时间5s。

2）正常停止，为使传送带上不留物料，要求顺物料流动方向按一定时间间隔顺序停止，即正常停止顺序为DT、M1、M2、M3、M4，间隔时间5s。

3）故障后的起动，为避免前段传送带上造成物料堆积，要求按物料流动相反方向按一定时间间隔顺序起动，即故障后的起动顺序为M4、M3、M2、M1、DT，间隔时间10s。

4）紧急停止，当出现意外时，按下紧急停止按钮，停止所有电动机和电磁阀。

5）具有点动功能。

（2）实训目的

1）熟悉编程软件SFC的编程方法。

2）掌握选择性流程程序的程序设计。

3）掌握传送带运输机的程序设计及其外部接线。

2. 实训步骤

（1）I/O点分配

X0——自动/手动转换；X1——自动位起动；X2——正常停止；X3——紧急停止；X4——点动DT电磁阀；X5——点动M1；X6——点动M2；X7——点动M3；X10——点动M4；X11——满仓信号；X12——空仓信号；Y0——DT电磁阀；Y1——M1电动机；Y2——M2电动机；Y3——M3电动机；Y4——M4电动机。

（2）程序设计

根据系统控制要求及PLC的I/O分配，设计传送带运输机的系统程序。

（3）系统接线图

根据传送带运输机的控制要求及I/O分配，其系统接线图如图4-26所示（PLC驱动的负载都用指示灯代替）。

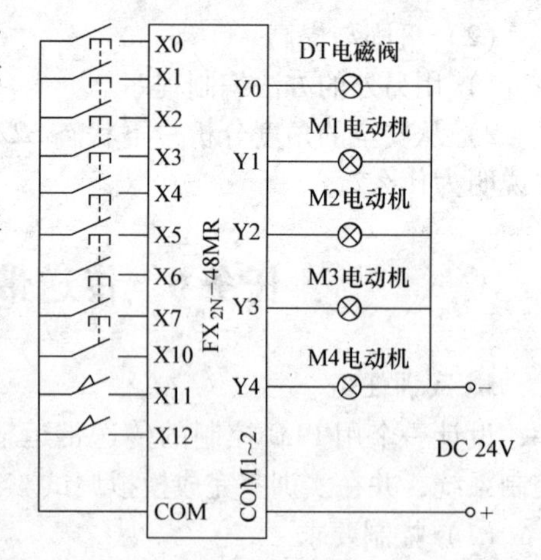

图4-26　传送带运输机的控制系统接线图

（4）实训器材

根据控制要求、I/O分配及系统接线图，完成本实训需要配备如下器材：

1）传送带运输机模拟显示模块1块（带指示灯、接线接口及按钮等）。

2）PLC应用技术综合实训装置1台。

3）手持式编程器或计算机1台。

（5）系统调试

1）输入程序，按前面介绍的程序输入方法，用手持式编程器（或计算机）正确输入程序。

2）静态调试，按如图4-26所示系统接线图正确连接好输入设备，进行PLC的模拟静态调试，并通过手持式编程器（或计算机）监视，观察其是否与控制要求一致，否则，检查并修改、调试程序，直至指示正确。

3）动态调试，按如图4-26所示的系统接线图正确连接好输出设备，进行系统的动态调试，先调试手动程序，后调试自动程序，观察指示灯能否按控制要求动作，并通过手持式编程器（或计算机）监视，观察其是否与控制要求一致，否则，检查电路或修改程序，直至指示灯能按控制要求动作。

3. 实训报告

（1）分析与总结

1）提炼出适合编程的控制要求，并总结其操作要领。

2）画出传送带运输机的动作流程图和状态转移图，并写出其指令表。

3）总结一下选择性流程的编程要领。

（2）巩固与提高

1）请用编程软件的SFC编程方法来编制传送带运输机的程序。

2）在传送带运输机的工作过程中突然停电，要求来电后按停电前的状态继续运行，请设计其控制程序。

任务7　并行性流程的程序设计

1. 并行性流程程序的特点

由两个及以上的分支流程组成，但必须同时执行各分支的程序，称为并行性流程程序。如图4-27所示是具有三个支路的并行性流程程序，其特点如下。

1）若S20已动作，则只要分支转移条件X0成立，三个流程（S21、S22，S31、S32，S41、S42）同时并列执行，没有先后之分。

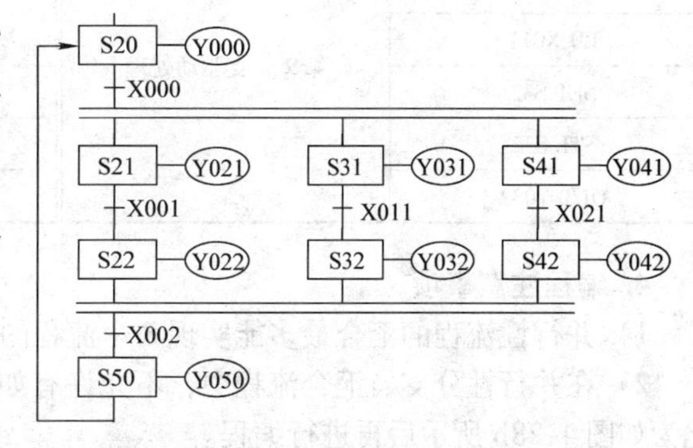

图4-27　并行性流程程序的结构形式

2）当各流程的动作全部结束时（先执行完的流程要等待全部流程动作完成），一旦X2为ON，则汇合状态S50动作，S22、S32、S42全部复位。若其中一个流程没执行完，则S50就不可能动作。另外，并行性流程程序在同一时间可能有两个及两个以上的状态处于激活状态。

2. 并行性分支的编程

并行性分支的编程与选择性分支的编程一样，先进行驱动处理，然后进行转移处理，所有的转移处理按顺序执行。根据并行性分支的编程方法，首先对S20进行驱动处理（OUT Y0），然后按第1分支（S21、S22），第2分支（S31、S32），第3分支（S41、S42）的顺序进行转移处理。并行性分支程序的指令见表4-6。

表4-6　并行性分支程序的指令表

指令	功能说明	指令	功能说明
STL S20	SLT程序开始	SET S21	转移到第1分支
OUT Y000	驱动处理	SET S31	转移到第2分支
LD X000	转移条件	SET S41	转移到第3分支

3. 并行性汇合的编程

并行性汇合的编程与选择性汇合的编程一样，也是先进行汇合前状态的驱动处理，然后按顺序向汇合状态进行转移处理。根据并行性汇合的编程方法，首先对 S21、S22、S31、S32、S41、S42 进行驱动处理，然后按 S22、S32、S42 的顺序向 S50 转移。并行性汇合程序的指令见表 4-7。

表 4-7　并行性汇合程序的指令表

指令	功能说明	指令	功能说明
STL S21	第 1 分支驱动处理	STL S41	第 3 分支驱动处理
OUT Y021		OUT Y041	
LD X001		LD X021	
SET S22		SET S42	
STL S22		STL S42	
OUT Y022		OUT Y042	
STL S31	第 2 分支驱动处理	STL S22	由第 1 分支汇合
OUT Y031		STL S32	由第 2 分支汇合
LD X011		STL S42	由第 3 分支汇合
SET S32		LD X002	汇合条件
STL S32		SET S50	汇合状态
OUT Y032		STL S50 OUT Y050	

4. 编程注意事项

1）并行性流程的汇合最多能实现 8 个流程的汇合。

2）在并行性分支、汇合流程中，不允许有如图 4-28a 所示的转移条件，而必须将其转化为如图 4-28b 所示后再进行编程。

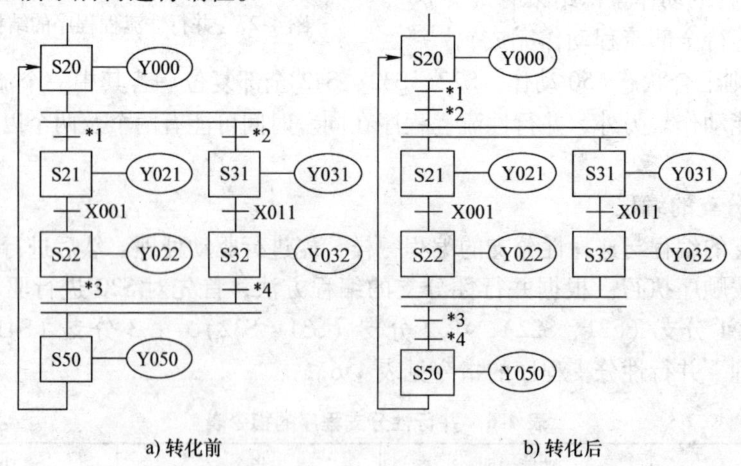

图 4-28　并行性分支、汇合流程的转化

5. 程序设计实例

例　用步进顺控指令设计一个按钮式人行横道指示灯的控制程序。其控制要求如下：按 X0 或 X1 按钮，人行横道和车道指示灯按图 4-29 所示点亮（高电平表示点亮，低电平表示

不亮）。

解　① 根据控制要求，其 I/O 分配为 X0——左起动 SB1；X1——右起动 SB2；Y1——车道红灯；Y2——车道黄灯；Y3——车道绿灯；Y5——人行横道红灯；Y6——人行横道绿灯。

② PLC 外部接线图如图 4-30 所示。

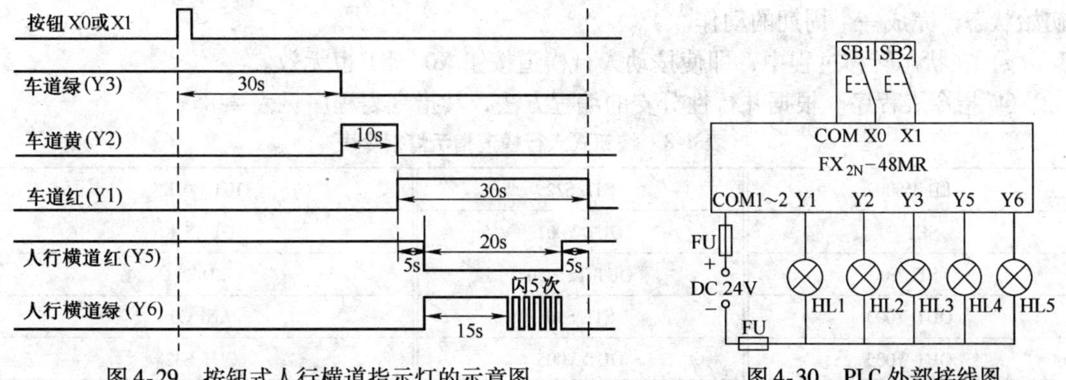

图 4-29　按钮式人行横道指示灯的示意图　　图 4-30　PLC 外部接线图

③ 根据控制要求，当未按下 X0 或 X1 按钮时，人行横道红灯和车道绿灯亮；当按下 X0 或 X1 按钮时，人行横道指示灯和车道指示灯同时开始运行，因此，此流程是具有 2 个分支的并行性流程，其状态转移图如图 4-31 所示。

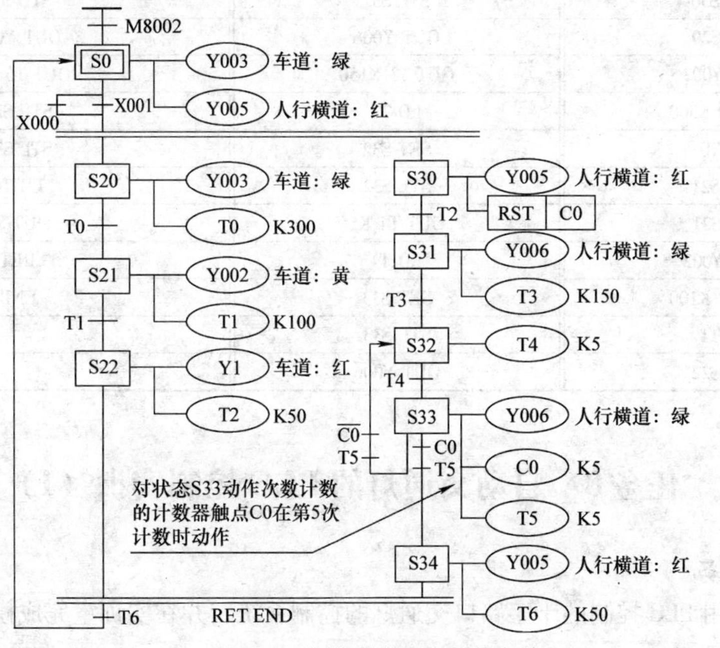

图 4-31　按钮式人行横道指示灯的状态转移图

几点说明如下。

a）PLC 从 STOP→RUN 时，初始状态 S0 动作，车道信号为绿灯，人行横道信号为红灯。

b）按人行横道按钮 X0 或 X1，则状态转移到 S20 和 S30，车道为绿灯，人行横道为红灯。

c）30s 后车道为黄灯，人行横道仍为红灯。

d）再过 10s 后车道变为红灯，人行横道仍为红灯，同时定时器 T2 起动，5s 后 T2 触点接通，人行横道变为绿灯。

e）15s后人行横道绿灯开始闪烁（S32人行横道绿灯灭，S33人行横道绿灯亮）。

f）闪烁中S32、S33反复循环动作，计数器C0设定值为5，当循环达到5次时，C0动合触点就闭合，动作状态向S34转移，人行横道变为红灯，期间车道仍为红灯，5s后返回初始状态，完成一个周期的动作。

g）在状态转移过程中，即使按动人行横道按钮X0、X1也无效。

④ 指令表程序。根据并行性分支的编程方法，其指令表程序见表4-8。

表4-8　按钮式人行横道指示灯指令表

LD M8002	STL S22	OUT C0 K5
SET S0	OUT Y001	OUT T5 K5
STL S0	OUT T2 K50	LD T5
OUT Y003	STL S30	ANI C0
OUT Y005	OUT Y005	OUT S32
LD X000	RST C0	LD C0
OR X001	LD T2	AND T5
SET S20	SET S31	SET S34
SET S30	STL S31	STL S34
STL S20	OUT Y006	OUT Y005
OUT Y003	OUT T3 K150	OUT T6 K50
OUT T0 K300	LD T3	STL S22
LD T0	SET S32	STL S34
SET S21	STL S32	LD T6
STL S21	OUT T4 K5	OUT S0
OUT Y002	LD T4	RET
OUT T1 K100	SET S33	END
LD T1	STL S33	
SET S22	OUT Y006	

任务8　自动交通灯的PLC控制实训（1）

1. 实训任务

设计一个用PLC控制的十字路口交通灯的控制系统，并在实训室完成模拟调试。

（1）控制要求

1）自动运行时，按起动按钮，信号灯系统按图4-32所示要求开始工作（绿灯闪烁的周期为1s），按停止按钮，所有信号灯都熄灭。

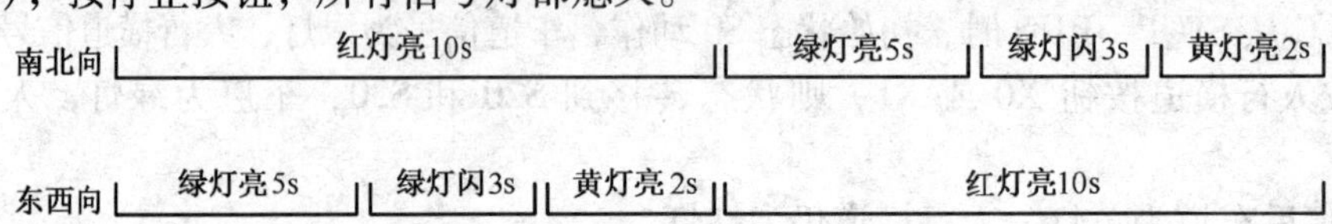

南北向　红灯亮10s　绿灯亮5s　绿灯闪3s　黄灯亮2s

东西向　绿灯亮5s　绿灯闪3s　黄灯亮2s　红灯亮10s

图4-32　交通灯自动运行的动作要求

2）手动运行时，两个方向的黄灯同时闪动，周期是1s。

（2）实训目的

1）熟悉顺控指令的编程方法。

2）掌握并行性流程程序的程序设计。

3）掌握交通灯的程序设计及其外部接线。

2. 实训步骤

（1）I/O分配

X0——自动位起动按钮SB1；X1——手动/自动选择开关SA；X2——停止按钮SB2；Y0——东西向绿；Y1——东西向黄；Y2——东西向红；Y4——南北向绿；Y5——南北向黄；Y6——南北向红。

（2）程序设计

1）控制时序。根据十字路口交通灯的控制要求，其自动运行的时序如图4-33所示。

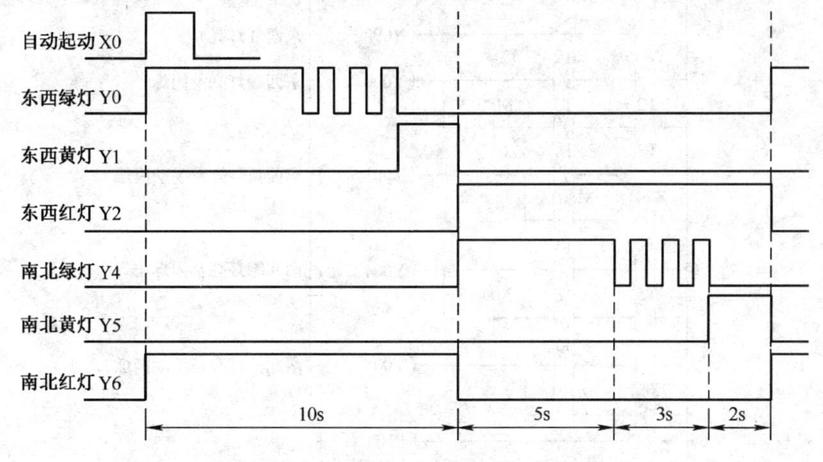

图4-33　交通灯自动运行的时序图

2）基本逻辑指令编程。根据上述的控制时序图，用8个定时器作为各信号转换的时间；用特殊功能继电器M8013产生的脉冲（周期为1s）来控制闪烁信号，其梯形图如图4-34所示。

3）步进顺控指令编程。东西方向和南北方向的信号灯的动作过程可以看成是两个独立的同时进行的顺序控制过程，可以采用并行性分支与汇合的编程方法，其状态转移图如图4-35所示。

（3）系统接线图

根据系统控制要求及I/O分配，其系统接线图如图4-36所示（PLC驱动的负载都用指示灯代替）。

（4）实训器材

根据控制要求、I/O分配及系统接线图，完成本实训需要配备如下器材：

1）交通灯模拟显示模块1块（带指示灯、接线端口及按钮等）。

2）PLC应用技术综合实训装置1台。

3）手持式编程器或计算机1台。

（5）系统调试

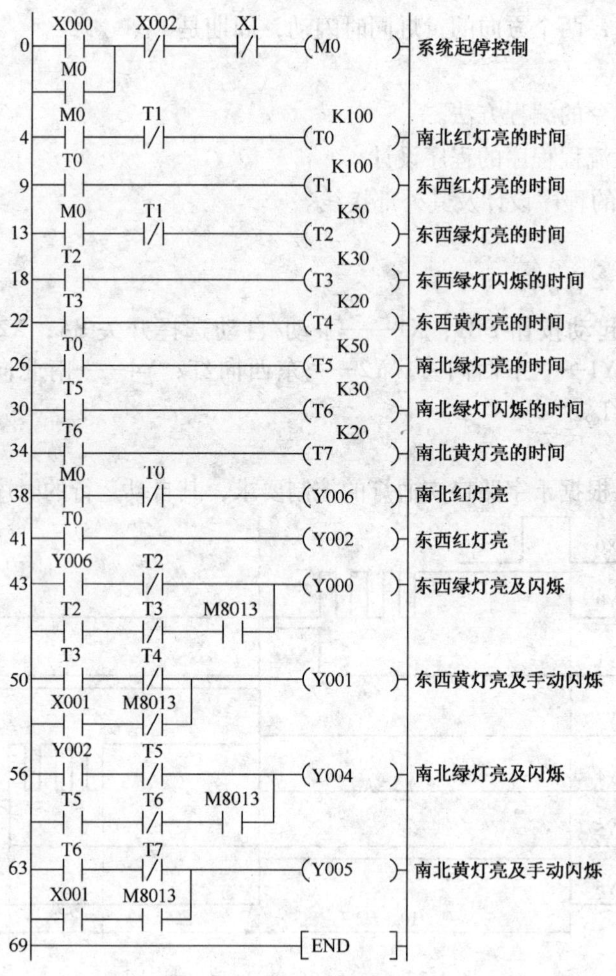

图 4-34　交通灯的梯形图

1）输入程序，按图 4-34 或图 4-35 所示图形正确输入程序（以状态梯形图的形式显示）。

2）静态调试，按图 4-36 所示系统接线图正确连接好输入设备，进行 PLC 的模拟静态调试，观察 PLC 驱动的指示灯是否按要求指示，否则，检查并修改程序，直至指示正确。

3）动态调试，按图 4-36 所示的系统接线图正确连接好输出设备，进行系统的动态调试，观察交通灯能否按控制要求动作，否则，检查电路或修改程序，直至交通灯按控制要求动作。

3. 实训报告

（1）分析与总结

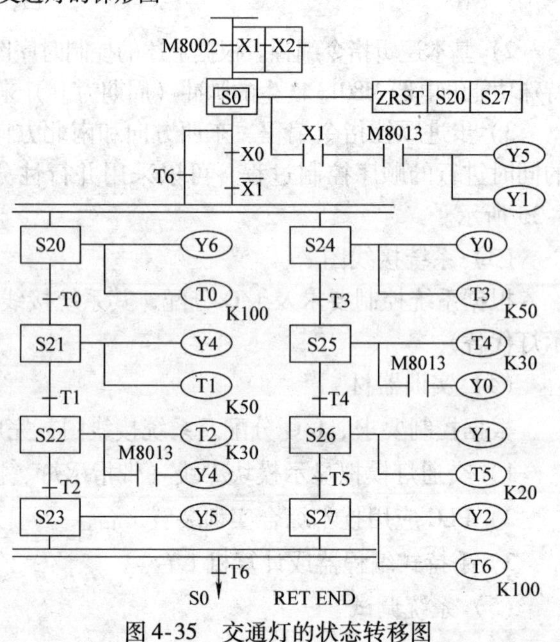

图 4-35　交通灯的状态转移图

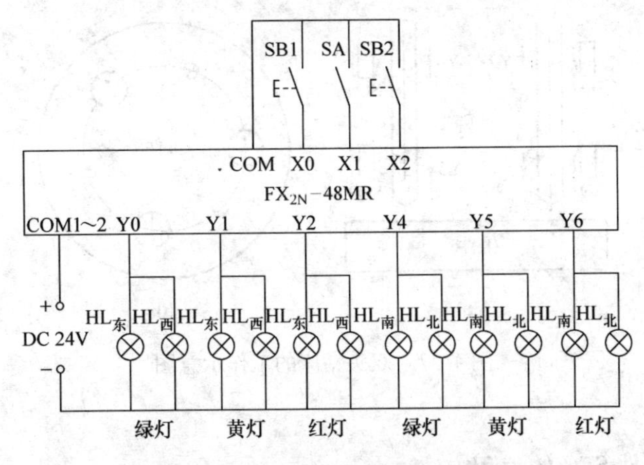

图4-36　交通灯的控制系统接线图

1）描述该交通灯的动作情况，并与实际的交通灯比较有何区别？

2）比较用梯形图和用状态转移图编程的优劣。

3）比较一下选择性流程和并行性流程的异同。

（2）巩固与提高

1）在图4-35所示的状态转移图中，如何将M8013改为由定时器和计数器组成的振荡电路？

2）请用编程软件的SFC编程方法来编制该交通灯的控制程序。

3）请使用单流程来设计本实训的控制程序。

4）通过与实际的交通灯比较，请设计一个在功能上更完善的控制程序，如带左转弯车道的交通灯控制系统。

5）请设计一个带红灯等待时间显示的自动交通灯控制系统，并在实训室完成模拟调试。

任务9　双头钻床的PLC控制实训

1. 实训任务

设计一个用PLC控制的双头钻床的控制系统，并在实训室完成模拟调试。

（1）控制要求

1）用双头钻床来加工圆盘状零件上均匀分布的6个孔，如图4-37所示。操作人员将工件放好后，按下起动按钮，工件被夹紧，夹紧时压力继电器为ON，此时两个钻头同时开始向下进给。大钻头钻到设定的深度（SQ1）时，钻头上升，升到设定的起始位置（SQ2）时，停止上升；小钻头钻到设定的深度（SQ3）时，钻头上升，升到设定的起始位置（SQ4）时，停止上升。两个都到位后，工件旋转120°，旋转到位时SQ5为ON，然后又开始钻第2对孔。3对孔都钻完后，工件松开，松开到位时，限位开关SQ6为ON，系统返回初始位置。

2）具有手动和自动运行功能。

3）具有急停功能。

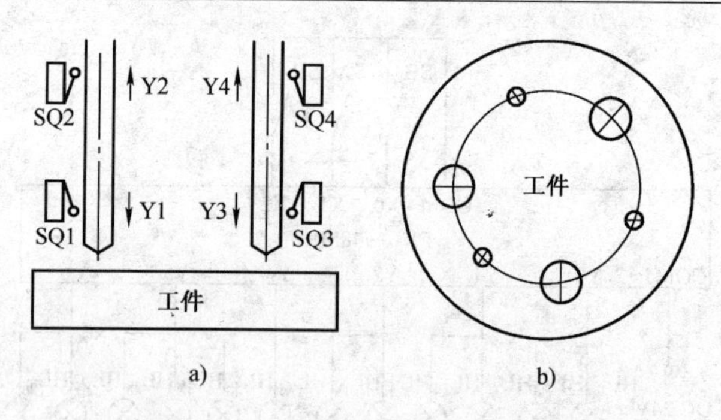

图 4-37　双头钻床的工作示意图

（2）实训目的

1）熟悉编程软件 SFC 的编程方法。

2）掌握并行性流程程序的程序设计。

3）掌握双头钻床的程序设计及其外部接线。

2. 实训步骤

（1）I/O 分配

X0——夹紧 SQ；X1——SQ1；X2——SQ2；X3——SQ3；X4——SQ4；X5——SQ5；X6——SQ6；X7——自动位起动；X10——手动/自动转换 SA；X11——大钻头手动下降 SB1；X12——大钻头手动上升 SB2；X13——小钻头手动下降 SB3；X14——小钻头手动上升 SB4；X15——工件手动夹紧 SB5；X16——工件手动放松 SB6；X17——工件手动旋转 SB7；X20——停止按钮 SB10；Y1——大钻头下降；Y2——大钻头上升；Y3——小钻头下降；Y4——小钻头上升；Y5——工件夹紧；Y6——工件放松；Y7——工件旋转；Y0——原位指示。

（2）程序设计

根据系统控制要求及 PLC 的 I/O 分配，设计双头钻床的程序。

（3）系统接线图

根据双头钻床的控制要求及 I/O 分配，其系统接线图如图 4-38 所示（PLC 驱动的负载都用指示灯代替）。

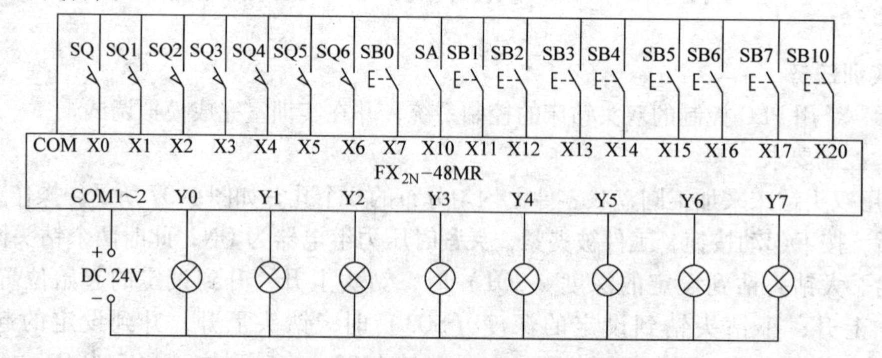

图 4-38　双头钻床的控制系统接线图

（4）实训器材

根据控制要求、I/O 分配及系统接线图，完成本实训需要配备如下器材：

1）双头钻床模拟显示模块 1 块（带指示灯、接线端口及按钮等）。

2）PLC 应用技术综合实训装置 1 台。

3）手持式编程器或计算机 1 台。

（5）系统调试

1）输入程序，按前面介绍的程序输入方法，用手持式编程器（或计算机）正确输入程序。

2）静态调试，按图 4-38 所示的系统接线图正确连接好输入设备，进行 PLC 的模拟静态调试，并通过手持式编程器（或计算机）监视，观察其是否与控制要求一致，否则，检查并修改、调试程序，直至指示正确。

3）动态调试，按图 4-38 所示的系统接线图正确连接好输出设备，进行系统的动态调试，先调试手动程序，后调试自动程序，观察指示灯能否按控制要求动作，并通过手持式编程器（或计算机）监视，观察其是否与控制要求一致，否则，检查电路或修改程序，直至指示灯能按控制要求动作。

3. 实训报告

（1）分析与总结

1）提炼出适合编程的控制要求，并画出系统的动作流程图。

2）画出双头钻床的状态转移图，并写出其指令表。

3）总结一下并行性流程的程序设计要领。

（2）巩固与提高

1）请用编程软件的 SFC 编程方法来编制双头钻床的程序。

2）现要用该双头钻床来加工一批只需钻 3 个大孔的工件，如何解决这个问题？哪种方案最优？

课题 4　掌握步进顺控在自动生产线上的应用

学习目标

1. 了解气动方面的相关知识与技能。
2. 了解简易机械手的相关知识与技能。
3. 掌握步进顺控在自动生产线上的应用。

任务 1　上料机械手的 PLC 控制实训

1. 实训任务

设计一个三轴旋转机械手上料的控制系统，并在实训室完成模拟调试。

（1）控制要求

1）系统由上料装置、检测传感器、三轴旋转机械手等部分组成，如图 4-39 所示。

2）系统上电后，两层信号指示灯的红灯亮，各执行机构保持上电前（即原点）状态。

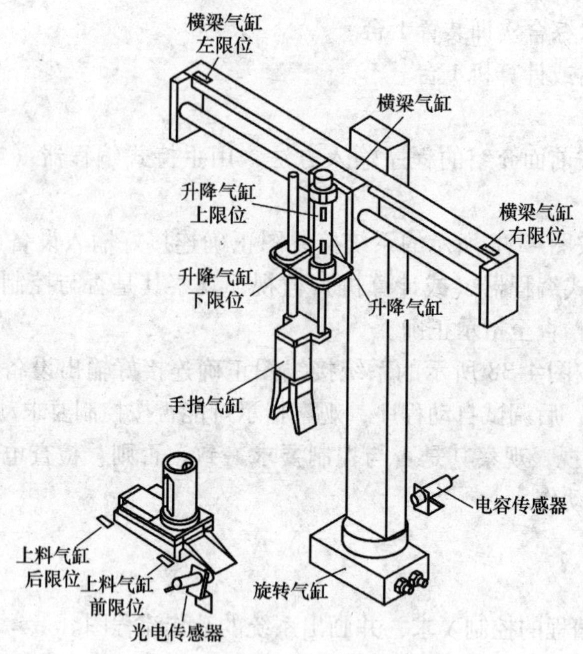

图 4-39 三轴旋转机械手结构示意图

3）系统设有两种操作模式：手动操作和自动运行操作。

4）手动操作。选择“手动操作”模式，可手动分别对各执行机构的运动进行控制，便于设备的调试与检修。

5）自动运行操作。选择“自动运行操作”模式，按起动按钮，系统检测上料装置、机械手等各执行机构的原点位置，原点位置条件满足则执行步骤 6)，不满足则系统自动停机。

6）上料装置依次将工件推出，送至上料台；若光电传感器检测到上料台上有工件，则三轴旋转机械手自动将工件搬至传送带运输线，其过程为原点→上料→检测→下降→夹紧（T）→上升→右移→下降→放松（T）→上升→左移→原点。

7）自动运行过程中，若按停止按钮，则机械手在处理完已推出工件后自动停机；若出现故障按下急停按钮时，系统则无条件停止。

8）系统在运行时，两层信号指示灯的绿灯亮、红灯灭，停机时红灯亮、绿灯灭，故障状态时红灯闪烁、绿灯灭。

9）机械手在工作过程中不得与设备或输送工件发生碰撞。

（2）实训目的

1）了解三轴旋转机械手的结构及控制要求。

2）了解传感器、电磁阀、气缸的特性。

3）掌握简单机械手控制的程序设计及综合布线。

2. 实训步骤

（1）I/O 分配

根据系统的控制要求，PLC 的 I/O 分配如图 4-40 所示。

（2）控制程序

由于所用气缸是有电动作，无电复位（下同），所以，根据系统的控制要求，其控制程序如图 4-41 所示。

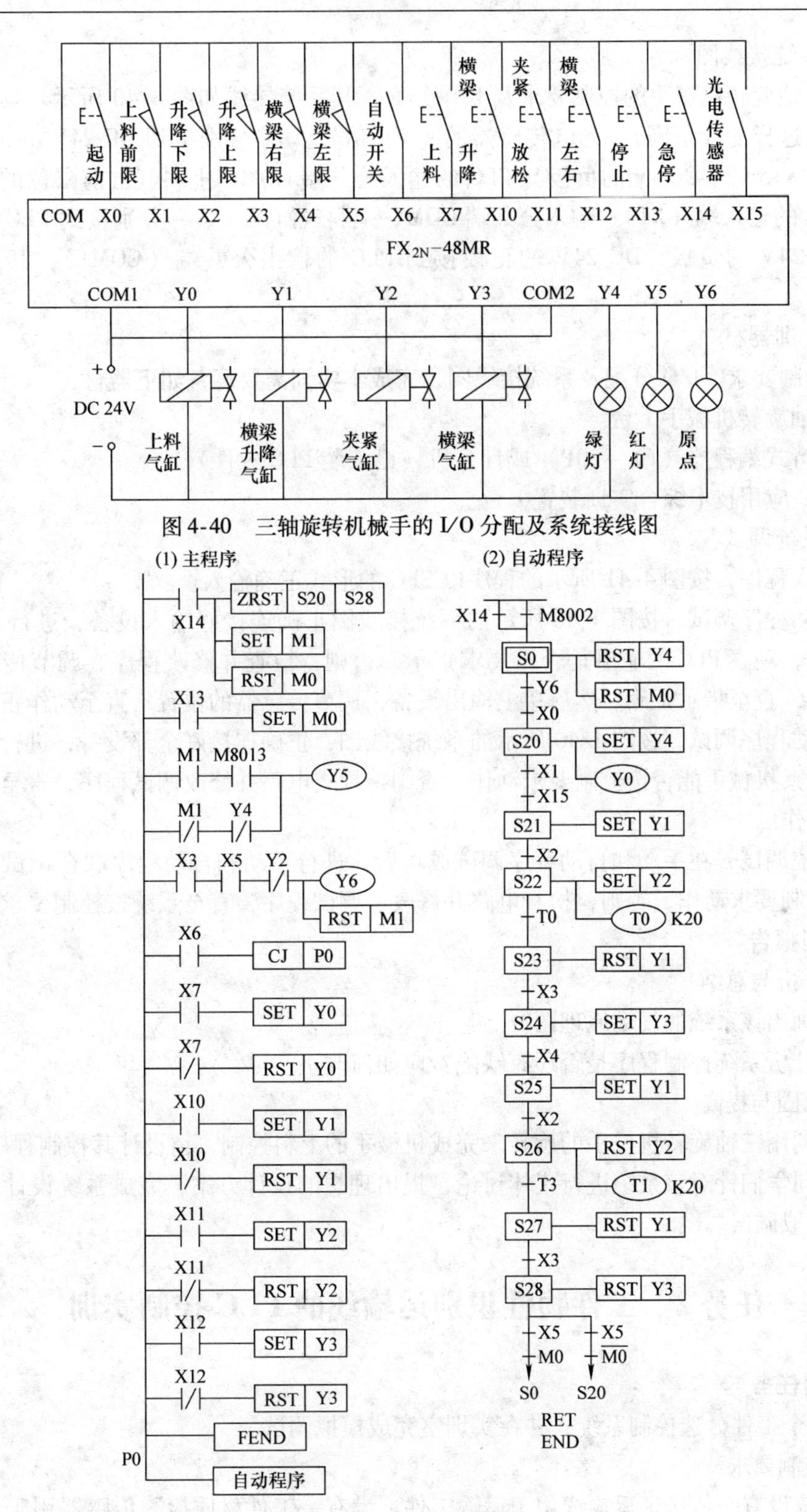

图4-40　三轴旋转机械手的I/O分配及系统接线图

图4-41　三轴旋转机械手控制程序

（3）系统接线图

根据三轴旋转机械手的控制要求及 I/O 分配，其系统接线如图 4-40 所示。具体到传感器的接线是这样的（下同）：光电传感器的 + V、信号、0V 分别接到 DC 24V 的正极、PLC 的输入端（X15）、DC 24V 的负极与 PLC 的输入公共端 COM；上料气缸前限位的 +、- 分别接到 PLC 的输入端（X1）、输入公共端 COM；上料气缸的 +、- 分别接到 PLC 的输出端（Y0）、DC 24V 的负极，DC 24V 的正极接到 PLC 的输出公共端（COM1）；其他的与此类似。

（4）实训器材

根据控制要求、I/O 分配及系统接线图，完成本实训需要配备如下器材：

1）三轴旋转机械手 1 台。

2）手持式编程器（FX - 20P）或计算机（已安装 PLC 软件）1 台。

3）PLC 应用技术综合实训装置 1 台。

（5）系统调试

1）输入程序，按图 4-41 所示的程序以 SFC 的形式正确输入。

2）手动程序调试，按图 4-40 所示的系统接线图正确连接好输入设备，进行 PLC 的手动程序调试，观察 PLC 的输出是否按要求指示，否则，检查并修改程序、调节传感器的位置及灵敏度，直至指示正确。然后接上输出设备，调节传感器的位置，直至动作正确。

3）自动程序调试，按图 4-40 所示的系统接线图，正确连接好全部设备，进行自动程序的调试，观察机械手能否按控制要求动作，否则，检查电路并修改调试程序，直至机械手按控制要求动作。

4）系统调试，在手动和自动程序调试成功后，进行手动和自动程序联合调试，观察系统能否按控制要求动作，否则，检查电路并修改、调试程序，直至系统按控制要求动作。

3. 实训报告

（1）分析与总结

1）请画出该系统的气动原理图。

2）请分析系统控制程序是否还有缺陷？应如何改正？

（2）巩固与提高

1）请利用三轴旋转机械手的旋转来完成机械手的上料控制，请设计其控制程序。

2）请同学们针对该系统进行集体讨论，提出理想的设计方案，完成系统设计，并在实训室进行模拟调试。

任务 2 工件物性识别运输线的 PLC 控制实训

1. 实训任务

设计一个工件分选控制系统，并在实训室完成模拟调试。

（1）控制要求

1）系统设有一传送带运输线用于运输工件，设有一工件材质检测传感器用于识别金属与非金属，设有一工件颜色检测传感器用于识别白色与黑色，设有 3 个分选气缸用于分拣不同的工件，如图 4-42 所示。

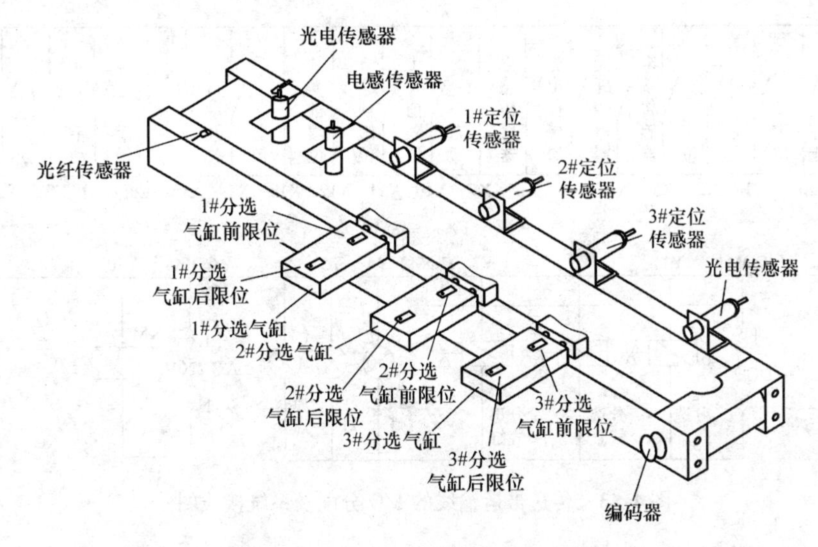

图4-42　传送带运输线结构示意图

2）系统上电后，两层信号指示灯的红灯亮，各执行机构保持通电前状态。

3）系统设有两种操作模式：手动操作和自动运行操作。

4）手动操作。选择“手动操作”模式，可手动分别对各执行机构的运动进行控制，便于设备的调试与检修。

5）自动运行操作。选择“自动运行操作”模式，按起动按钮，系统检测各分选气缸的原点位置，原点位置满足则执行步骤6)，不满足则系统自动停机。

6）传送带运输线起动运行并稳定后，人工以一定的频率随意放入白色塑料工件、黑色塑料工件、白色金属工件和黑色金属工件。

7）工件在传送带运输线上经材质和颜色检测后，若为黑色塑料工件，则1#分选气缸将工件推至1#料仓后开始下一个循环；若为白色塑料工件，则2#分选气缸将工件推至2#料仓后开始下一个循环；若为黑色金属工件，则3#分选气缸将工件推至3#料仓后开始下一个循环；若为白色金属工件，则传送带末端的光电传感器检测到有工件后开始下一个循环。

8）系统按上述要求不停地运行，直到按下停止按钮，系统则在处理完在线工件后自动停机；若出现故障按下急停按钮，系统则无条件停止。

9）系统处在运行状态时，两层信号指示灯的绿灯亮、红灯灭，停机状态时红灯亮、绿灯灭，故障状态时红灯闪烁、绿灯灭。

10）机械手在工作过程中不得与设备或输送工件发生碰撞。

（2）实训目的

1）了解一般生产线的结构及控制要求。

2）了解传感器、电磁阀、气缸的特性。

3）掌握简单生产线的程序设计及综合布线。

2. 实训步骤

（1）I/O分配

根据系统控制要求，PLC的I/O分配如图4-43所示。

（2）控制程序

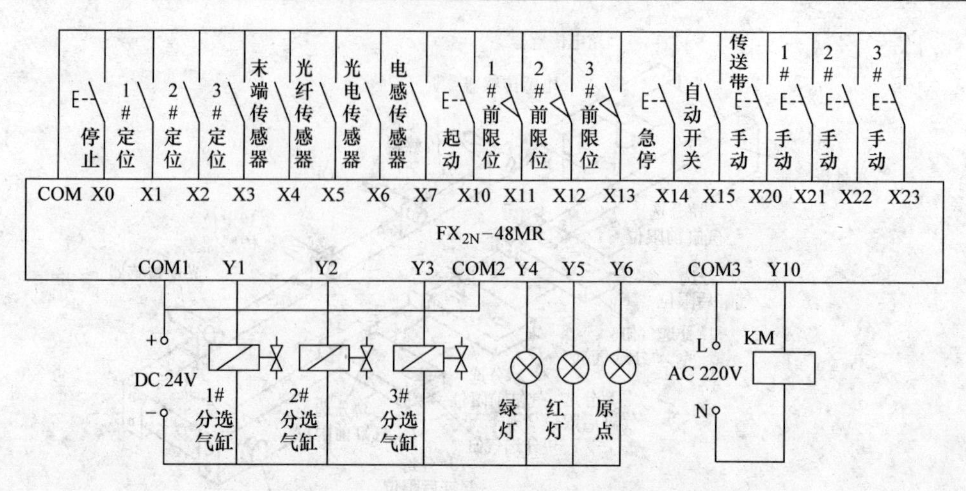

图 4-43 传送带运输线的 I/O 分配及系统接线图

根据光电传感器的特性：黑色工件通过或无工件时为导通状态，白色工件通过时为断开状态。电感传感器的特性：金属工件通过时为导通状态，塑料工件通过或无工件时为断开状态。因此，该程序为具有四个流程的选择性程序，其程序如图 4-44 所示。

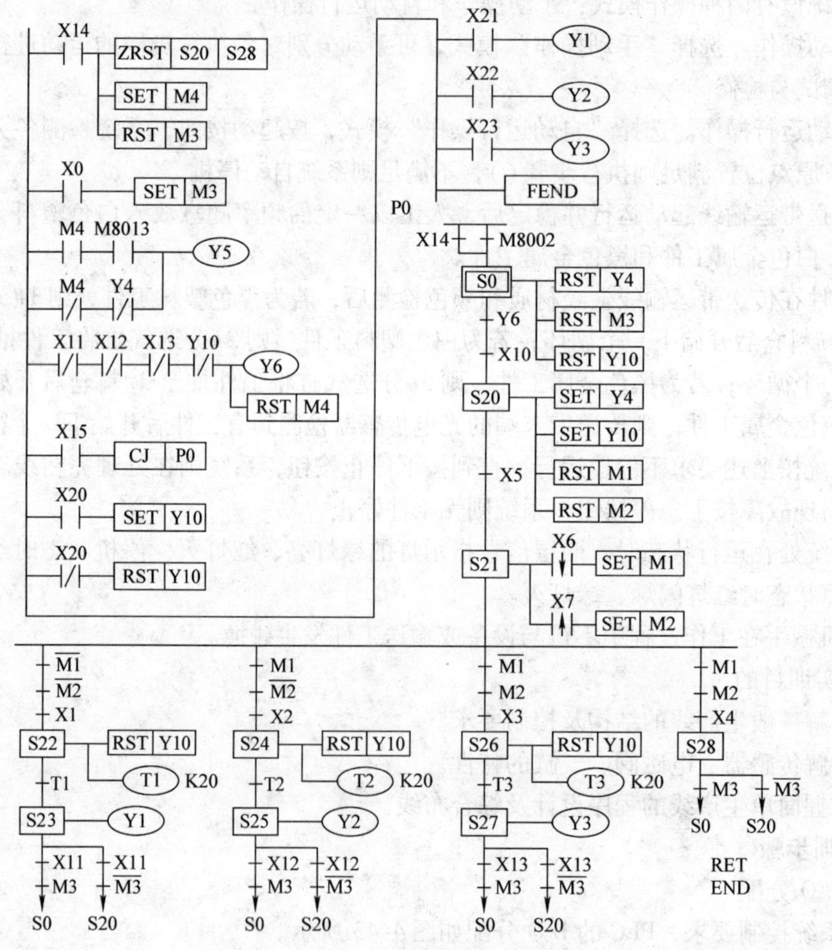

图 4-44 传送带运输线控制程序

（3）系统接线图

根据传送带运输线的控制要求及 I/O 分配，其系统接线如图 4-43 所示。

（4）实训器材

根据控制要求、I/O 分配及系统接线图，完成本实训需要配备如下器材：

1）变频运输带 1 台。

2）手持式编程器（FX－20P）或计算机（已安装 PLC 软件）1 台。

3）PLC 应用技术综合实训装置 1 台。

（5）系统调试

1）输入程序，按图 4-44 所示程序以 SFC 的形式正确输入。

2）手动程序调试，按图 4-43 所示的系统接线图正确连接好输入设备，进行 PLC 的手动程序调试，观察 PLC 的输出是否按要求指示，否则，检查并修改程序，调节传感器的位置及灵敏度，直至指示正确。然后接好输出设备，调节传感器的位置，直至动作正确。

3）自动程序调试，按图 4-43 所示的系统接线图，正确连接好全部设备，进行自动程序的调试，观察机械手能否按控制要求动作，否则，检查电路并修改、调试程序，直至机械手按控制要求动作。

4）系统调试，在手动和自动程序调试成功后，进行手动和自动程序联合调试，观察系统能否按控制要求动作，否则，检查电路并修改、调试程序，直至系统按控制要求动作。

3. 实训报告

（1）分析与总结

1）请画出该系统的气动原理图。

2）请为该系统写一份设计说明。

3）请用另外的方法设计该系统程序。

（2）巩固提高

1）请同学们在集体讨论的基础上提出理想的控制方案，完成系统设计，并在实训室进行模拟调试。

2）将上料机械手和工件物性识别运输线组成一个系统，用一个 PLC 控制，其控制要求请参照前面的实训，也可在集体讨论的基础上提出理想的控制方案，请完成系统设计，并在实训室进行模拟调试。

任务3　入库机械手的 PLC 控制实训

1. 实训任务

设计一个四轴机械手分类入库的控制系统，并在实训室完成模拟调试。

（1）控制要求

1）系统由传送带运输线、检测传感器、四轴机械手等部分组成，如图 4-45 所示。

2）系统上电后，两层信号指示灯的红灯亮，各执行机构保持通电前状态。

3）系统设有 3 种操作模式：原点回归操作、手动操作、自动运行操作。

4）原点回归操作。紧急停机、故障停机或设备检修调整后，各执行机构可能不处于工作原点（手动调整步进丝杠，使真空吸盘处于传送带运输线的中线位置），系统通电后需进行原点回归操作；选择“原点回归操作”模式，按起动按钮，各执行机构返回原点位置（各气缸活塞杆内缩，吸盘处于左上限位）。

5）手动操作。选择“手动操作”模式，可手动分别对各执行机构的运动进行控制，便于设备的调试与检修。

6）自动运行操作。选择“自动运行操作”模式，按起动按钮，系统检测各气缸活塞杆、双杆气缸、吸盘等各执行机构的原点位置，原点位置满足则执行步骤7），不满足则系统自动停机。

7）传送带运输线起动并稳定运行后，人工依次放入工件，工件到达传送带运输线末端，当光电传感器检测到有工件时，传送带停止运行，然后经四轴机械手自动搬运工件至入库工位（请事先调整步进丝杠，使真空吸盘处于传送带运输线的中线位置），其过程为原点→传送带运行→检测→吸盘下降→吸盘吸气（T）→吸盘上升→横梁气缸上升→吸盘右移→横梁气缸下降→吸盘下降→吸盘放气（T）→吸盘上升→横梁气缸上升→吸盘左移→横梁气缸下降→原点。

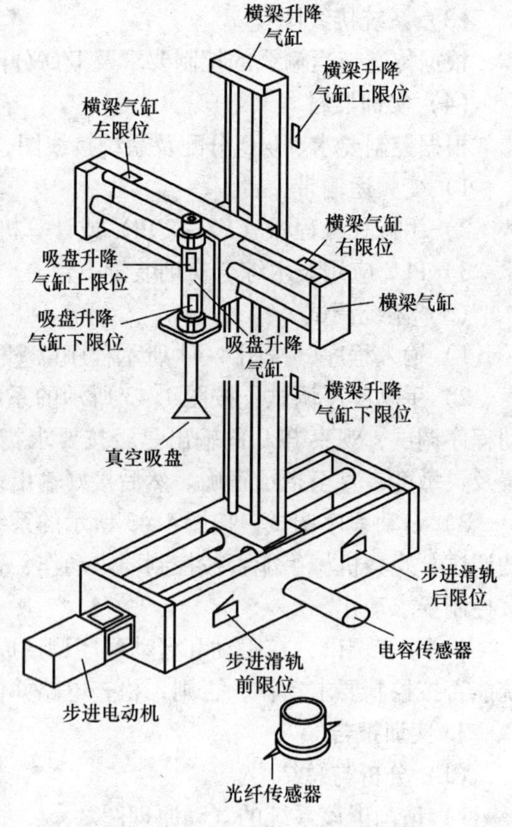

图 4-45　四轴机械手结构示意图

8）系统按上述要求不停地运行，直到按下停止按钮，系统则处理完在线工件后自动停机；若出现故障按下急停按钮时，系统则无条件停止。

9）系统处在运行状态时，两层信号指示灯的绿灯亮、红灯灭，停机状态时红灯亮、绿灯灭，故障状态时红灯闪烁、绿灯灭。

10）机械手在工作过程中不得与设备或输送工件发生碰撞。

（2）实训目的

1）了解四轴机械手的结构及控制要求。

2）掌握简单机械手控制的程序设计及综合布线。

2. 实训步骤

（1）I/O 分配

根据系统的控制要求，PLC 的 I/O 分配如图 4-46 所示。

（2）控制程序

根据系统控制要求及 I/O 分配，请自己设计控制程序。

（3）系统接线图

根据四轴机械手的控制要求及 I/O 分配，其系统接线如图 4-46 所示。

（4）实训器材

根据控制要求、I/O 分配及系统接线图，完成本实训需要配备如下器材：

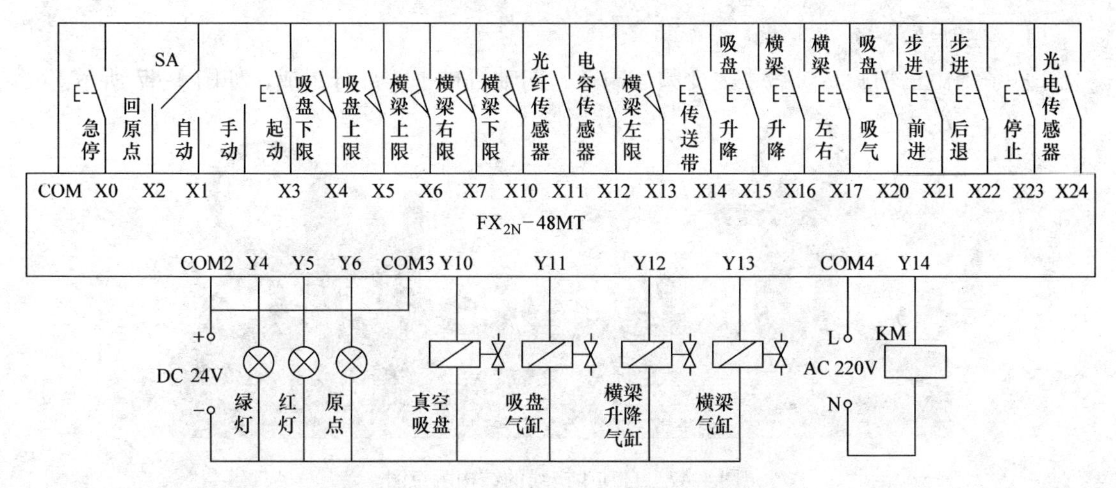

图4-46　四轴机械手的I/O分配及系统接线图

1）四轴机械手1台。

2）手持式编程器（FX－20P）或计算机（已安装PLC软件）1台。

3）PLC应用技术综合实训装置1台。

（5）系统调试

1）输入程序，将程序以SFC的形式正确输入。

2）手动程序调试，按图4-46所示的系统接线图正确连接好输入设备，进行PLC的手动程序调试，观察PLC的输出是否按要求指示，否则，检查并修改程序、调节传感器的位置及灵敏度，直至指示正确。然后接好输出设备，调节传感器的位置直至动作正确。

3）自动程序调试，按图4-46所示的系统接线图，正确连接好全部设备，进行自动程序的调试，观察机械手能否按控制要求动作，否则，检查电路并修改、调试程序，直至机械手按控制要求动作。

4）系统调试，在手动和自动程序调试成功后，进行手动和自动程序联合调试，观察系统能否按控制要求动作，否则，检查电路并修改、调试程序，直至系统按控制要求动作。

3. 实训报告

（1）分析与总结

1）请与前面的两个实训进行比较，总结设计这类程序的一般步骤与规律。

2）请为该系统写一份设计说明。

（2）巩固与提高

1）为提高系统的自动化程度，请同学们具体讨论并提出理想的控制要求，完成系统设计，并在实训室进行模拟调试。

2）用一个PLC控制上料机械手、工件物性识别运输线和入库机械手，其控制要求请参照前3个实训，请完成系统设计，并在实训室进行模拟调试。

任务4　自动生产线的PLC控制实训

1. 实训任务

请使用一台PLC设计一个自动生产线的电气控制系统，并在实训室完成模拟调试。

（1）控制要求

1）系统由三轴旋转机械手、变频运输带、四轴机械手等部分组成，如图 4-47 所示。

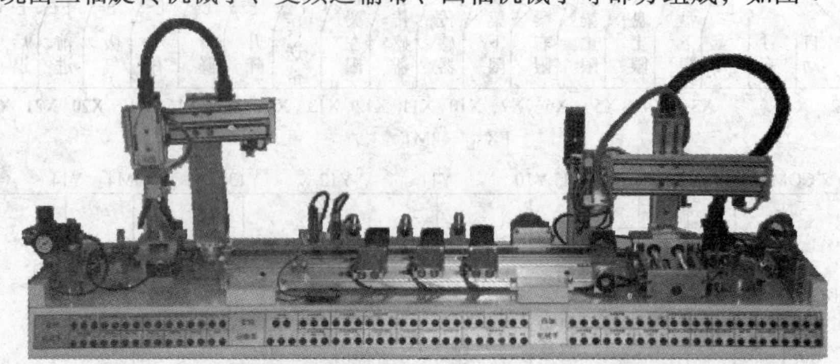

图 4-47　自动生产线的结构示意图

2）工件由上料装置以一定的频率间歇推出，经三轴旋转机械手将 4 种工件（白色金属、黑色金属、白色塑料、黑色塑料）搬至传送带运输线，经传送带运输线上的工件物性传感器的检测，将 4 种工件分拣出来（白色金属放 1#位、黑色金属放 2#位、白色塑料放 3#位、黑色塑料向前输送），黑色塑料工件再经四轴机械手搬运至指定工位；三轴旋转机械手和四轴机械手的搬运过程请参照模块 4→课题 4→任务 1 和任务 3。

3）系统通电后，两层信号指示灯的红灯亮，各执行机构保持上电前状态。

4）系统设有 3 种操作模式：原点回归操作、手动操作、自动运行操作。

5）原点回归操作。紧急停机、故障停机或设备检修调整后，各执行机构可能不处于工作原点，系统上电后需进行原点回归操作；选择“原点回归操作”模式，按起动按钮，各执行机构返回原点位置（原点位置条件同前）。

6）手动操作。选择“手动操作”模式，可手动分别对各执行机构的运动进行控制，便于设备的调试与检修。

7）自动运行操作。选择“自动运行操作”模式，按起动按钮，系统检测各气缸活塞杆、双杆气缸、吸盘等各执行机构的原点位置，原点位置满足则执行步骤 8），不满足则系统自动停机。

8）自动运行过程请参照模块 4→课题 4→任务 1、任务 2 和任务 3 的运行过程。

9）系统按上述要求不停地运行，直到按下停止按钮，系统则处理完在线工件后自动停机；若出现故障按下急停按钮时，系统则无条件停止。

10）系统处在运行状态时，两层信号指示灯的绿灯亮、红灯灭，停机状态时红灯亮、绿灯灭，故障状态时红灯闪烁、绿灯灭。

11）机械手在工作过程中不得与设备或输送工件发生碰撞。

（2）实训目的

1）了解一般自动生产线的结构及控制要求。

2）进一步掌握传感器、电磁阀及气缸的特性。

3）掌握简单自动生产线的程序设计及综合布线。

2. 实训步骤

请参照模块 4→课题 4→任务 1、任务 2 和任务 3 的实训步骤进行。

3. 实训报告

（1）分析与总结

1）请画出该系统的气动原理图。

2）请画出该系统的电气原理图。

（2）巩固与提高

1）请画出该系统的状态转移图。

2）请为该系统写一份设计说明。

思考与练习

1. 写出图4-48所示状态转移图所对应的指令表程序。

2. 液体混合装置如图4-49所示，上限位、下限位和中限位液位传感器被液体淹没时为ON，阀A、阀B和阀C为电磁阀，线圈得电时打开，线圈失电时关闭。开始时容器是空的，各阀门均关闭，各传感器均为OFF。按下起动按钮后，打开阀A，液体A流入容器，中限位开关变为ON时，关闭阀A，打开阀B，液体B流入容器。当液面到达上限位开关时，关闭阀B，电动机M开始运行，搅动液体，60s后停止搅动，打开阀C，放出混合液，当液面降至下限位开关之后再过5s，容器放空，关闭阀C，打开阀A，又开始下一周期的工作。按下停止按钮，在当前工作周期的工作结束后，才停止工作（停在初始状态）。设计PLC的外部接线图和控制系统的程序（包括状态转移图、顺控梯形图）。

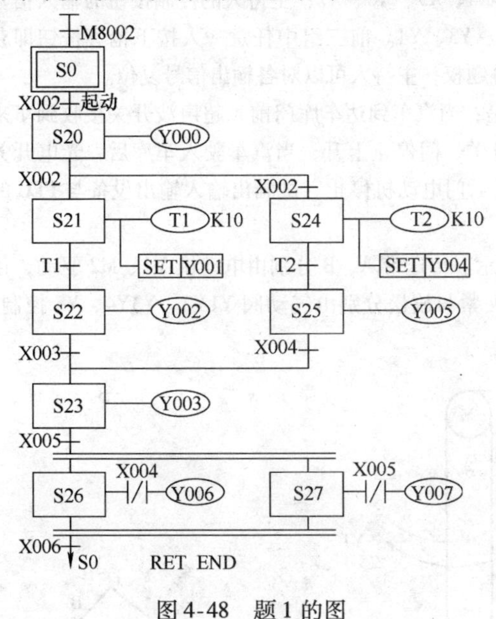

图4-48　题1的图

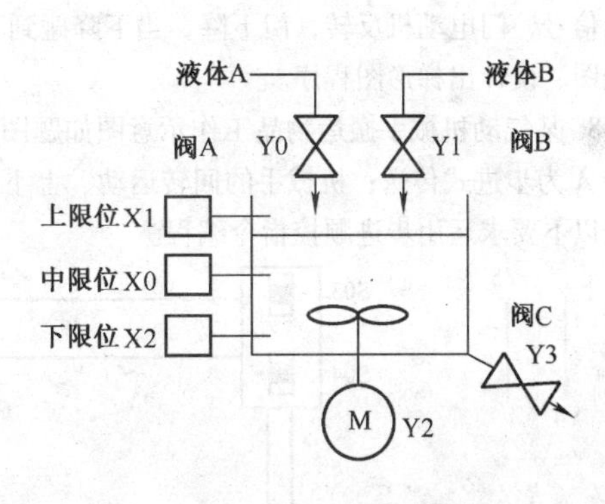

图4-49　题2的图

3. 冲床机械手运动的示意图如图4-50所示。初始状态时机械手在最左边，X4为ON；冲头在最上面，X3为ON；机械手松开（Y0为OFF）。按下起动按钮X0，Y0变为ON，工件被夹紧并保持，2s后Y1被置位，机械手右行碰到X1，然后顺序完成以下动作：冲头下行，冲头上行，机械手左行，机械手松开，延时1s后，系统返回初始状态，各限位开关和定时器提供的信号是各步之间的转换条件。试设计PLC的外部接线图和控制系统的程序（包括状态转移图、顺控梯形图）。

4. 初始状态时，图4-51所示的压钳和剪刀在上限位置，X0和X1为1状态。按下起动按钮X10，工作过程为首先板料右行（Y0为1状态）至限位开关X3为1状态，然后压钳下行（Y1为1状态并保持）。压紧板料后，压力继电器X4为1状态，压钳保持压紧，剪刀开始下行（Y2为1状态）。剪断板料后，X2变为1状态，压钳和剪刀同时上行（Y3和Y4为1状态，Y1和Y2为0状态），它们分别碰到限位开关X0和X1后，分别停止上行，均停止后，又开始下一周期的工作，剪完5块料后停止工作并停在初始状态。试设计PLC的外部接线图和系统的程序（包括状态转移图、顺控梯形图）。

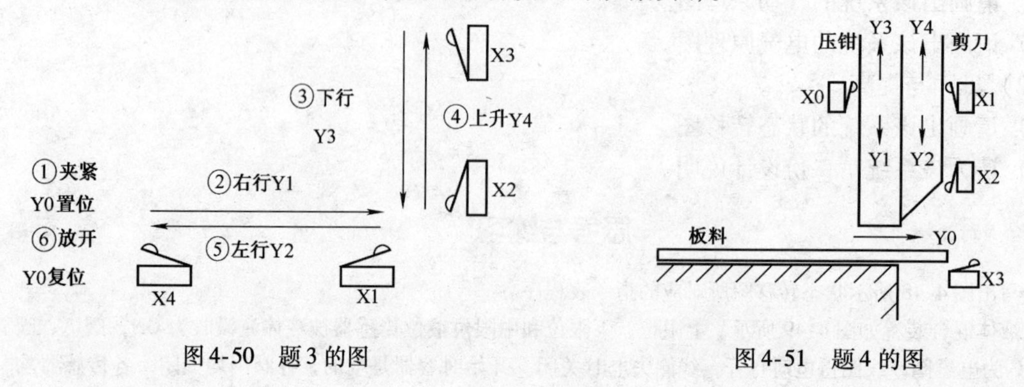

图4-50　题3的图　　　　图4-51　题4的图

5. 请设计一个喷泉的PLC控制系统，其具体的控制要求如下：喷泉有A、B、C三组喷头；起动后，A组先喷5s，后B、C同时喷，5s后B停，再5s后C停，然后A、B又喷，再2s后，C也喷，持续5s后全部停，再3s重复上述过程。

6. 请设计一个抢答器控制程序，其控制要求如下：抢答器系统可实现四组抢答，每组两人。共有8个抢答按钮，各按钮对应的输入信号为X0、X1、X2、X3、X4、X5、X6、X7；主持人的控制按钮的输入信号为X10；各组对应指示灯的输出控制信号分别为Y1、Y2、Y3、Y4。前三组中任意一人按下抢答按钮即获得答题权；最后一组必须同时按下抢答按钮才可以获得答题权；主持人可以对各输出信号复位。

7. 设计一个汽车库自动门控制系统，具体控制要求是：当汽车到达车库门前，超声波开关接收到车来的信号，门电动机正转，门上升，当升到顶点碰到上限开关，门停止上升，当汽车驶入车库后，光电开关发出信号，门电动机反转，门下降，当下降碰到下限开关后门电动机停止。试画出输入输出设备与PLC的接线图、设计出梯形图程序。

8. 某气动机械手搬运物品工作示意图如题图4-52所示。传送带A、B分别由电动机M1、M2驱动，传送带A为步进式传送；机械手的回转运动、上下运动、夹紧与放松分别由气动阀Y1Y2、Y3Y4、Y5控制，试按以下要求运用步进顺控指令编程。

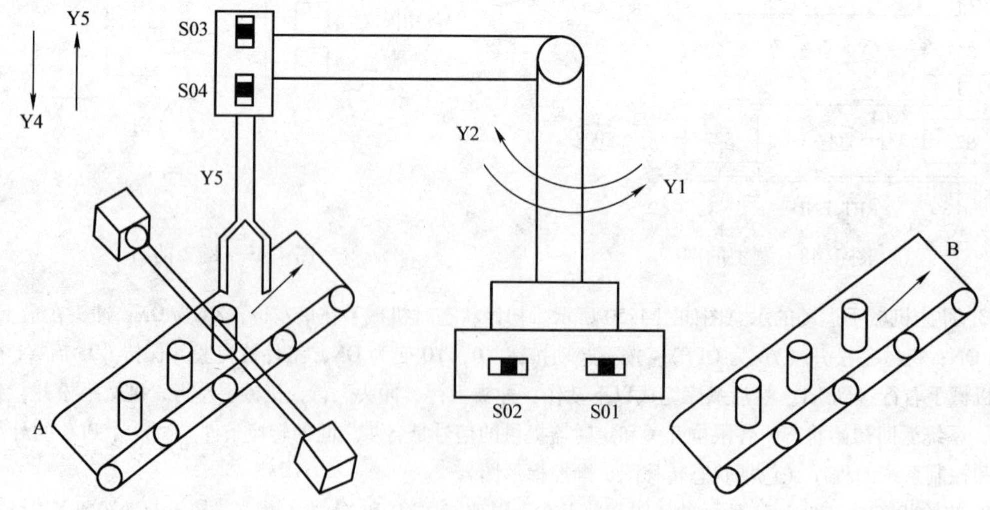

图4-52　题8的图

（1）机械手在原始位置时（右旋到位）SQ1动作，按下起动按钮，机械手松开，转送带B开始运动，机械手手臂开始上升。

（2）上升到上限时SQ3动作，上升结束，开始左旋；左旋到左限时SQ2动作，左旋结束，开始下降；下降到下限时SQ4动作，下降结束，传送带A起动。

（3）传送带A向机械手方向前进一个物品的距离后停止，机械手开始抓物，延时1s后机械手开始上升。到上限SQ3动作—右旋—到右限SQ1动作—下降—到下限SQ4动作—松开、放物，延时1s后一个工作循环结束。

（4）机械手的工作方式为：单步/循环。

9. 请设计一个自动钻床的控制程序，完成下述控制要求：

（1）按下起动按钮，系统进入起动状态。

（2）当光电传感器检测到有工件时，工作台开始旋转，此时由计数器控制其旋转角度（计数器计满2个数）。

（3）工作台旋转到位后，夹紧装置开始夹工件，一直到夹紧限位开关闭合为止。

（4）工件夹紧后，主轴电动机开始向下运动，一直运动到工作位置（由下限位开关控制）。

（5）主轴电动机到位后，开始进行加工，此时用定时5s来描述。

（6）5s后，主轴电动机回退，夹紧电动机后退（分别由后限位开关和上限位开关来控制）。

（7）接着工作台继续旋转由计数器控制其旋转角度（计数器计满2个）。

（8）旋转电动机到位后，开始卸工件，由计数器控制（计数器计满5个）。

（9）卸工件装置回到初始位置。

（10）如再有工件到来，实现上述过程。

（11）按下停车按钮，系统立即停车。

模块5 功能指令及其应用

任务引入

前面我们学习了基本逻辑指令和步进顺控指令，这些指令主要用于逻辑处理。作为工业控制用的计算机，仅有基本逻辑指令和步进顺控指令是不够的，现代工业控制在许多场合需要进行数据处理，因此，我们要学习功能指令（Functional Instruction）。什么是功能指令？采用功能指令来设计程序有没有优势？如何设计控制程序？有没有技巧？等等，这些问题还需进一步探讨，现在以自动交通灯的控制和8站小车的呼叫控制为例来展开学习。

功能指令也称为应用指令，主要用于数据的运算、转换及其他控制功能，使PLC成为真正意义上的工业计算机。许多功能指令有很强大的功能，往往一条指令就可以实现几十条基本逻辑指令才可以实现的功能，还有很多功能指令具有基本逻辑指令难以实现的功能，如RS指令、FROM指令等。实际上，功能指令是许多功能不同的子程序。

FX和汇川系列PLC的功能指令可分为程序流程、传送与比较、算术与逻辑运算、循环与移位、数据处理、高速处理、方便指令、外围设备I/O、外围设备SER、浮点数、定位、时钟运算、外围设备、触点比较等，见表5-1。目前，FX_{2N}系列PLC的功能指令已经达到128种。由于应用领域的扩展，制造技术的提高，功能指令的数量将不断增加，功能也将不断增强。

表5-1 功能指令分类表

指令序号	功能	指令序号	功能
FNC00 ~ FNC09	程序流程	FNC110 ~ FNC119	浮点运算1
FNC10 ~ FNC19	传送与比较	FNC120 ~ FNC129	浮点运算2
FNC20 ~ FNC29	算术与逻辑运算	FNC130 ~ FNC139	浮点运算3
FNC30 ~ FNC39	循环与移位	FNC140 ~ FNC149	数据处理2
FNC40 ~ FNC49	数据处理1	FNC150 ~ FNC159	定位
FNC50 ~ FNC59	高速处理	FNC160 ~ FNC169	时钟运算
FNC60 ~ FNC69	方便指令	FNC170 ~ FNC179	格雷码变换
FNC70 ~ FNC79	外围设备I/O	FNC220 ~ FNC249	触点比较
FNC80 ~ FNC89	外围设备SER		

课题1 熟悉功能指令的基础知识

学习目标

1. 熟悉功能指令的表示形式。
2. 了解数据长度和指令类型。
3. 了解操作数在指令中的作用。

任务1 功能指令的表示形式

功能指令都遵循一定的规则，其通常的表示形式也是一致的，一般功能指令都按功能编号（FNC00 ~ FNC□□□）编排。功能指令都有一个指令助记符，有的功能指令只需指令助记符，但更多的功能指令在指定助记符的同时还需要指定操作元件，操作元件由 1 ~4 个操作数组成，其表现形式如图 5-1 所示。

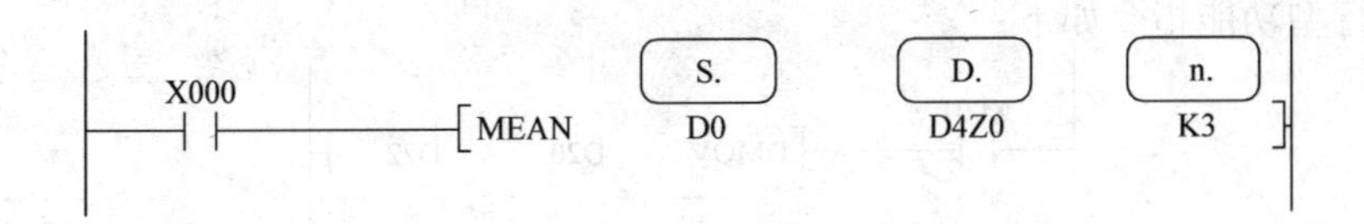

图 5-1 功能指令的表现形式

这是一条求平均值的功能指令，D0 为源操作数的首地址，K3 为源操作数的个数（3 个），D4Z0 为目标操作数，存放运算的结果。

图 5-1 中，[S.]、[D.]、[n.] 所表示的意义如下。

[S] 叫做源操作数，其内容不随指令执行而变化，若具有变址功能，则用加“.”符号的 [S.] 表示，源操作数为多个时，用 [S1.] [S2.] 等表示。

[D] 叫做目标操作数，其内容随指令执行而改变，若具有变址功能，则用加“.”的符号 [D.] 表示，目标操作数为多个时，用 [D1.] [D2.] 等表示。

[n] 叫做其他操作数，既不做源操作数，又不做目标操作数，常用来表示常数或者作为源操作数或目标操作数的补充说明。可用十进制的 K、十六进制的 H 和数据寄存器 D 来表示。在需要表示多个这类操作数时，可用 [n1]、[n2] 等表示，若具有变址功能，则用加“.”的符号 [n.] 表示。此外，其他操作数还可用 [m] 或 [m.] 来表示。

功能指令的功能号和指令助记符占 1 个程序步，每个操作数占 2 个或 4 个程序步（16 位操作时占 2 个程序步，32 位操作时占 4 个程序步）。

这里要注意的是某些功能指令在整个程序中只能出现 1 次，即使使用跳转指令使其分处于两段不可能同时执行的程序中也不允许，但可利用变址寄存器多次改变其操作数。

任务2 数据长度和指令类型

1. 数据长度

功能指令可处理16位数据和32位数据，如图5-2所示。

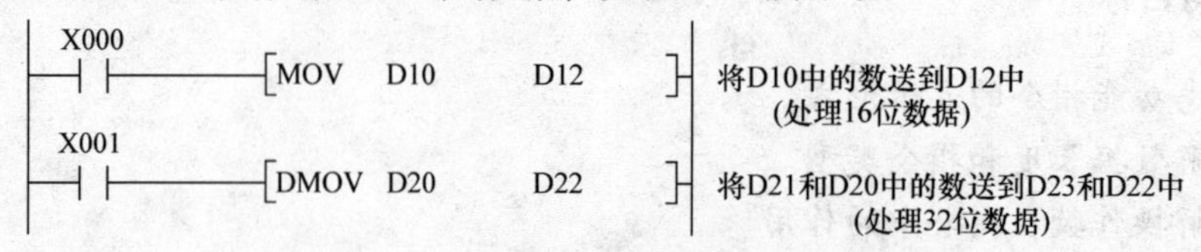

图5-2 16位数据和32位数据的处理

功能指令中用符号（D）表示处理32位数据，如（D）MOV、FNC（D）12指令。处理32位数据时，用元件号相邻的两个元件组成元件对，元件对的首地址用奇数、偶数均可，但建议元件对的首地址统一用偶数编号，以免在编程时弄错。

要说明的是32位计数器C200～C255的当前值寄存器不能用作16位数据的操作数，只能用作32位数据的操作数。

2. 指令类型

功能指令有连续执行型和脉冲执行型两种形式。

连续执行型功能指令如下：

X001 [DMOV D20 D22]

上述程序是连续执行方式的例子，当X1为ON时，上述指令在每个扫描周期都被重复执行一次。

脉冲执行型功能指令如下：

X000 [MOVP D10 D12]

上述程序是脉冲执行方式的例子，该脉冲执行指令仅在X0由OFF变为ON时有效，助记符后附的（P）符号表示脉冲执行。在不需要每个扫描周期都执行时，用脉冲执行方式可缩短程序处理时间。

对于上述两条指令，当X1和X0为OFF状态时，上述两条指令都不执行，目标元件的内容保持不变，除非另行指定或有其他指令使目标元件的内容发生改变。

（P）和（D）可同时使用，如（D）MOV（P）表示32位数据的脉冲执行方式。另外，某些指令，如XCH、INC、DEC、ALT等，用连续执行方式时要特别留心。

任务3 操 作 数

操作数按功能分有源操作数、目标操作数和其他操作数；按组成形式分有位元件、字元件和常数。

1. 位元件和字元件

只处理ON/OFF状态的元件称为位元件，如X、Y、M和S。处理数据的元件称为字元件，如 T、C、D 等。

2. 位元件组合

位元件组合就是由 4 个位元件作为一个基本单元进行组合，表现形式为 KnM□、KnS□、KnY□。其中的 n 表示组数，16 位操作时 n 为 4，32 位操作时 n 为 8；其中的 M□、S□、Y□表示位元件组合的首元件。例如，K2M0 表示由 M7 ~ M0 组成的 8 位数据；K4M10 表示由 M25 到 M10 组成的 16 位数据，M10 是最低位，M25 是最高位。被组合的位元件的首元件号可以是任意的，但习惯上采用以 0 结尾的元件，如 X0、X10、M0、M10 等。

当一个 16 位的数据传送到一个少于 16 位的目标元件（如 K2M0）时，只传送相应的低位数据，较高位的数据不传送（32 位数据传送也一样）。在作 16 位操作时，参与操作的源操作数由 K4 指定，若仅由 K1 ~ K3 指定，则目标操作数中高位多余的部分均作 0 处理，这意味着只能处理正数（符号位为 0，在作 32 位操作时也一样）。

因此，字元件 D、T、C 向位元件组合的字元件传送数据时，若位元件组合成的字元件小于 16 位（32 位指令的小于 32 位），则只传送相应的低位数据，其他高位数据被忽略。位元件组合成的字元件向字元件 D、T、C 传送数据时，若位元件组合不足 16 位（32 位指令的不足 32 位）时，则高位多余的部分补 0，因此，源数据为负数时，数据传送后负数将变为正数。对于图 5-3a 所示程序，其数据传送的过程如图 5-3b 所示。

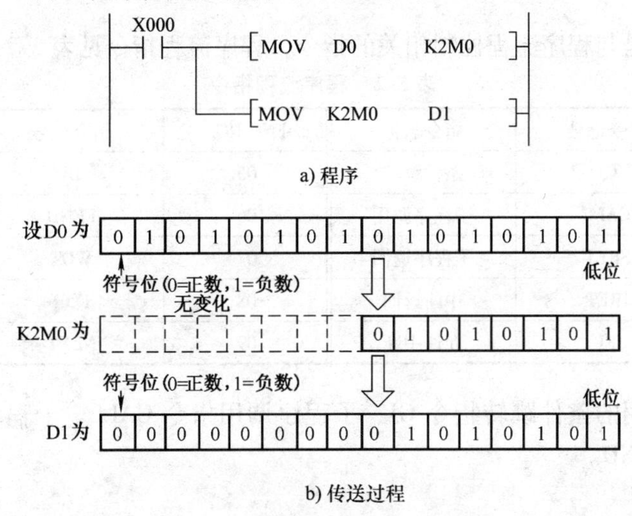

图 5-3　数据传送的过程

3. 变址寄存器

变址寄存器在传送、比较指令中用来修改操作对象的元件号，其操作方式与普通数据寄存器一样。对于 32 位指令，V、Z 自动组对使用，V 作高 16 位，Z 为低 16 位，其用法如下。

```
 X001
─┤├──────────[MOV   K10    V0   ]
 X002
─┤├──────────[MOV   K20    Z0   ]
 X003
─┤├──[ADD   D5V0   D15Z0   D40Z0 ]
```

在上述程序中 K10 传送到 V0，K20 传送到 Z0，所以 V0、Z0 的内容分别为 10、20，当执行（D5V0）+（D15Z0）→（D40Z0）时，即执行（D15）+（D35）→（D60），若改变 Z0、V0 的值，则可完成不同数据寄存器的求和运算，这样，可以看出使用变址寄存器可以使编程简化。

课题 2　掌握常用功能指令

学习目标

1. 掌握常用功能指令的用法。
2. 会使用功能指令设计比较复杂的控制程序。
3. 会调试比较复杂的控制程序。

任务 1　程序流程指令

程序流程指令是与程序流程控制相关的指令，程序流程指令见表 5-2。

表 5-2　程序流程指令

FNC NO.	指令记号	指令名称	FNC NO.	指令记号	指令名称
00	CJ	条件跳转	05	DI	禁止中断
01	CALL	子程序调用	06	FEND	主程序结束
02	SRET	子程序返回	07	WDT	警戒时钟
03	IRET	中断返回	08	FOR	循环范围开始
04	EI	允许中断	09	NEXT	循环范围结束

这里仅介绍常用的条件跳转指令 CJ、子程序调用指令 CALL、子程序返回指令 SRET、主程序结束指令 FEND。

1. 跳转指令 CJ

FNC00 CJ（P）(16)	适合软元件		占用步数
	字元件	无	3 步
	位元件	无	

跳转指令 CJ 和 CJP 的跳转指针编号为 P0 ~ P127。它用于跳过顺序程序中的某一部分，这样可以减少扫描时间，并使双线圈或多线圈成为可能。跳转发生时，要注意如下情况：

1）如果 Y、M、S 被 OUT、SET、RST 指令驱动，则跳转期间即使 Y、M、S 的驱动条件改变，它们仍保持跳转发生前的状态，因为跳转期间根本不执行这些程序。

2）如果通用定时器或计数器被驱动后发生跳转，则暂停计时和计数，并保留当前值，跳转指令不执行时定时或计数继续工作。

3）对于 T192 ~ T199（专用于子程序）、积算定时器 T246 ~ T255 和高速计数器 C235 ~

C255，如被驱动后再发生跳转，则即使该段程序被跳过，计时和计数仍然继续，其延时触点也能动作。

2. 子程序调用指令 CALL 和子程序返回指令 SRET

<table>
<tr><td rowspan="3">FNC01 CALL（P）（16）
FNC02 SRET</td><td colspan="2">适合软元件</td><td>占用步数</td></tr>
<tr><td>字元件</td><td>无</td><td rowspan="2">CALL：3 步
SRET：1 步</td></tr>
<tr><td>位元件</td><td>无</td></tr>
</table>

CALL 指令为 16 位指令，占 3 个程序步，可连续执行和脉冲执行。SRET 是不需要触点驱动的单独指令。

3. 主程序结束指令 FEND

<table>
<tr><td rowspan="3">FNC06 FEND</td><td colspan="2">适合软元件</td><td>占用步数</td></tr>
<tr><td>字元件</td><td>无</td><td rowspan="2">1 步</td></tr>
<tr><td>位元件</td><td>无</td></tr>
</table>

FEND 指令为单独指令，是不需要触点驱动的指令。

FEND 指令表示主程序结束，执行此指令时与 END 的作用相同，即执行输入处理、输出处理、警戒时钟刷新、向第 0 步程序返回，FEND 指令执行的过程如图 5-4 所示。

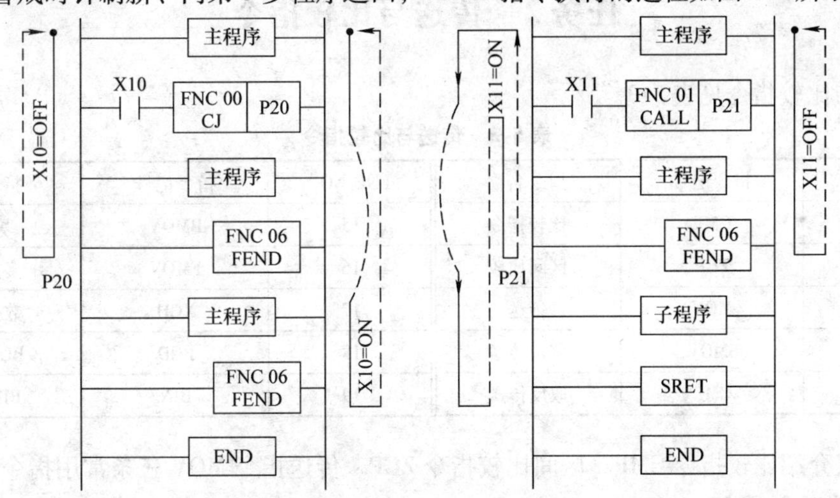

图 5-4　FEND 指令执行的过程

如图 5-5 所示，如果 X0 变为 ON 后，则执行调用指令，程序转到 P10 处，在执行到 SRET 指令后返回到调用指令的下一条指令。

如图 5-6 所示，如果 X1 由 OFF 变为 ON，CALL P11 则只执行 1 次，在执行 P11 的子程序时，如果 CALL P12 指令有效，则执行 P12 子程序，由 SRET 指令返回 P11 子程序，再由 SRET 指令返回主程序。

调用子程序和中断子程序必须在 FEND 指令之后，且必须有 SRET（子程序返回）或 IRET（中断返回）指令。FEND 指令可以重复使用，但必须注意，在最后一个 FEND 指令和 END 指令之间必须写入子程序（供 CALL 指令调用）或中断子程序。

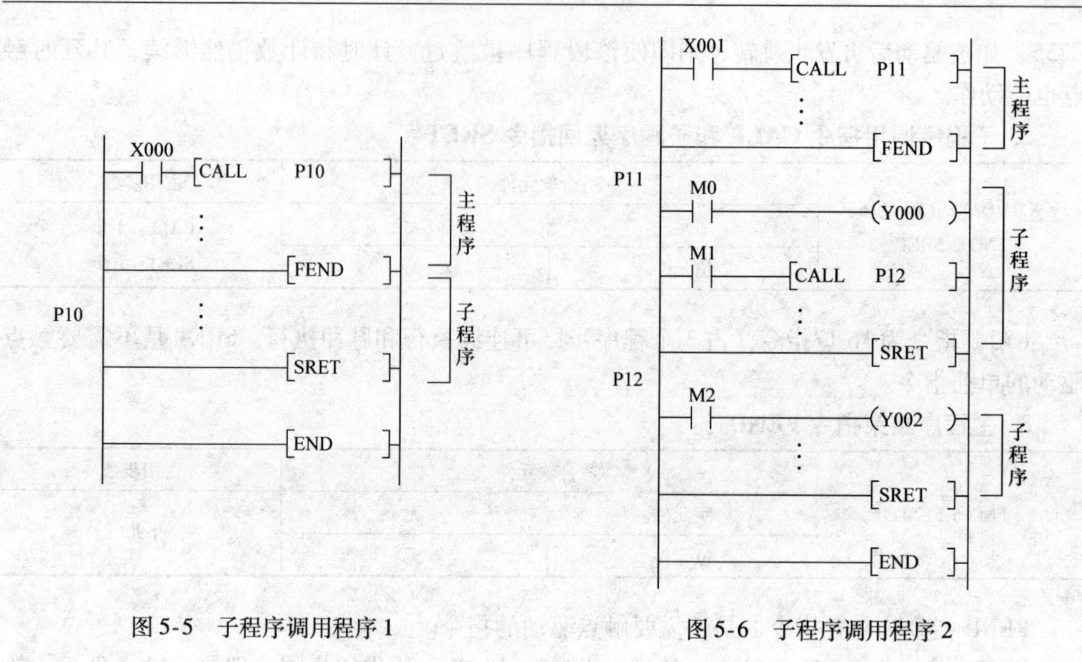

图 5-5 子程序调用程序 1　　图 5-6 子程序调用程序 2

任务 2 传送与比较指令

传送与比较指令见表 5-3。

表 5-3 传送与比较指令

FNC NO.	指令记号	指令名称	FNC NO.	指令记号	指令名称
10	CMP	比较指令	15	BMOV	块传送
11	ZCP	区间比较	16	FMOV	多点传送
12	MOV	传送	17	XCH	数据交换
13	SMOV	移位传送	18	BCD	BCD 转换
14	CML	取反传送	19	BIN	BIN 转换

这里仅介绍比较指令 CMP、区间比较指令 ZCP、传送指令 MOV 三条常用指令。

1. 比较指令 CMP

	适合软元件		占用步数
FNC10 CMP (P) (16/32)	字元件	K、H KnX KnY KnM KnS T C D V、Z S1. S2.	16 位：7 步 32 位：13 步
	位元件	X Y M S D.	

CMP 指令是将两个操作数大小进行比较，然后将比较结果通过指定的位元件（占用连续的 3 个点）进行输出的指令，指令的使用说明如图 5-7 所示。

若将 CMP 指令的目标［D.］指定为 M0，则 M0、M1、M2 将被占用。若 X0 为 ON，则比较结果通过目标元件 M0、M1、M2 输出；若 X0 为 OFF，则指令不执行，M0、M1、M2 的状态保持不变，要清除比较结果的话，可以使用复位指令或区间复位指令。

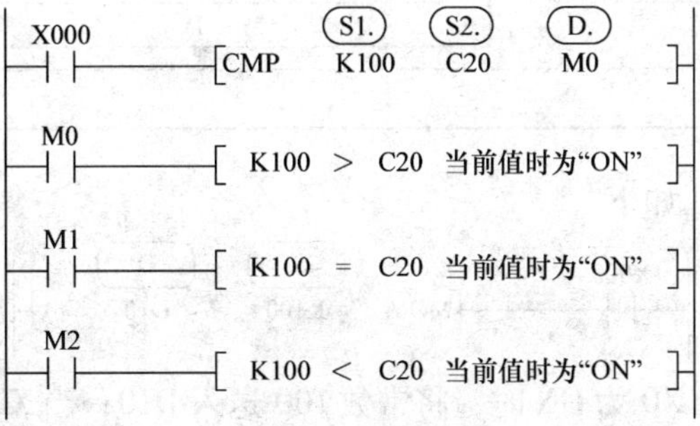

X000
CMP
S1.
K100
S2.
C20
D.
M0
M0
K100 ＞ C20 当前值时为“ON”
M1
K100 ＝ C20 当前值时为“ON”
M2
K100 ＜ C20 当前值时为“ON”

图 5-7　CMP 指令

2. 区间比较指令 ZCP

		适合软元件	占用步数
FNC11 ZCP （P）（16/32）	字元件	K、H　KnX　KnY　KnM　KnS　T　C　D　V、Z S1.　S2.　S.	16 位：9 步 32 位：17 步
	位元件	X　Y　M　S D.	

ZCP 指令是将一个数据与两个源数据进行比较的指令。源数据［S1.］的值不能大于［S2.］的值，若［S1.］大于［S2.］的值，则执行 ZCP 指令时，将［S2.］看作等于［S1.］。指令的使用说明如图 5-8 所示。

X000
ZCP
S1.
K100
S2.
K120
S.
C30
D.
M3
M3
C30当前值小于K100时为“ON”
M4
K100≤C30≤K120时为“ON”
M5
C30的当前值大于K120时为“ON”

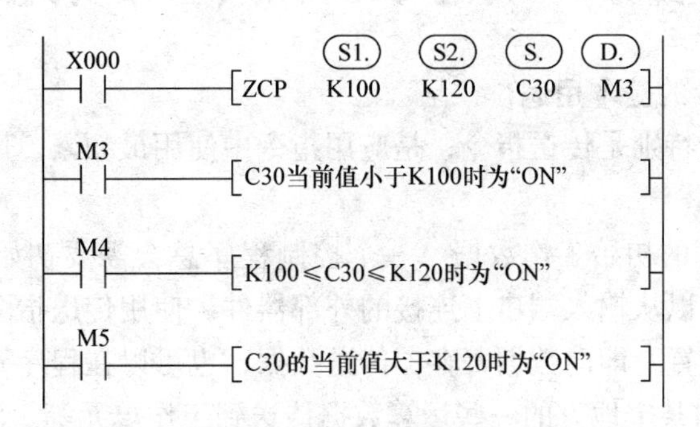

图 5-8　ZCP 指令

图 5-8 中，当 C30 < K100 时，M3 为 ON；当 K100 ≤ C30 ≤ K120 时，M4 为 ON；当 C30 > K120 时，M5 为 ON。当 X0 = OFF 时，不执行 ZCP 指令，但 M3、M4、M5 的状态保持不变。

3. 传送指令 MOV

		适合软元件									占用步数
FNC12 MOV (P)（16/32）	字元件	S.									16位：5步 32位：9步
		K、H	KnX	KnY	KnM	KnS	T	C	D	V、Z	
				D.							
	位元件										

MOV 指令的使用说明如下：

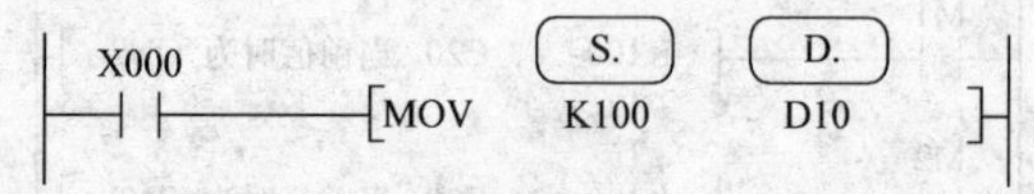

上述程序的功能是当 X0 为 ON 时，将常数 100 送入 D10；当 X0 变为 OFF 时，该指令不执行，但 D10 内的数据不变。

常数可以传送到数据寄存器，寄存器与寄存器之间也可以传送，此外定时器或计数器的当前值也可以被传送到寄存器，举例如下：

X001 ——[MOV T0 D20]

上述程序的功能是当 X1 变为 ON 时，T0 的当前值被传送到 D20 中。

MOV 指令除了进行 16 位数据传送外，还可以进行 32 位数据传送，但必须在 MOV 指令前加 D，举例如下。

X000 ——[DMOV D0 D10] (D1、D0) 送入 (D11、D10)

X001 ——[DMOV C235 D20] (C235的当前值) 送入 (D21、D20)

任务3 传送与比较指令应用实例

1. 传送与比较指令的基本用途

传送与比较指令，特别是传送指令，是应用指令中使用最频繁、用途最广的指令，下面讨论其基本用途。

（1）用于获得程序的初始工作数据　一个控制程序总会需要初始数据，初始数据获得的方法很多，例如，可以从输入端口上连接的外部器件，使用传送指令读取这些器件上的数据；也可以采取程序设置，即向数据寄存器传送数据；也可以在程序开始运行时，通过初始化程序将存储在 PLC 内某个地方的一些运算数据传送到工作单元等。

（2）PLC 内数据的存取管理　在数据运算过程中，PLC 内的数据传送是不可缺少的。运算可能要涉及不同的工作单元，数据需在它们之间传送；运算可能产生一些中间数据，这需要传送到适当的地方暂时存放；有时 PLC 内的数据需要备份保存，这要找地方把这些数据存储妥当。此外，二进制码和 BCD 码的转换在数据存取管理中也是很重要的。

（3）运算处理结果向输出端口传送　运算处理结果有时需要通过输出来实现对执行器

件的控制，或者输出数据用于显示，或者作为其他设备的工作数据。

（4）比较指令用于建立控制点　控制现场常常需要将某个物理量的值或变化区间作为控制点的情况。如温度低于多少度就打开电热器，速度高于或低于一个区间就报警等。

2. 传送与比较指令的应用举例

（1）频率可变的闪光信号灯程序　要求改变输入口的置数开关即可以改变闪光频率（即信号灯亮 *t*s，熄 *t*s）。置数开关分别接于 X000 ~ X003，X010 为起停开关，信号灯接于 Y000，其梯形图如图 5-9 所示。

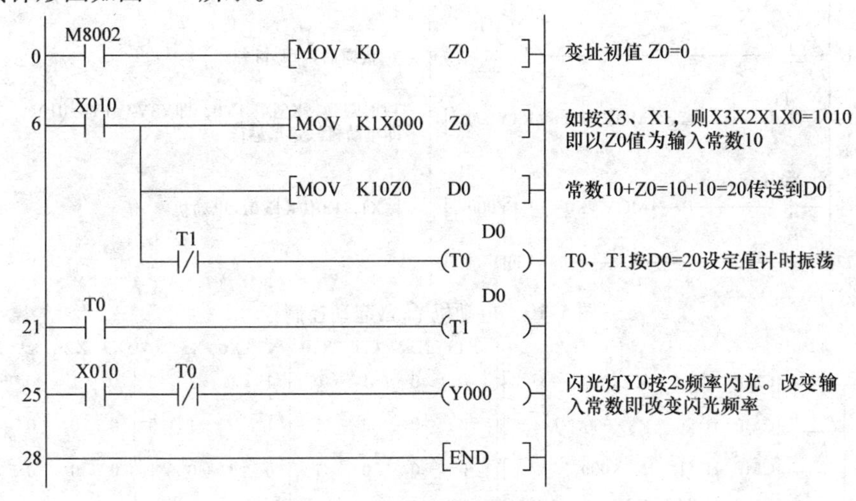

图 5-9　频率可变的闪光信号灯

图中第一行为变址寄存器清零，上电时完成；第二行从输入端口读入置数开关数据，变址综合后的数据（K10 + Z0）送到寄存器 D0 中，作为定时器 T0 的设定值，并和第三行配合产生 D0 时间间隔的脉冲。

（2）电动机Y/△起动控制程序　起动按钮 X000，停止按钮 X001；电路主（电源）接触器 KM1 接于输出口 Y000，Y形接触器 KM2 接于输出口 Y001，△形接触器 KM3 接于输出口 Y002。

依电动机Y/△起动控制要求，通电时，Y000、Y001 应为 ON（传送常数为 1 + 2 = 3），电动机Y形起动；当转速上升到一定值（通过时间控制）时，断开 Y000、Y001，接通 Y002（传送常数为 4），然后接通 Y000、Y002（传送常数为 1 + 4 = 5），电动机△形运行；停止时，应传送常数 0。另外，起动过程中的每个状态间应有时间间隔。

本例使用向输出端口送数的方式实现控制，梯形图如图 5-10 所示。上述传送指令的应用，比起用基本指令进行程序设计有了较大简化。

（3）密码锁程序　密码锁有 12 个按钮，分别接入 X000 ~ X013。其中 X000 ~ X003 代表第一个十六进制数，X004 ~ X007 代表第二个十六进制数，X010 ~ X013 代表第三个十六进制数。根据设计要求，密码由四组十六进制的数字组成，每组有 3 个十六进制数字，每个数字由四个按键决定，开锁时必须按四组密码。若输入密码与设定值都相符合，1s 后，即可开启锁，20s 后，重新锁定。

密码锁的密码可由程序设定，假如密码设定的四组数为 H2A4、H1E0、H151、H18A，则从 K3X000 送入的数据应分别和它们相等，用比较指令进行判断。如：H2A4 表示十六进制数 2A4，其中“4”应按 X002 键，“A”应按 X005 与 X007 键，“2”应按 X011 键，其他数值含义相同，其梯形图如图 5-11 所示。以上所用十二键排列组合设计的密码锁，具有较高的安全性和实用性。

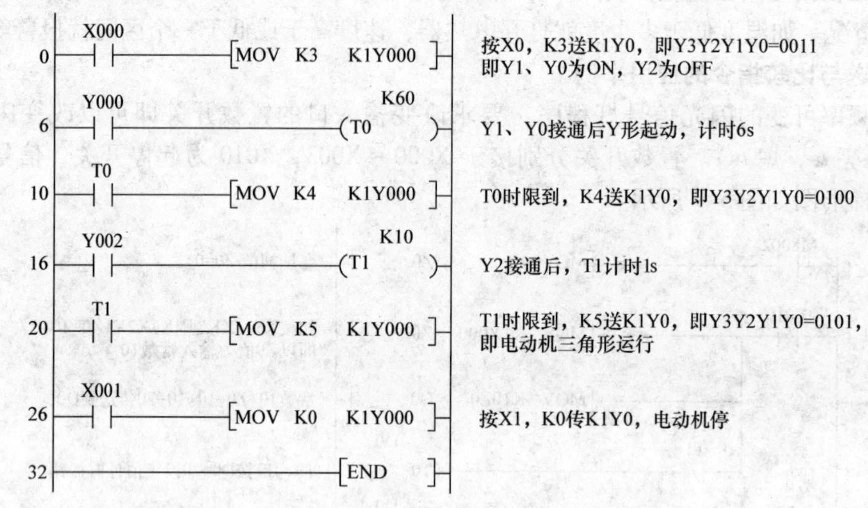

图 5-10　电动机Y/△起动控制

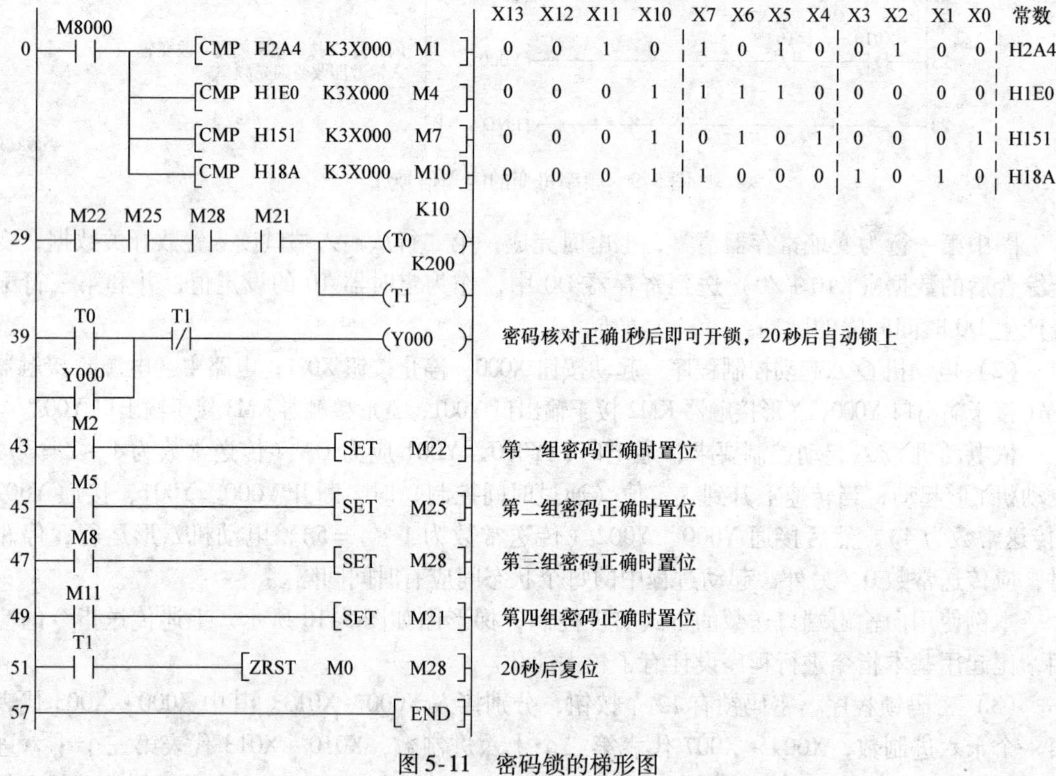

图 5-11　密码锁的梯形图

任务 4　数码管循环点亮的 PLC 控制实训（2）

1. 实训任务

设计一个用 PLC 功能指令来实现数码管循环显示数字 0、1、2、…、9 的控制系统，并在实训室完成模拟调试。

（1）控制要求

1）程序开始后显示0，延时Ts，显示1，延时Ts，显示2，……显示9，延时Ts，再显示0，如此循环不止。

2）当显示的数字小于4时，红灯亮；当显示的数字大于等于4、小于等于8时，黄灯亮；当显示的数字大于8时，绿灯亮。

3）按停止按钮时，程序无条件停止运行。PLC需要连接数码管（数码管选用共阴极）。

（2）实训目的

1）掌握MOV、ZCP指令的使用。

2）掌握功能指令编程的基本思路和方法。

2. 实训步骤

（1）I/O分配

X0——停止按钮SB；X1——起动按钮SB1；Y1～Y7——数码管的a～g；Y10——红灯；Y11——黄灯；Y12——绿灯。

（2）梯形图设计

根据控制要求，可采用定时器连续输出并累积计时的方法，这样可使数码管的显示由时间来控制；数码管的显示通过输出点控制，显示的数字与各输出点及8421码的对应关系如图5-12所示，这样可使编程的思路变得简单；根据上述对应关系，其梯形图如图5-13所示。

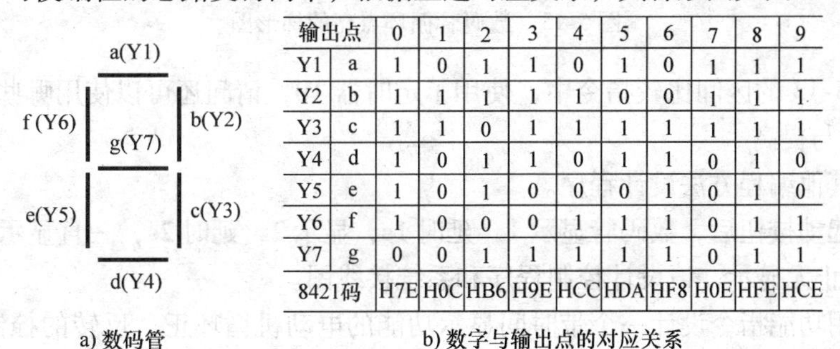

输出点		0	1	2	3	4	5	6	7	8	9
Y1	a	1	0	1	1	0	1	0	1	1	1
Y2	b	1	1	1	1	1	0	0	1	1	1
Y3	c	1	1	0	1	1	1	1	1	1	1
Y4	d	1	0	1	1	0	1	1	0	1	0
Y5	e	1	0	1	0	0	0	1	0	1	0
Y6	f	1	0	0	0	1	1	1	0	1	1
Y7	g	0	0	1	1	1	1	1	0	1	1
8421码		H7E	H0C	HB6	H9E	HCC	HDA	HF8	H0E	HFE	HCE

a) 数码管　　b) 数字与输出点的对应关系

图5-12　数字与输出点的对应关系

（3）系统接线图

根据系统控制要求及I/O分配，其系统接线图参照模块3→课题4→任务5。

（4）实训器材

根据控制要求、I/O分配及系统接线图，完成本实训需要配备的器材在模块3→课题4→任务5的基础上增加黄、绿、红3个发光二极管。

（5）系统调试

参照模块3→课题4→任务5进行系统调试。

3. 实训报告

（1）分析与总结

1）理解图5-13所示程序，当按下停止按钮时，每个同学的显示值不一样，为什么？请完善控制程序。

2）与前面模块3→课题4→任务5的数码管循环点亮实训比较，说明其优劣。

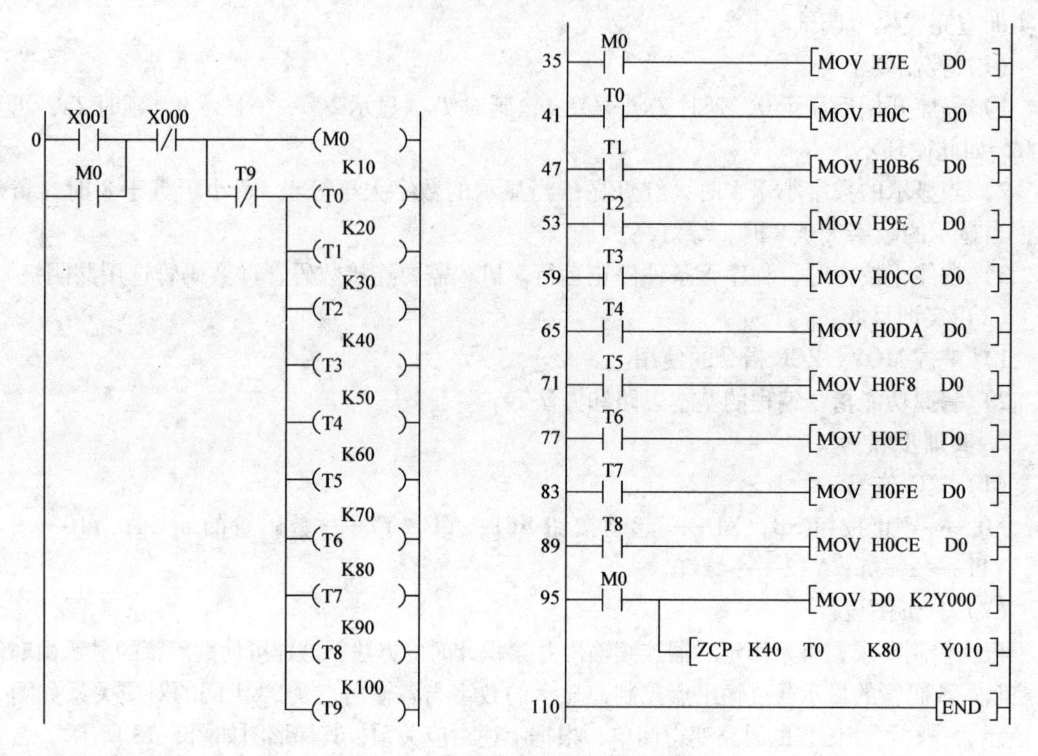

图5-13 数码管循环点亮的梯形图

3）在图5-13的区间比较指令中，使用了定时器T0，请问还可以使用哪些元件？

（2）巩固与提高

1）试用其他编程方法设计程序。

2）按下起动按钮后，数码管显示1，延时1s，显示2，延时2s，一直显示3，按停止按钮后，程序停止无显示，请设计控制程序和系统接线图。

3）请使用功能指令设计一个带时间显示功能的电动机循环正、反转的控制程序，要求为：用一个数码管显示电动机的正转、反转、暂停的时间，其他请参照模块3→课题3→任务7与模块3→课题4→任务5。

任务5 算术与逻辑运算指令

算术与逻辑运算指令包括算术运算和逻辑运算，共有10条指令，见表5-4。

表5-4 算术与逻辑运算指令

FNC NO.	指令记号	指令名称	FNC NO.	指令记号	指令名称
20	ADD	BIN加法	25	DEC	BIN减1
21	SUB	BIN减法	26	WAND	逻辑字与
22	MUL	BIN乘法	27	WOR	逻辑字或
23	DIV	BIN除法	28	WXOR	逻辑字异或
24	INC	BIN加1	29	NEG	求补码

这里介绍 BIN 加法运算指令 ADD、BIN 减法运算指令 SUB、BIN 乘法运算指令 MUL、BIN 除法运算指令 DIV、BIN 加 1 运算指令 INC、BIN 减 1 运算指令 DEC、逻辑字与 WAND、逻辑字或 WOR、逻辑字异或 WXOR 9 条指令。

1. BIN 加法运算指令 ADD

		适合软元件									占用步数
FNC20 ADD（P）（16/32）	字元件	S1.　S2.									16 位：7 步 32 位：13 步
		K、H	KnX	KnY	KnM	KnS	T	C	D	V、Z	
				D.							
	位元件										

ADD 指令的使用说明如下：

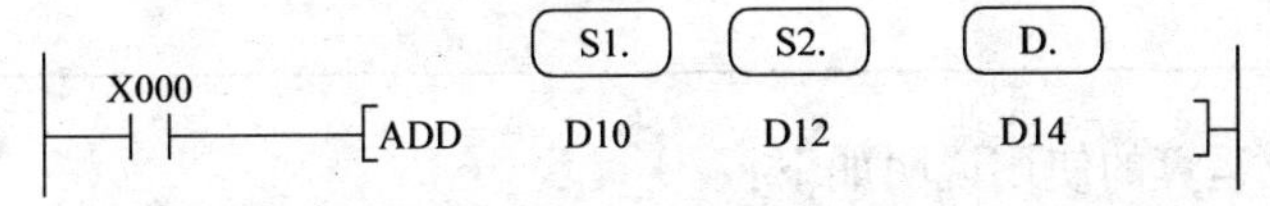

当 X0 为 ON 时，将 D10 与 D12 的二进制数相加，其结果送到指定目标 D14 中。数据的最高位为符号位（0 为正，1 为负），符号位也以代数形式进行加法运算。

当运算结果为 0 时，0 标志（M8020）动作；当运算结果超过 32767（16 位运算）或 2147483647（32 位运算）时，进位标志 M8022 动作；当运算结果小于 -32768（16 位运算）或 -2147483648（32 位运算）时，借位标志 M8021 动作。

进行 32 位运算时，字元件的低 16 位被指定，紧接着该元件编号后的软元件将作为高 16 位，在指定软元件时，注意软元件不要重复使用。

源和目标元件可以指定为同一元件，在这种情况下必须注意，如果使用连续执行的指令（ADD、DADD），则每个扫描周期运算结果都会变化。因此，可以根据需要使用脉冲执行的形式加以解决，举例如下：

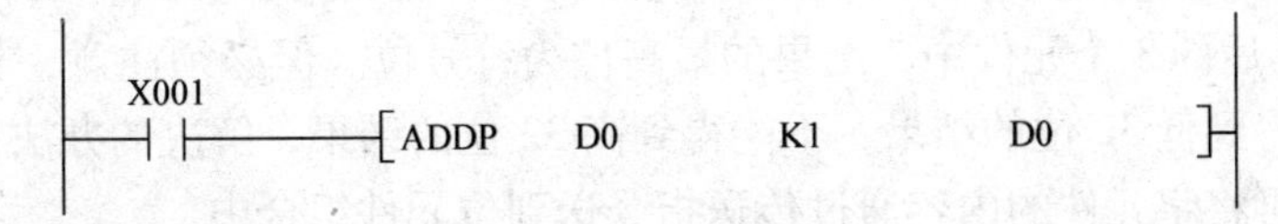

2. BIN 减法运算指令 SUB

		适合软元件									占用步数
FNC21 SUB（P）（16/32）	字元件	S1.　S2.									16 位：7 步 32 位：13 步
		K、H	KnX	KnY	KnM	KnS	T	C	D	V、Z	
				D.							
	位元件										

SUB 指令的使用说明如下：

```
        X001                  S1.      S2.      D.
 ──┤├──────────[SUB          D10      D12      D14   ]
```

当 X0 为 ON 时，将 D10 与 D12 的二进制数相减，其结果送到指定目标 D14 中。

标志位的动作情况、32 位运算时的软元件的指定方法、连续与脉冲执行的区别等都与 ADD 指令的解释相同。

3. BIN 乘法运算指令 MUL

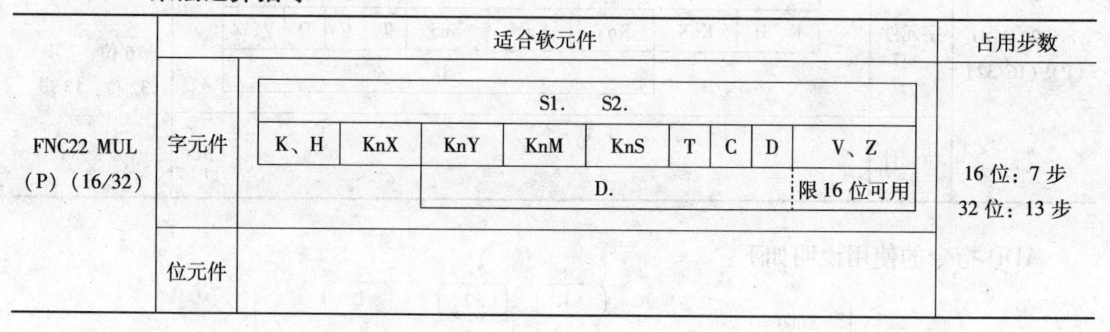

		适合软元件									占用步数
FNC22 MUL （P）（16/32）	字元件	S1.　S2.									16 位：7 步 32 位：13 步
		K、H	KnX	KnY	KnM	KnS	T	C	D	V、Z	
				D.						限 16 位可用	
	位元件										

MUL 指令 16 位运算的使用说明如下：

```
        X000              S1.     S2.      D.        BIN      BIN      BIN
 ──┤├──────────[MUL       D0      D2       D4   ]    (D0) × (D2) → (D5, D4)
                                                     16位     16位     32位
```

参与运算的两个源指定内容的乘积，以 32 位数据的形式存入指定的目标，其中低 16 位存放在指定的目标元件中，高 16 位存放在指定目标的下一个元件中，结果的最高位为符号位。

32 位运算的使用说明如下：

```
        X001              S1.      S2.      D.       BIN          BIN              BIN
 ──┤├──────────[DMUL      D0       D2       D4  ]    (D1, D0) × (D3, D2) → (D7, D6, D5, D4)
                                                     32位         32位            64位
```

上述程序为两个源指定软元件内容的乘积，以 64 位数据的形式存入目标指定的元件（低位）和紧接其后的 3 个元件中，结果的最高位为符号位。但必须注意，目标元件为位元件组合时，只能得到低 32 位的结果，不能得到高 32 位的结果，解决的办法是先把运算目标指定为字元件，再将字元件的内容通过传送指令送到位元件组合中。

4. BIN 除法运算指令 DIV

		适合软元件									占用步数
FNC23 DIV （P）（16/32）	字元件	S1.　S2.									16 位：7 步 32 位：13 步
		K、H	KnX	KnY	KnM	KnS	T	C	D	V、Z	
				D.						限 16 位可用	
	位元件										

16 位运算的使用说明如下：

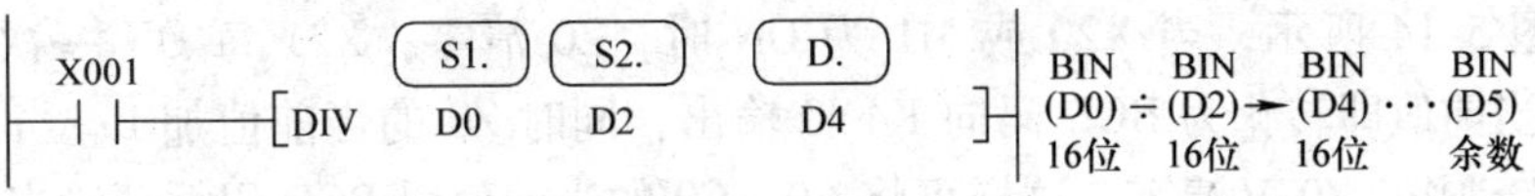

X001 [DIV S1. D0 S2. D2 D. D4]

BIN (D0) ÷ BIN (D2) → BIN (D4) ··· BIN (D5)
16位 16位 16位 余数

[S1.] 指定元件的内容为被除数，[S2.] 指定元件的内容为除数，[D.] 指定元件为运算结果的商，[D.] 的后一元件存入余数。

32 位运算的使用说明如下：

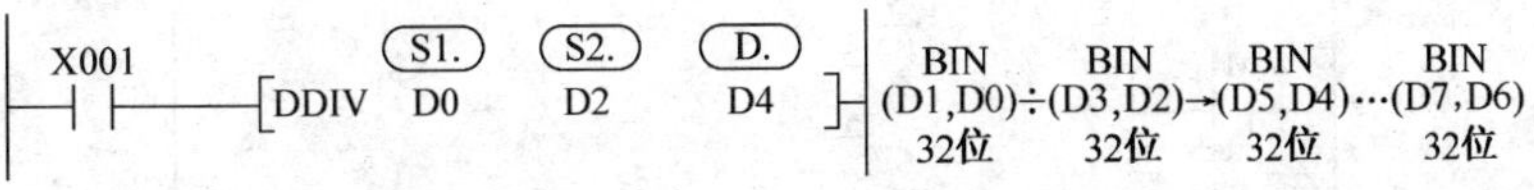

X001 [DDIV S1. D0 S2. D2 D. D4]

BIN (D1,D0) ÷ BIN (D3,D2) → BIN (D5,D4) ··· BIN (D7,D6)
32位 32位 32位 32位

被除数是 [S1.] 指定元件和其相邻的下一元件组成的元件对的内容，除数是 [S2.] 指定的元件和其相邻的下一元件组成的元件对的内容，其商存入 [D.] 指定元件开始的连续两个元件中，运算结果最高位为符号位，余数存入 [D.] 指定元件开始的连续第 3、4 个元件中。

DIV 指令的 [S2.] 不能为 0，否则运算会出错。目标 [D.] 指定为位元件组合时，对于 32 位运算，将无法得到余数。

5. BIN 加 1 运算指令 INC 和 BIN 减 1 运算指令 DEC

	适合软元件											占用步数
FNC24 INC FNC25 DEC (P) (16/32)	字元件	K、H	KnX	KnY	KnM	KnS	T	C	D	V、Z		16 位：3 步 32 位：5 步
				D.								
	位元件											

INC 指令使用说明如下：

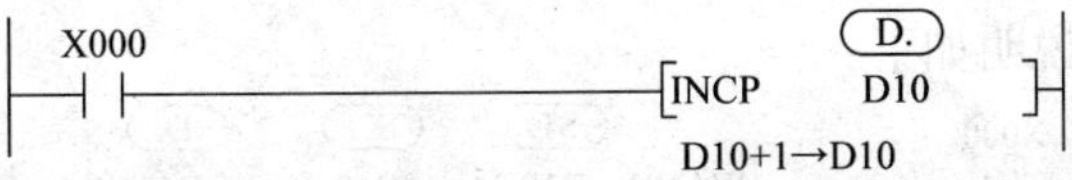

X000 [INCP D. D10]

D10+1→D10

X0 每 ON 一次，[D.] 所指定元件的内容就加 1，如果是连续执行的指令，则每个扫描周期都将执行加 1 运算，所以使用时应当注意。

16 位运算时，如果目标元件的内容为 +32767，则执行加 1 指令后将变为 -32768，但标志位不动作；32 位运算时，+2147483647 执行加 1 指令则变为 -2147483648，标志位也不动作。

DEC 指令的使用说明如下：

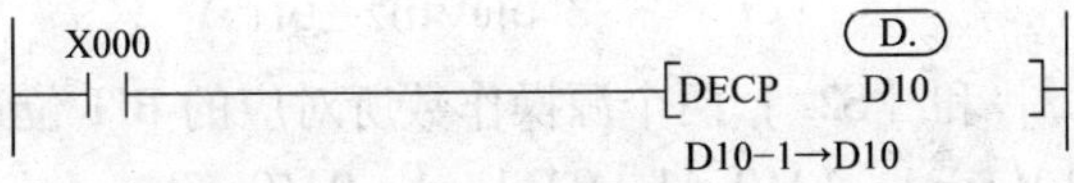

X000 [DECP D. D10]

D10-1→D10

X0 每 ON 一次，[D.] 所指定元件的内容就减 1，如果是连续执行的指令，则每个扫描周期都将执行减 1 运算。

16 位运算时，如果 -32768 执行减 1 指令则变为 +32767，但标志位不动作；32 位运算时，-2147483648 执行减 1 指令则变为 +2147483647，标志位也不动作。

例　如图 5-14 所示，当 X20 或 M1 为 ON 时，Z0 清零；X21 每 ON 一次，C0Z0（即 C0 ~ C9）的当前值即转化为 BCD 码向 K4Y0 输出，同时 Z0 的当前值加 1；当 Z0 的当前值为 10 时，M1 动作，Z0 又清零，这样可将 C0 ~ C9 的当前值以 BCD 码循环输出。

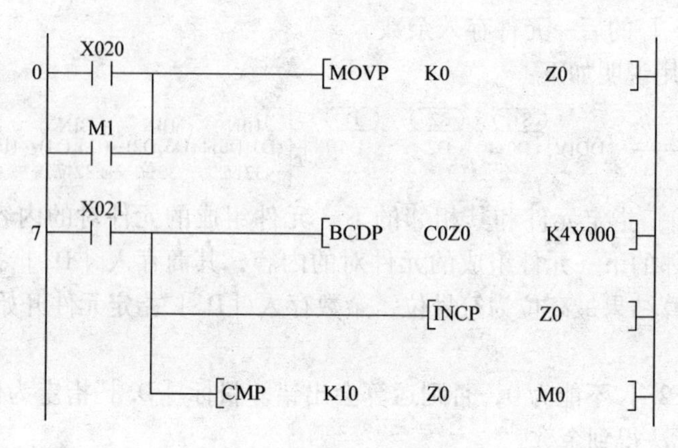

图 5-14　INC 指令应用

6. 逻辑字与指令 WAND、逻辑字或指令 WOR、逻辑字异或指令 WXOR

	适合软元件										占用步数
FNC26 WAND FNC27 WOR FNC28 WXOR (P)(16/32)	字元件	S1.　S2.：K、H	KnX	KnY	KnM	KnS	T	C	D	V、Z	16 位：7 步 32 位：13 步
		D.：		KnY	KnM	KnS	T	C	D	V、Z	
	位元件										

逻辑与指令的使用说明如下：

X000　[WAND　D10 (S1.)　D12 (S2.)　D14 (D.)]

D10∧D12→D14

X0 为 ON 时对［S1.］和［S2.］两个源操作数所对应的 BIT 位进行与运算，其结果送到［D.］。运算法则是 1∧1 = 1，1∧0 = 0，0∧1 = 0，0∧0 = 0。

逻辑或指令的使用说明如下：

X000　[WOR　D10 (S1.)　D12 (S2.)　D14 (D.)]

D10∨D12→D14

X0 为 ON 时对［S1.］和［S2.］两个源操作数所对应的 BIT 位进行或运算，其结果送到［D.］。运算法则是 1∨1 = 1，1∨0 = 1，0∨1 = 1，0∨0 = 0。

逻辑异或指令的使用说明如下：

X000　[WXOR　D10 (S1.)　D12 (S2.)　D14 (D.)]

D10⊕D12→D14

X0 为 ON 时，对［S1.］和［S2.］两个源操作数所对应的 BIT 位进行异或运算，其结果送到［D.］。运算法则是 1 ⊕ 1 =0，1 ⊕ 0 =1，0 ⊕ 1 =1，0 ⊕ 0 =0。

任务6 算术与逻辑运算指令应用实例

1. 四则运算式的应用

实现（40X/156）+4 算式运算的程序。式中“X”代表输入端口 K2X000 送入的二进制数，运算结果送至输出口 K2Y000；X010 为起停开关，其程序梯形图如图 5-15 所示。

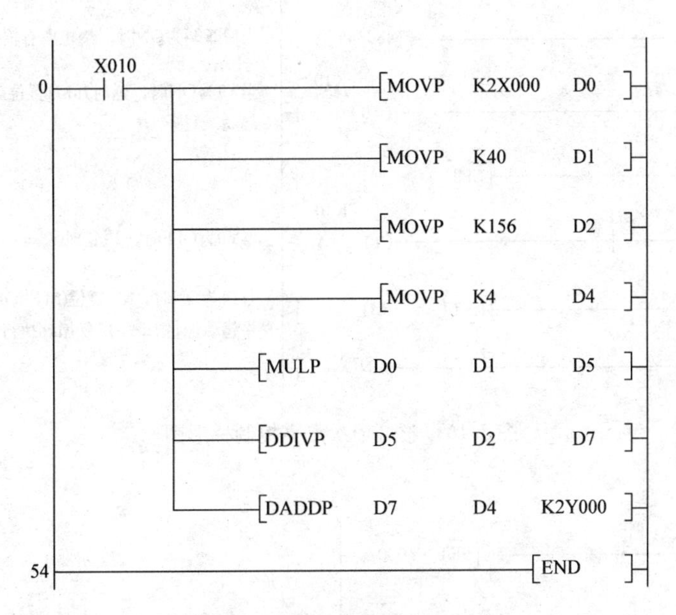

图 5-15 四则运算式实现程序

2. 彩灯依次点亮控制

现有 8 盏彩灯分别接于 Y0 ~ Y7，要求正序点亮至全亮、反序熄灭至全灭并实现循环控制。实现彩灯控制功能可采用加 1 、减 1 指令及变址寄存器 Z0 来完成的，各彩灯状态变化的时间单位为 1s，用特殊辅助继电器 M8013 实现，其梯形图如图 5-16 所示。图中 X001 为彩灯控制开关，当 X001 为 OFF 时，禁止输出特殊继电器 M8034 =1，使 8 个输出 Y000 ~ Y007 为 OFF。辅助继电器 M1 为正、反序控制。考虑若有 16 盏彩灯，则程序该如何设计。

3. 彩灯移位点亮控制

现有一组灯（15 个）接于 Y000 ~ Y016，要求：当 X000 为 ON，彩灯正序每隔 1s 单个移位点亮，并循环（1×2 =2，2×2 =4，4×2 =8，……形成正序移位；……8 ÷2 =4，4 ÷2 =2，2 ÷2 =1 形成反序移位）；当 X001 为 ON 且 Y000 为 OFF 时，彩灯反序每隔 1s 单个移位点亮，直至 Y000 为 ON 时停止移位，梯形图如图 5-17 所示。该程序是利用乘 2 、除 2 来实现目标数据中“1”的移位的。

4. 指示灯的测试电路

某机场装有 12 盏指示灯接于 K4Y000，用于各种场合的指示。一般情况下总是有的指示灯亮，有的指示灯灭。但机场有时需要将灯全部打开，也有时需要将灯全部关闭。现需设计

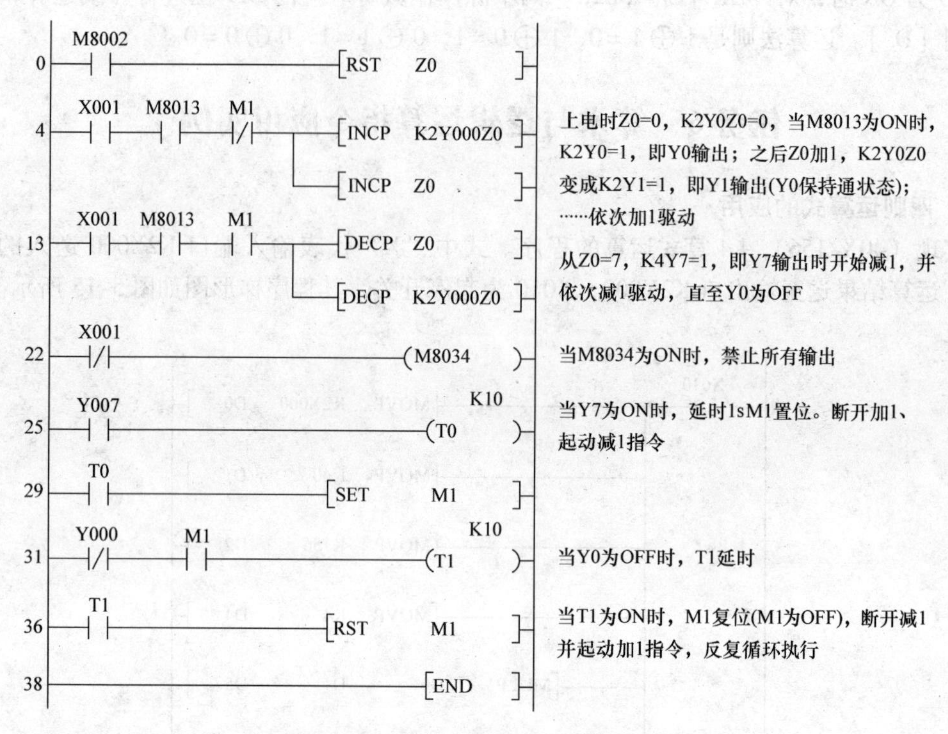

图 5-16　彩灯依次点亮控制梯形图

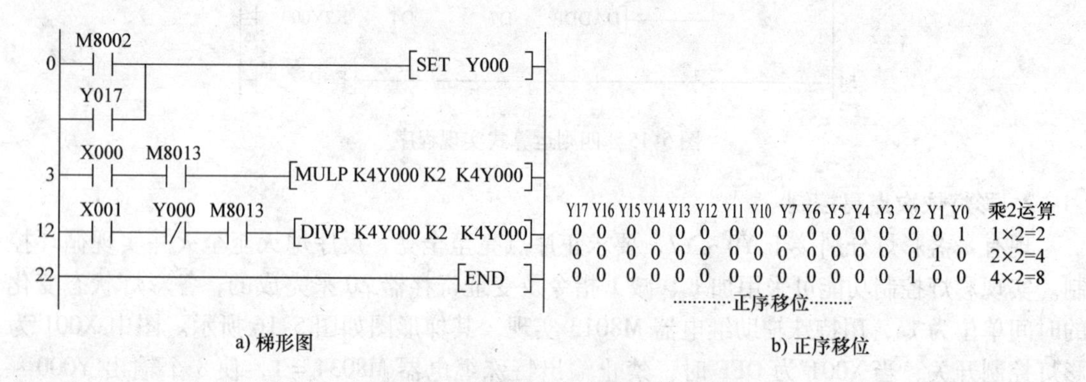

图 5-17　彩灯移位点亮控制梯形图

一种电路，用一只开关打开所有的灯，用另一只开关熄灭所有的灯。12 盏指示灯在 K4Y000 的分布如图 5-18a 所示，一种方法是使用 MOV HFFFF K4Y000（即全部打开），MOV H0000 K4Y000（即全部熄灭）；另一种方法是采用逻辑控制指令来完成，其梯形图如图 5-18b 所示。先为所有的指示灯设置一个状态字，随时将各指示灯的状态存入 K4M0；再设一个开灯字，一个熄灯字。开灯字内置 1 的位和灯在 K4Y000 的排列顺序相同，熄灯字内置 0 的位和 K4Y000 中灯的位置相同，开灯时将开灯字和灯的状态字相“或”，灭灯时将熄灯字和灯的状态字相“与”，即可实现控制功能的要求。

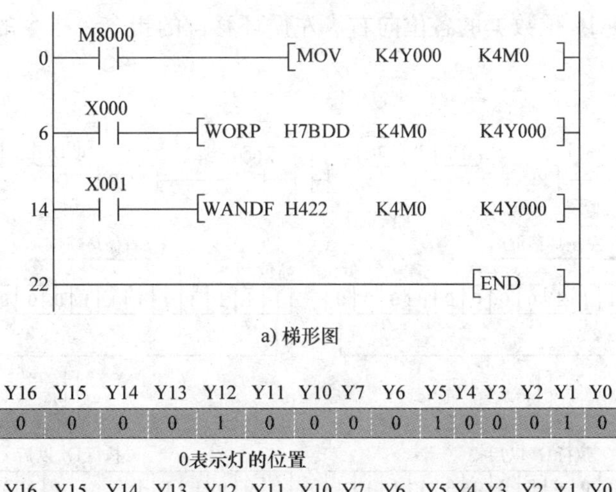

a) 梯形图

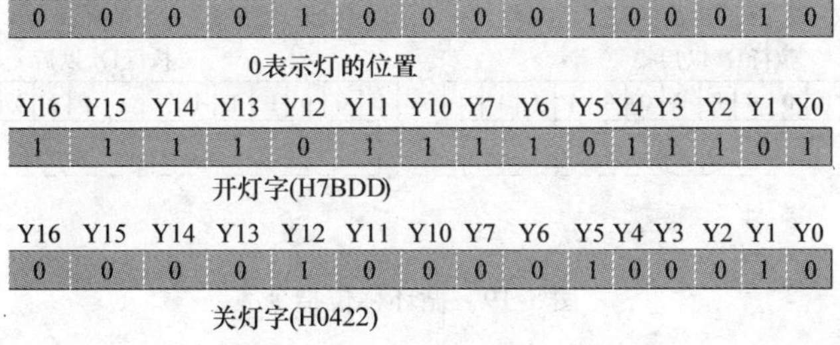

b) 控制字

图 5-18　指示灯测试状态字及程序

任务 7　循环与移位指令

循环与移位指令是使字数据、位组合的字数据向指定方向循环、移位的指令，见表 5-5。

表 5-5　循环与移位指令

FNC NO.	指令记号	指令名称	FNC NO.	指令记号	指令名称
30	ROR	右循环移位	35	SFTL	位左移
31	ROL	左循环移位	36	WSFR	字右移
32	RCR	带进位右循环移位	37	WSFL	字左移
33	RCL	带进位左循环移位	38	SFWR	移位写入
34	SFTR	位右移	39	SFRD	移位读出

这里仅介绍右循环移位指令 ROR、左循环移位指令 ROL、带进位右循环移位指令 RCR、带进位左循环移位指令 RCL 指令。

1. 右循环移位指令 ROR 和左循环移位指令 ROL

<table>
<tr><td rowspan="3">FNC30 ROR
FNC31 ROL
(P)（16/32）</td><td colspan="10">适合软元件</td><td rowspan="3">占用步数
16 位：7 步
32 位：13 步</td></tr>
<tr><td rowspan="2">字元件</td><td>K、H</td><td>KnX</td><td>KnY</td><td>KnM</td><td>KnS</td><td>T</td><td>C</td><td>D</td><td>V、Z</td></tr>
<tr><td>n</td><td colspan="8">D.</td></tr>
<tr><td></td><td>位元件</td><td colspan="9"></td><td></td></tr>
</table>

ROR、ROL是使16位数据的各位向右、左循环移位的指令，指令的执行过程如图5-19所示。

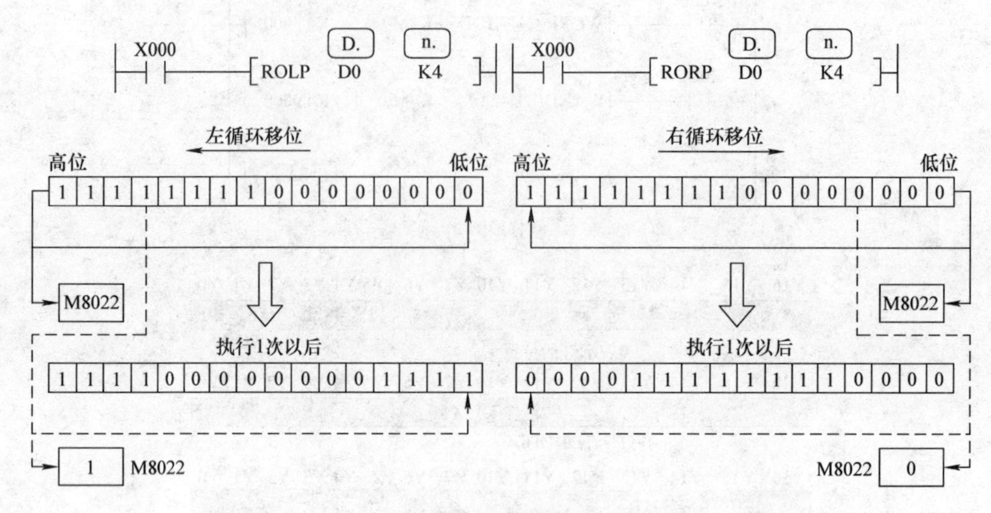

图5-19　循环移位指令

在图5-19中，每当X0由OFF→ON（脉冲）时，D0的各位向左或向右循环移动4位，最后移出位的状态存入进位标志位M8022。执行完该指令后，D0的各位发生相应的移位，但奇/偶校验并不发生变化。32位运算指令的操作与此类似。

对于连续执行的指令，则在每个扫描周期都会进行循环移位动作，所以一定要注意。对于位元件组合的情况，位元件前的K值为4（16位）或8（32位）才有效，如K4M0，K8M0。

2. 带进位的右循环RCR和带进位的左循环RCL

<table>
<tr><td></td><td colspan="10">适合软元件</td><td>占用步数</td></tr>
<tr><td rowspan="3">FNC32 RCR
FNC33 RCL
（P）（16/32）</td><td rowspan="2">字元件</td><td>K、H</td><td>KnX</td><td>KnY</td><td>KnM</td><td>KnS</td><td>T</td><td>C</td><td>D</td><td>V、Z</td><td rowspan="3">16位：7步
32位：13步</td></tr>
<tr><td>n</td><td></td><td colspan="7">D.</td></tr>
<tr><td>位元件</td><td colspan="9"></td></tr>
</table>

RCL和RCR是使16位数据连同进位位一起向左或向右循环移位的指令，指令的执行过程如图5-20所示。

在图5-20中，每当X0由OFF→ON（脉冲）时，D0的各位连同进位位向左或右循环移动4位。执行完该指令后，D0的各位和进位位发生相应的移位，奇/偶校验也会发生变化。32位运算指令的操作与此类似。

对于连续执行的指令，则在每个扫描周期都会进行循环移位动作，所以一定要注意。

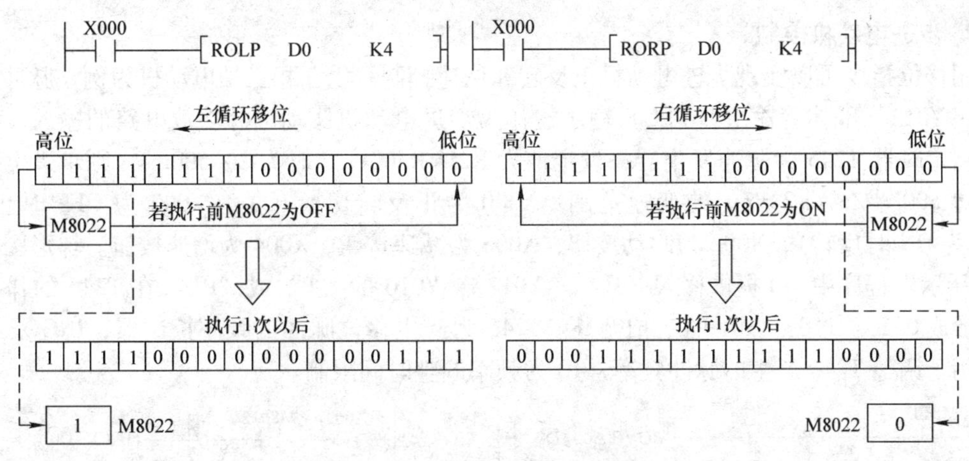

图5-20　带进位位循环移位指令

任务8　循环与移位指令应用实例

1. 流水灯光控制

某灯光招牌有8个灯L1～L8，接于K2Y000，要求当X000为ON时，灯先以正序每隔1s轮流点亮，当Y007亮后，停2s；然后以反序每隔1s轮流点亮，当Y000再亮后，停2s，重复上述过程。当X001为ON时，停止工作，其梯形图如图5-21所示，其程序分析见梯形图右边文字说明。

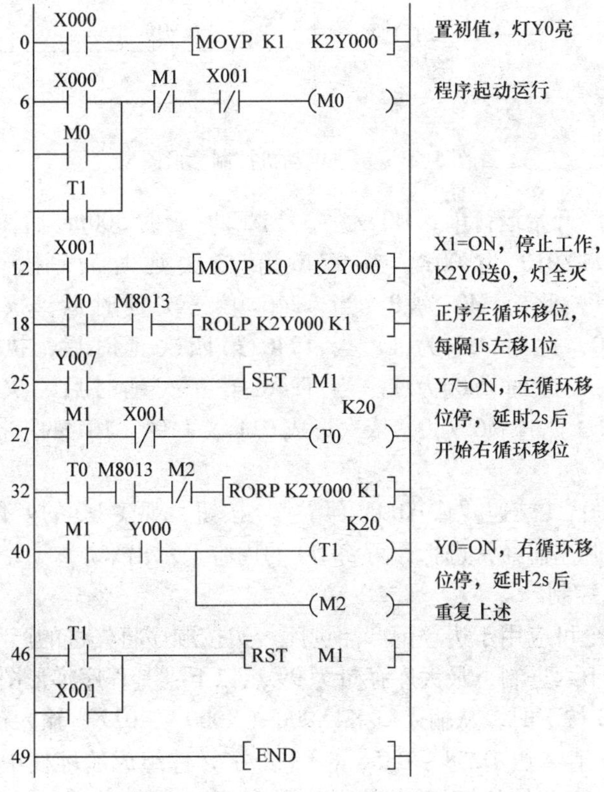

图5-21　流水灯光控制梯形图

2. 步进电动机控制

用移位指令可以实现步进电动机正反转和调速控制。以三相三拍电动机为例，脉冲列由Y010～Y012（晶体管输出型PLC）输出，作为步进电动机驱动电源功放电路的输入。采用积算型定时器T246为脉冲发生器，设定值为K2～K500，定时为2～500ms，则步进电动机可获得500步/s到2步/s的变速范围。X000为正反转切换开关（X000为OFF时正转；X000为ON时反转），X002为起动按钮，X003为减速按钮，X004为增速按钮。梯形图如图5-22所示。程序中M0提供移入Y012、Y011、Y010的“1”或“0”，在T246的作用下最终形成011、110、101的三拍循环。T246为产生移位脉冲的频率控制器，INC及DEC指令用于调整T246产生的脉冲频率，T0为频率调整时间限制。

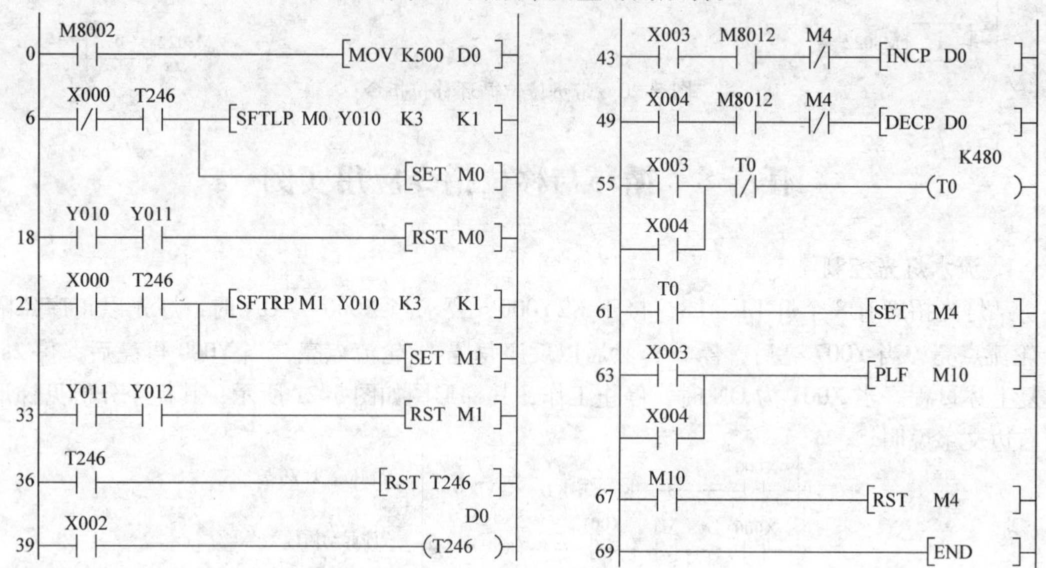

图5-22　步进电动机控制梯形图

以正转为例，程序开始运行前，M0为零，当T246延时500ms后，M0为1，执行第一次左移位，Y012Y011Y010为001。当T246第二次延时后，执行第二次左移位，Y012Y011Y010为011，此时M0为0。当T246第三次延时后，执行第三次左移位，Y012Y011Y010为110，此时M0为1。当T246第四次延时后，执行第四次左移位，Y012Y011Y010为101，此时M0为1。当T246第五次延时后，执行第五次左移位，Y012Y011Y010为011，此时M0为0，依次形成011、110、101的三拍循环。反转时与此类似。

调速时，按下X003（减速）或X004（增速）按钮，观察D0的变化，当变化值为所需速度值时释放。如果调速需经常进行，可将D0的内容显示出来。

3. 产品的进出库控制

先进先出控制指令可应用于边登记产品进库，边按顺序将先进的产品登记出库。产品地址号采用4位以下的十六进制，最大库存量为99点以下，其程序梯形图如图5-23所示。

当入库按钮X020按下时，从输入口K4X000（X000～X017）输入产品地址号到D256，并以D257作为指针，存入由D258～D356的99个字元件组成的堆栈中。当出库按钮X021按下时，从D257指针后开始的99个字元件组成的堆栈中取出先进的一个地址号送至D375，由 D375 向输出口 K4Y000 输出。

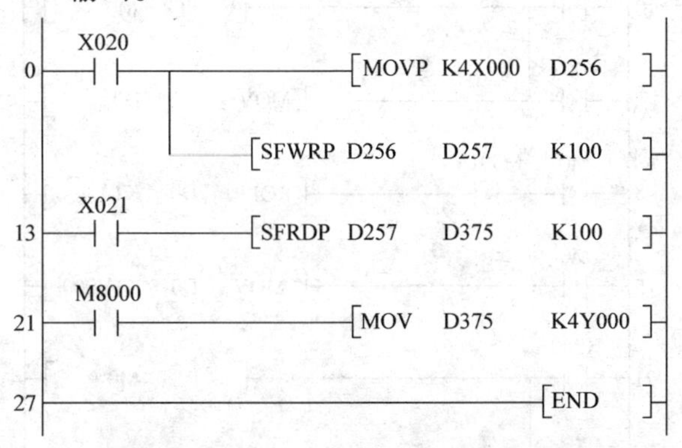

图 5-23　产品进出库的先进先出控制

任务9　发光二极管循环点亮的 PLC 控制实训

1. 实训任务

设计一个黄、绿、红 3 个发光二极管循环点亮的控制系统，并在实训室完成模拟调试。

(1) 控制要求

3 个发光二极管按黄、绿、红的顺序循环点亮，亮的时间均为 1s，并用 X1 作起动信号，X0 作停止信号，Y0、Y1、Y2 分别代表黄、绿、红 3 个发光二极管。

(2) 实训目的

1) 掌握功能指令的表达形式。

2) 掌握所学功能指令的使用方法。

2. 实训步骤

(1) 根据控制要求，其系统接线图如图 5-24 所示。

(2) 根据控制要求及接线图，其控制程序如图 5-25 所示。

(3) 根据控制要求及系统接线图，完成本实训需要配备如下器材：

1) PLC 应用技术综合实训装置 1 台。

2) 开关、按钮板模块 1 个。

3) 指示灯模块 1 个（或黄、绿、红发光二极管各 1 个）。

(4) 将程序输入到计算机，并下载到 PLC 中。

(5) 按照图 5-24 所示连接好外部电路，经教师检查无误后接通 DC 24V 电源。

(6) 将运行开关置于 RUN 状态。

(7) 按下起动按钮 SB1，发光二极管按黄、绿、红依次点亮 1s，并循环。

(8) 按停止按钮，发光二极管熄灭。

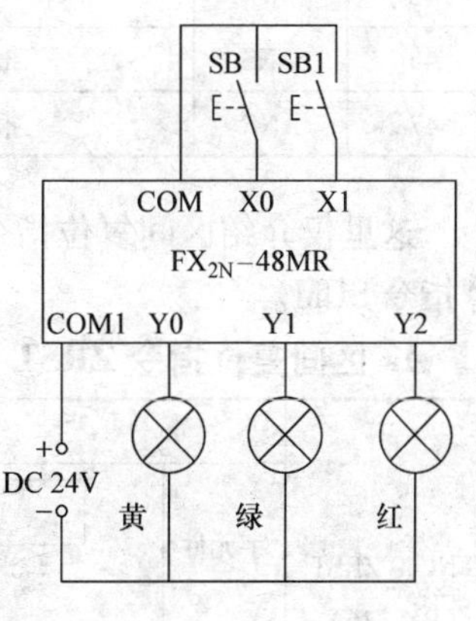

图 5-24　系统接线图

3. 实训报告

(1) 分析与总结

1) 理解图 5-25 所示程序，若不使用 ROLP 指令，则程序该如何设计？

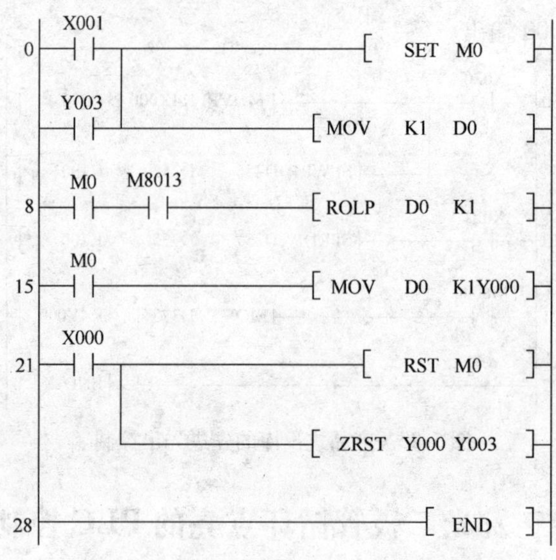

图 5-25　发光二极管循环点亮的梯形图

2）若使用 RORP 指令，则程序该如何设计？

（2）巩固与提高

1）试用 MUL 指令设计程序。

2）请参照本实训要求设计一个 8 个发光二极管循环点亮的控制系统。

任务 10　数据处理指令

数据处理指令是可以进行复杂数据处理和实现特殊用途的指令，见表 5-6。

表 5-6　数据处理指令

FNC NO.	指令记号	指令名称	FNC NO.	指令记号	指令名称
40	ZRST	区间复位	43	SUM	ON 位数计算
41	DECO	解（译）码	44	BON	ON 位判断
42	ENCO	编码	45	MEAN	求平均值
46	ANS	报警器置位	48	SQR	BIN 数据开方运算
47	ANR	报警器复位	49	FLT	BIN 整数变换 2 进制浮点数

这里仅介绍区间复位指令 ZRST、解（译）码指令 DECO、编码指令 ENCO、ON 位数计算指令 SUM。

1. 区间复位指令 ZRST

		适合软元件	占用步数
FNC40 ZRST（P）（16）	字元件	K、H　KnX　KnY　KnM　KnS　T　C　D　V、Z （T、C、D 下：D1.　D2.）	5 步
	位元件	X　Y　M　S （下：D1.　D2.）	

ZRST 指令的形式如下：

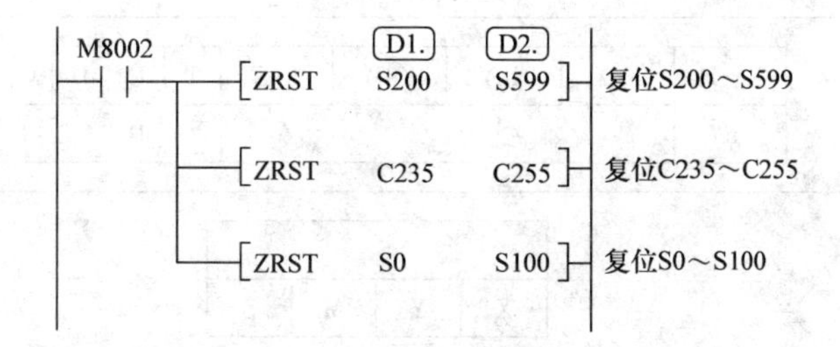

在 ZRST 指令中，［D1.］和［D2.］应该是同一类元件，而且［D1.］的编号要比［D2.］小，如果［D1.］的编号比［D2.］大，则只有［D1.］指定的元件复位。

2. 解（译）码指令 DECO

		适合软元件									占用步数
FNC41 DECO (P)(16)	字元件	K、H	KnX	KnY	KnM	KnS	T	C	D	V、Z	7步
							S.	S.	S.	S.	
							D.	D.	D.		
	位元件	X	Y	M	S						
		S.	S.	S.	S.						
			D.	D.	D.						

DECO 指令的执行过程如图 5-26 所示。

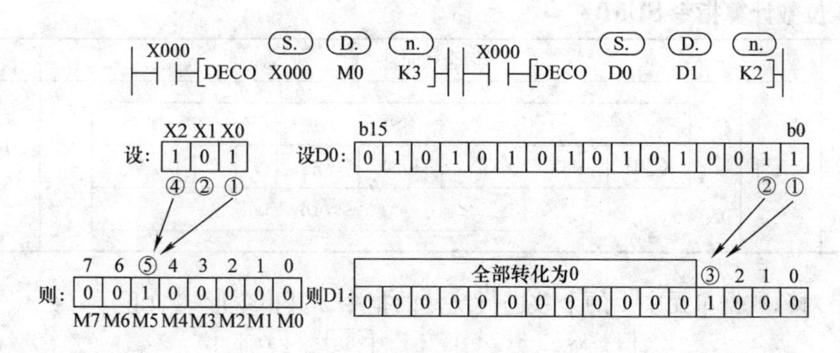

图 5-26　DECO 指令

在图 5-27 中，［n.］为指定源操作数［S.］中译码的位数（即对源操作数［S.］的 n 个位进行译码），目标操作数［D.］的位数则最多为 2^n 个。因此，如果目标元件［D.］为位元件，则 n 的值应小于或等于 8；如果目标元件为字元件，则 n 的值应小于或等于 4；如果［S.］中的数为 0，则执行的结果在目标中为 1。

在使用目标元件为位元件时注意，该指令会占用大量的位元件（n = 8 时，占用 2^8 = 256 点），所以在使用时注意不要重复使用这些元件。

3. 编码指令 ENCO

	适合软元件										占用步数
FNC42 ENCO（P）（16）	字元件	K、H	KnX	KnY	KnM	KnS	T	C	D	V、Z	7步
		n					D. S.				
	位元件	S.: X	Y	M	S						

ENCO 指令的执行过程如图 5-27 所示。

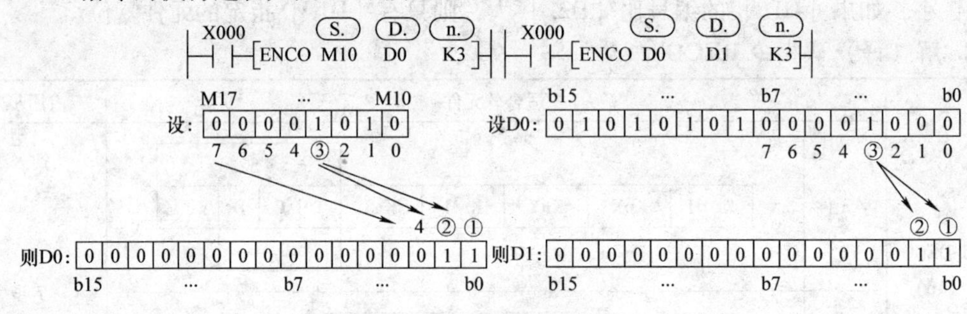

图 5-27 ENCO 指令

在图 5-27 中，［n.］为指定目标［D.］中编码后的位数（即对源操作数［S.］中的 2^n 个位进行编码），如果［S.］为位元件，则 n 小于或等于 8；如果［S.］为字元件，则 n 小于或等于 4；如果［S.］有多个位为 1，则只有高位有效，忽略低位；如果［S.］全为 0，则运算出错。

4. ON 位数计算指令 SUM

	适合软元件										占用步数
FNC43 SUM（P）（16/32）	字元件	S.: K、H	KnX	KnY	KnM	KnS	T	C	D	V、Z	16 位：5 步 32 位：9 步
				D.: KnY	KnM	KnS	T	C	D	V、Z	

SUM 是对源数据单元中 1 的个数进行统计的指令，其指令形式如下：

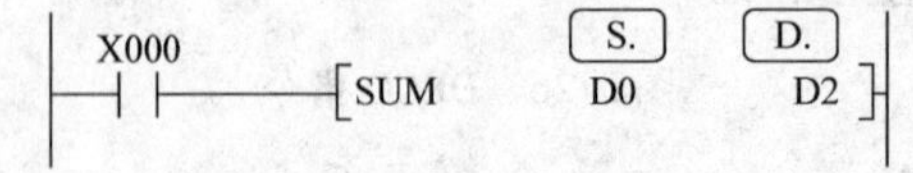

当 X0 为 ON 时，将 D0 中 1 的个数存入 D2，若 D0 中没有为 1 的位时，则零标志位 M8020 动作，其执行过程如下。

设 D0 为	0	1	0	1	0	1	0	1	0	1	0	1	0	1	1	1
则 D2 为	0	0	0	0	0	0	0	0	0	0	0	0	1	0	0	1

对于 32 位操作，将［S.］指定元件的 32 位数据中 1 的个数存入［D.］所指定的元件

中，［D.］的后一元件的各位均为0。

任务11　数据处理指令应用实例

1. 用解码指令实现单按钮分别控制7台电动机的起停

7台电动机分别接于Y001～Y007，按钮X0按数次，最后一次保持2s以上后，则号码与次数相同的电动机运行，再按按钮，该电动机停止，其梯形图如图5-28所示。

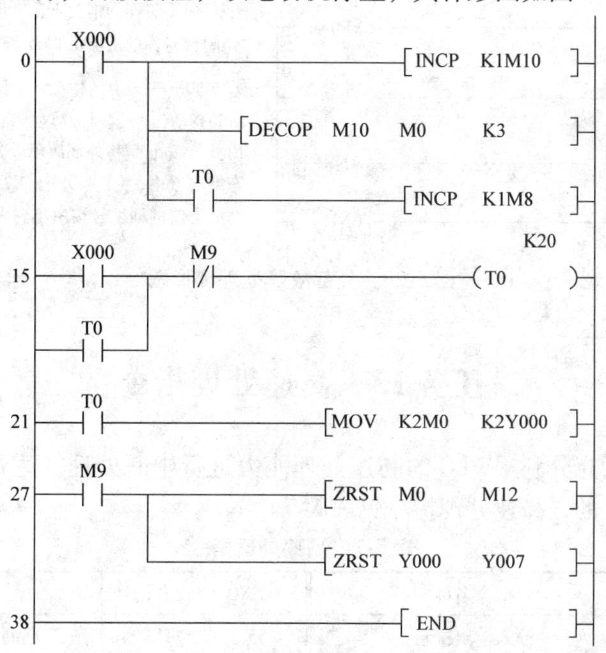

图5-28　单按钮分别控制7台电动机的起停

输入电动机编号的按钮接于X000，电动机号数使用加1指令记录在K1M10中，解码指令DECO则将K1M10中的数据解码并令M0～M7中相应的位元件置1。M9及T0用于输入数字确认及停车复位控制。

例如，按钮连续按3次，最后一次保持2s以上，则M12M11M10为（011），通过译码，使M0～M7中相应的M3为1，则接于Y003上的电动机运行，再按一次X000，则M9为1，T0和M0～M12复位，电动机停车。

2. 用标志置位、复位指令实现外部故障诊断处理

用标志置位、复位指令实现外部故障诊断处理的程序如图5-29所示。该程序中采用了两个特殊辅助寄存器：①报警器有效M8049，若它被驱动，则可将S900～S999中工作状态的最小地址号存放在特殊数据寄存器D8049内；②报警器动作M8048，若M8049被驱动，状态S900～S999中任何一个动作，则M8048动作，并可驱动对应的故障显示。

在程序中，对应多故障同时发生的情况采用监视M8049，在清除S900～S999中动作的信号报警器最小地址号之后，可以知道下一个故障地址号。

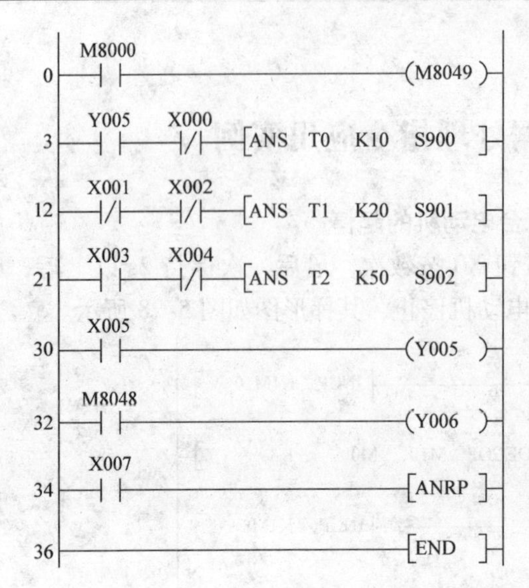

图5-29 外部故障处理梯形图

任务12 高速处理指令

高速处理指令能充分利用PLC的高速处理能力进行中断处理，达到利用最新的输入输出信息进行控制的目的，高速处理指令见表5-7。

表5-7 高速处理指令

FNC NO.	指令记号	指令名称	FNC NO.	指令记号	指令名称
50	REF	输入输出刷新	55	HSZ	区间比较（高速计数器）
51	REFF	滤波调整	56	SPD	速度检测
52	MTR	矩阵输入	57	PLSY	脉冲输出
53	HSCS	比较置位（高速计数器）	58	PWM	脉宽调制
54	HSCR	比较复位（高速计数器）	59	PLSR	可调速脉冲输出

在高速处理指令中仅介绍比较置位/复位指令（高速计数器）HSCS/HSCR、速度检测指令SPD、脉冲输出指令PLSY和可调速脉冲输出指令PLSR。

1. 比较置位/复位指令（高速计数器）**HSCS/HSCR**

		适合软元件	占用步数
FNC53 HSCS（P）（32） FNC54 HSCR（P）（32）	字元件	K、H　KnX　KnY　KnM　KnS　T　C　D　V、Z S1.（K、H～V、Z）；S2.（C）	13步
	位元件	X　Y　M　S D.（Y、M、S）	

HSCS 和 HSCR 是对高速计数器当前值进行比较，并通过中断方式进行处理的指令，其指令形式如下：

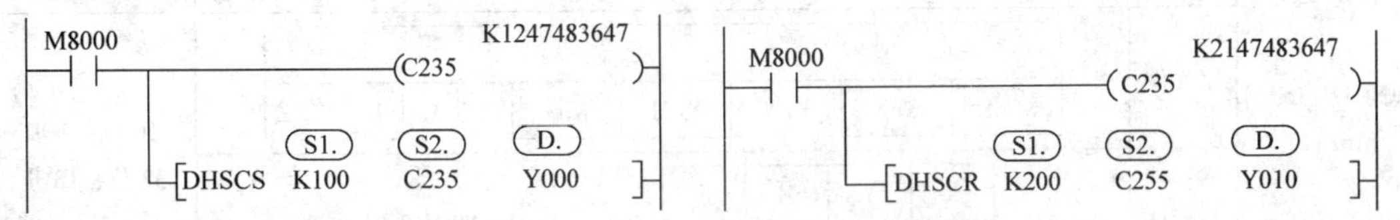

上述程序是以中断方式对相应高速计数输入端进行计数处理的。左边程序是当计数器的当前值由 99 到 100（加计数）或由 101 到 100（减计数）时，Y0 输出立即执行，不受系统扫描周期的影响。右边程序是当计数器的当前值由 199 到 200 或 201 到 200 时，Y10 立即复位，不受系统扫描周期的影响。如果使用如下程序，则向外输出要受扫描周期的影响。如果等到扫描完成后再进行输出刷新，则计数值可能已经偏离了设定值。

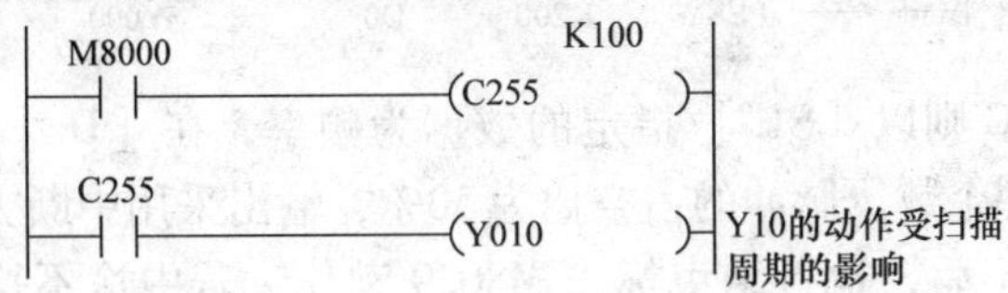

2. 速度检测指令 SPD

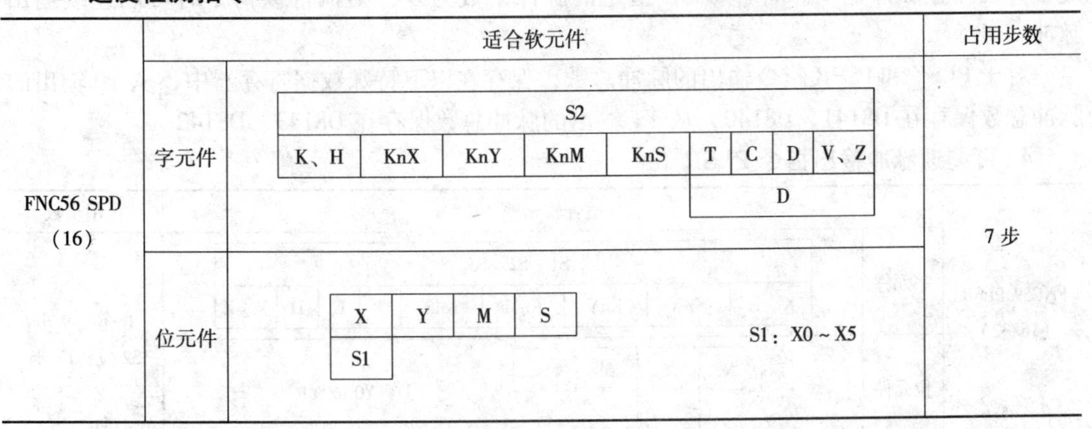

	适合软元件		占用步数
FNC56 SPD（16）	字元件	S2：K、H，KnX，KnY，KnM，KnS，T，C，D，V、Z D：T，C，D，V、Z	7 步
	位元件	X，Y，M，S S1：X	S1：X0 ~ X5

SPD 是采用中断输入方式对指定时间内的输入脉冲进行计数的指令，其指令形式如下：

X010 ─[SPD　X000 (S1·)　K100 (S2·)　D0 (D·)]

当 X10 闭合时，在［S2.］指定时间内（ms）对［S1.］指定输入继电器（X0 ~ X5）的输入脉冲进行计数，［S2.］指定时间内输入的脉冲数存入［D.］指定的寄存器内，计数的当前值存入［D.］+1 所指定的寄存器内，剩余时间存入［D.］+2 所指定的寄存器内，所以，其转速公式为

$$N = \frac{60D\square}{nt} \times 10^3 \ (\text{r/min})$$

其中，N 为转速，单位为 r/min，n 为脉冲个数/转，t 为［S2.］指定时间（ms），D□为在［S2.］指定时间内的脉冲个数。

3. 脉冲输出指令 PLSY

	适合软元件		占用步数
FNC57 PLSY (16/32)	字元件	S1. S2. K、H	KnX	KnY	KnM	KnS	T	C	D	V、Z	16 位：7 步 32 位：13 步
	位元件	X	Y	M	S D.（Y） D：Y0 或 Y1	

PLSY 是以指定的频率对外输出定量脉冲信号的指令，是晶体管输出型 PLC 特有的指令，指令形式如下：

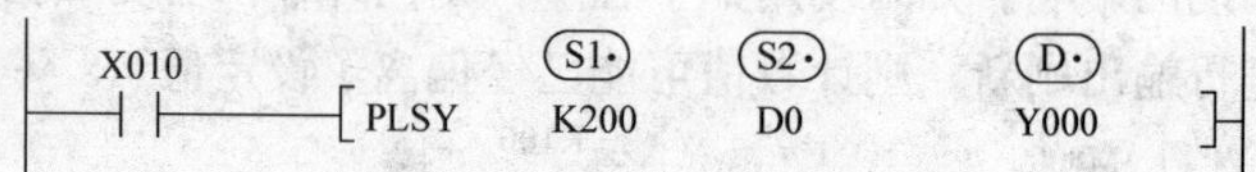

当 X10 闭合时，PLC 则以［S1.］指定的数据为频率，在［D.］指定的输出继电器中输出［S2.］指定的脉冲个数。脉冲的占空比为50%，输出采用中断方式，不受扫描周期的影响，设定脉冲发送完毕后，执行结束标志 M8029 动作，若中途不执行该指令，则 M8029 复位，且停止脉冲输出。若［S2.］指定的脉冲个数为零，则执行该指令时可以连续输出脉冲。

对于 PLSY 和 PLSR 指令输出的脉冲总数，保存在以下特殊数据寄存器中，从 Y0 输出的脉冲总数保存在 D8141、D8140，从 Y1 输出的脉冲总数保存在 D8143、D8142。

4. 可调速脉冲输出指令 PLSR

	适合软元件		占用步数
FNC59 PLSR (16/32)	字元件	S1. S2. S3. K、H	KnX	KnY	KnM	KnS	T	C	D	V、Z	16 位：9 步 32 位：17 步
	位元件	X	Y	M	S D.（Y） D：Y0 或 Y1	

PLSR 是带加减速的脉冲输出指令，是晶体管输出型 PLC 的特有指令，其指令形式如下：

```
 X010                 (S1·)    (S2·)    (S3·)     (D·)
─┤├──────────[PLSR    K200     K2000    K100      Y000   ]
```

当 X10 闭合时，PLC 则以［S1.］指定的数据为频率，在［D.］指定的输出继电器中输出［S2.］指定的脉冲个数，频率的加减速时间由［S3.］指定，其执行情况与 PLSY 相似。

任务 13　四轴机械手的 PLC 控制实训

1. 实训任务

设计一个四轴机械手将工件分类入库的控制系统，并在实训室完成模拟调试。

（1）控制要求

1）系统由传送带运输线、检测传感器、四轴机械手等部分组成，如图4-45所示。

2）系统上电后，两层信号指示灯的红灯亮，各执行机构保持通电前状态。

3）系统设有3种操作模式：原点回归操作、手动操作、自动运行操作。

4）原点回归操作。紧急停机、故障停机或设备检修调整后，各执行机构可能不处于工作原点，系统通电后需进行原点回归操作；选择“原点回归操作”模式，按起动按钮，各执行机构返回原点位置（各气缸活塞杆内缩，真空吸盘处于传送带运输线的中线位置，吸盘处于左上限位）。

5）手动操作。选择“手动操作”模式，可手动分别对各执行机构的运动进行控制，便于设备的调试与检修。

6）自动运行操作。选择“自动运行操作”模式，按起动按钮，系统检测各气缸活塞杆、双杆气缸、吸盘等各执行机构的原点位置，原点位置满足则执行步骤7），不满足则系统自动停机。

7）传送带运输线起动并稳定运行后，人工依次放入工件，工件到达传送带运输线末端时，若光电传感器检测到有工件则传送带停止运行，然后经四轴机械手自动搬运至入库工位，其过程为原点→传送带运行→检测→吸盘下降→吸盘吸气（T）→吸盘上升→横梁气缸上升→吸盘右移→横梁升降气缸后退→横梁气缸下降→吸盘下降→吸盘放气（T）→吸盘上升→横梁气缸上升→横梁升降气缸前进→吸盘左移→横梁气缸下降→原点。

8）系统按上述要求不停地运行，直到按下停止按钮，系统则在处理完在线工件后自动停机；若出现故障按下急停按钮，系统则无条件停止。

9）系统处在运行状态时，两层信号指示灯的绿灯亮、红灯灭，停机状态时红灯亮、绿灯灭，故障状态时红灯闪烁、绿灯灭。

10）机械手在工作过程中不得与设备或输送工件发生碰撞。

（2）实训目的

1）了解四轴机械手的结构及控制要求。

2）了解步进电动机及其驱动器的特性。

3）掌握简单机械手控制的程序设计及综合布线。

2. 实训步骤

（1）步进电动机及驱动器

步进电动机不是直接通过PLC驱动，而是由专业的步进驱动器驱动，PLC只要给步进驱动器提供脉冲信号和方向信号就可以了，YKA2404MC驱动器的接线示意图如图5-30所示，其引脚功能见表5-8。

此型号驱动器由于采用特殊的控制电路，故必须使用6出线或8出线电动机；驱动器的输入电压不要超过DC 80V，且电源不能接反；输入控制信号电平为5V，当高于5V时需要接限流电阻。驱动器温度超过70℃时停止工作，故障指示灯O. H亮，直到驱动器温度降到50℃以下，驱动器会自动恢复工作，因此，出现过热保护时请加装散热器；过电流（或负载短路）故障指示灯O. H亮时，请检查电动机接线及其他短路故障，排除后需要重新上电恢复；欠压（电压小于DC 24V）时，故障指示灯O. H也会亮。

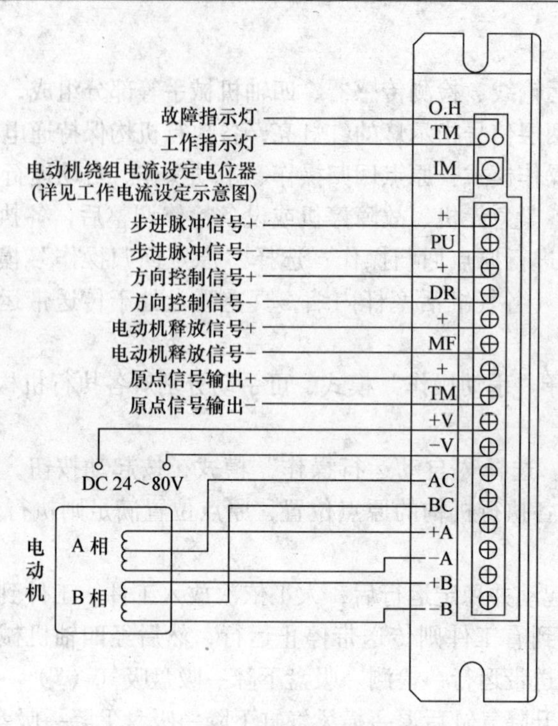

图5-30 驱动器接线示意图

表5-8 驱动器引脚功能说明

标记符号	功 能	注 释
O. H	故障指示灯	过热保护时红色发光管点亮
TM	工作指示灯	TM信号有效时，绿色指示灯点亮
IM	电动机线圈电流设定电位器	调整电动机相电流，逆时针减小，顺时针增大
+	输入信号，光电隔离正端	接5V供电电源，5～24V均可驱动，高于5V需接限流电阻，请参见输入信号
PU	D2 = OFF，PU为步进脉冲信号	下降沿有效，每当脉冲由高变低时电动机走一步。输入电阻220Ω，要求：低电平0～0.5V，高电平4～5V，脉冲宽度>2.5μs
	D2 = ON，PU为正向步进脉冲信号	
+	输入信号，光电隔离正端	接5V供电电源，5～24V均可驱动，高于5V需接限流电阻，请参见输入信号
DR	D2 = OFF，DR为方向控制信号	用于改变电动机转向。输入电阻220Ω，要求：低电平0～0.5V，高电平4～5V，脉冲宽度>2.5μs
	D2 = ON，DR为反向步进脉冲信号	
+	输入信号，光电隔离正端	接5V供电电源，5～24V均可驱动，高于5V需接限流电阻，请参见输入信号
MF	电动机释放信号	有效（低电平）时关断电动机线圈电流，驱动器停止工作，电动机处于自由状态
+	原点输出信号，光电隔离正端	电动机绕组通电位于原点位置为有效（B，－A通电）：光电隔离输出（高电平）

（续）

标记符号	功　能	注　释
TM	原点输出信号，光电隔离负端	“+”端接输出信号限流电阻，TM 接输出地，最大驱动电流 50mA，最高电压 50V
+V	电源正极	DC24 ~ 80V
−V	电源负极	
AC、BC	电动机接线	−B　BC　+B　M　+A　AC　−A　6 出线 −B　BC　+B　M　+A　AC　−A　8 出线

使用步进驱动器时，应根据其细分设定表（见表 5-9），选择所需要的细分数，然后把相应的开关拨至 ON。D1 是自检测开关，D2 是控制步进电动机方向的，D3 ~ D6 为细分数设定开关。

表 5-9　YKA2404MC 细分设定表

细分数	1	2	4	5	8	10	20	25	40	50	100	200	200	200	200	200
D6	ON	OFF	ON	OFF	ON	OFF	ON	OFF	ON	OFF	ON	OFF	ON	OFF	ON	OFF
D5	ON	ON	OFF	OFF	ON	ON	OFF	OFF	ON	ON	OFF	OFF	ON	ON	OFF	OFF
D4	ON	ON	ON	ON	OFF	OFF	OFF	OFF	ON	ON	ON	ON	OFF	OFF	OFF	OFF
D3	ON	ON	ON	ON	ON	ON	ON	ON	OFF	OFF	OFF	OFF	OFF	OFF	OFF	OFF
D2	ON：双脉冲，PU 为正向步进脉冲信号，DR 为反向步进脉冲信号															
	OFF：单脉冲，PU 为步进脉冲信号，DR 为方向控制信号															
D1	自检测开关（OFF 时接收外部脉冲，ON 时驱动器内部发出 7.5kHz 脉冲，此时细分应设定为 10 ~ 50）															

（2）I/O 分配

根据系统的控制要求，PLC 的 I/O 分配如图 5-31 所示。

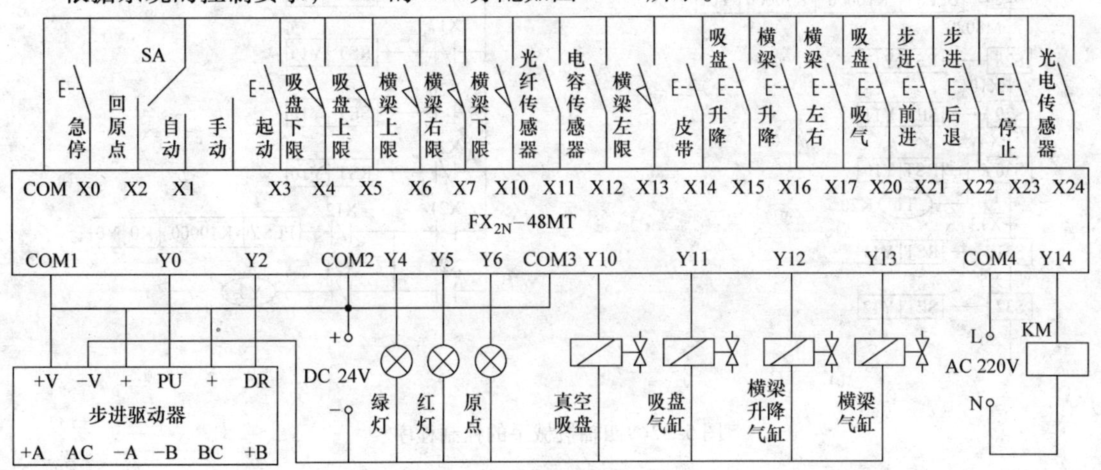

图 5-31　四轴机械手的 I/O 分配及系统接线图

（3）控制程序

根据系统控制要求及 I/O 分配，其系统控制程序如图 5-32 所示。

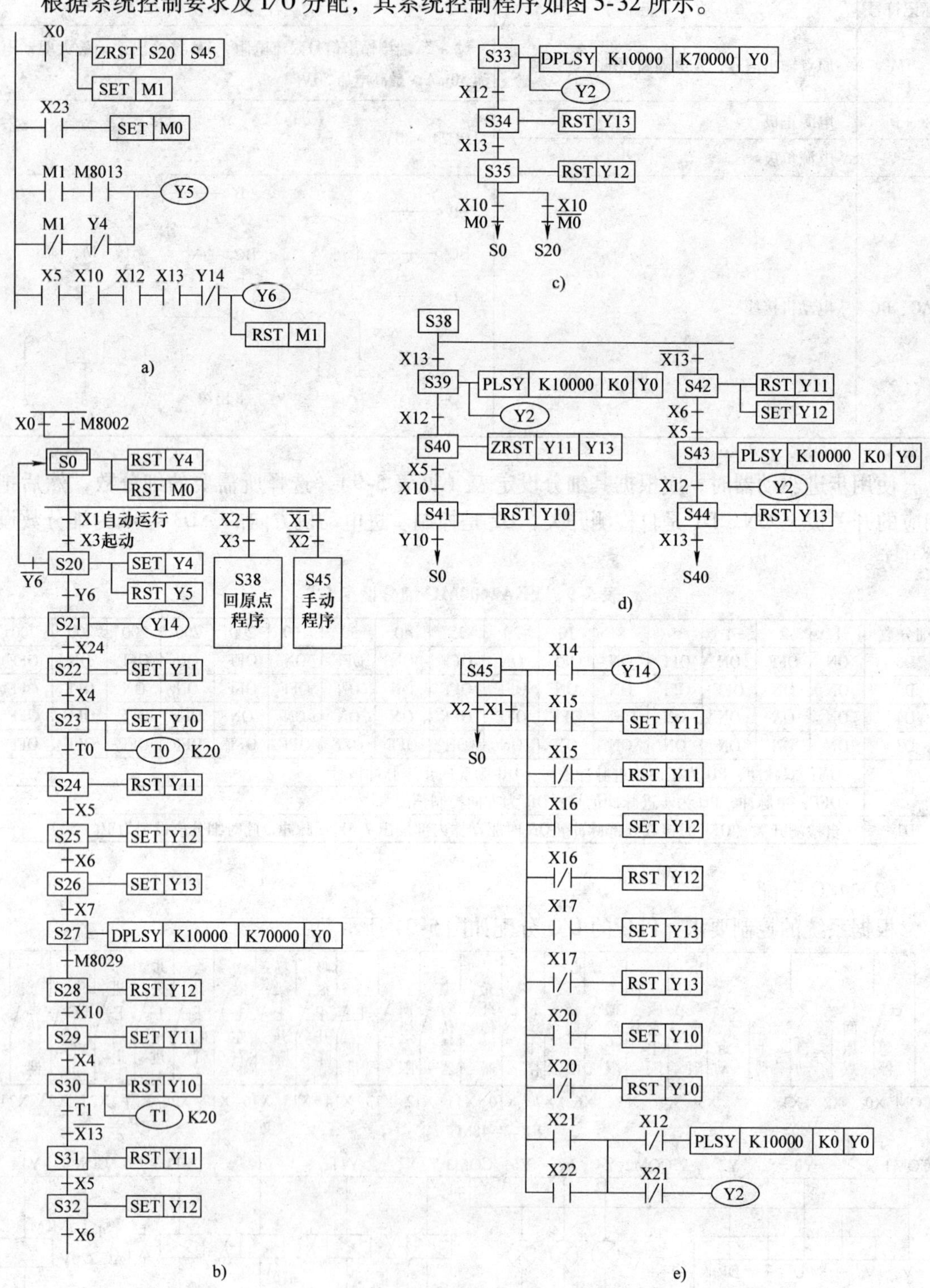

图 5-32　四轴机械手的控制程序

（4）系统接线图

根据四轴机械手的控制要求及I/O分配，其系统接线如图5-31所示。

（5）实训器材

根据控制要求、I/O分配及系统接线图，完成本实训需要配备如下器材：

1）四轴机械手1台。

2）手持式编程器（FX-20P）或计算机（已安装PLC软件）1台。

3）PLC应用技术综合实训装置1台。

（6）系统调试

1）输入程序，将图5-32所示程序以SFC的形式正确输入。

2）步进电动机的调试，通过改变（由小到大）PLSY S1 S2 D中的S1步进电动机的频率、S2输出脉冲数，确定其S1和S2的数值，然后确定其运行方向。

3）手动程序调试，按图5-31所示的系统接线图正确连接好输入设备，进行PLC的手动程序调试，观察PLC的输出是否按要求指示，否则，检查并修改程序、调节传感器的位置及灵敏度，直至指示正确。然后接好输出设备，调节传感器的位置直至动作正确。

4）自动程序调试，按图5-31所示的系统接线图，正确连接好全部设备，进行自动程序的调试，观察机械手能否按控制要求动作，否则，检查电路并修改调试程序，直至机械手按控制要求动作。

5）系统调试，在手动和自动程序调试成功后，进行手动和自动程序联合调试，观察系统能否按控制要求动作，否则，检查电路并修改调试程序，直至系统按控制要求动作。

3. 实训报告

（1）分析与总结

1）分析横梁升降气缸在步进滑轨上前进与后退的距离与脉冲数量的关系。

2）系统在自动运行过程中，将转换开关突然转到手动模式，系统会出现什么问题？应如何改进手动程序？

3）系统在自动运行过程中，按下急停按钮后再分别转到手动、回原点模式，系统会出现什么问题？应如何改进程序？

（2）巩固与提高

1）请使用下一个任务将要学习的IST指令来设计本实训的控制程序。

2）请使用SPD指令和传送带运输线末端的编码器来设计控制传送带运输线运行速度的程序。

3）请同学们完成系统设计，并在实训室进行模拟调试。

任务14　方便指令

方便指令是利用最简单的指令完成较为复杂的控制的指令，见表5-10。

表 5-10　方便指令

FNC NO.	指令记号	指令名称	FNC NO.	指令记号	指令名称
60	IST	置初始状态	65	STMR	特殊定时器
61	SER	数据查找	66	ALT	交替输出
62	ABSD	凸轮控制（绝对方式）	67	RAMP	斜坡信号
63	INCD	凸轮控制（增量方式）	68	ROTC	旋转工作台控制
64	TIMR	示教定时器	69	SORT	数据排序

在方便指令中仅介绍交替输出指令 ALT、旋转工作台控制指令 ROTC。

1. 交替输出指令 ALT

	适合软元件		占用步数
FNC66 ALT（P）（16）	字元件		3 步
	位元件	X　Y　M（D.）　S	

ALT 是实现交替输出的指令，该指令只有目标元件，其使用说明如下：

```
|  X000
|--| |-----------[ALTP   M0   ]-|
```

每当 X0 从 OFF→ON 时，M0 的状态就改变 1 次，如果用 M0 再去驱动另一个 ALT 指令，则可以得到多级分频输出。

若为连续执行的指令，则 M0 的状态在每个扫描周期改变 1 次，输出的实际上是跟扫描周期同步的高频脉冲，频率为扫描周期的 1/2。因此，在使用连续执行的指令时应特别注意。

如果用基本指令实现交替动作，则其梯形图如图 3-41 所示。

2. 旋转工作台控制指令 ROTC

	适合软元件										占用步数
FNC68 ROTC（16）	字元件	K、H（m1m2）	KnX	KnY	KnM	KnS	T	C	D（S.）	V、Z	9 步
	位元件	X	Y	M（D.）	S						

ROTC 是为了使指定的工件以最短路径转到需要位置的指令，如图 5-33 所示（旋转工作台有 10 个位置）。

使用 ROTC 指令所需要的条件如下。

（1）旋转位置检测信号

装一个两相开关以检测工作台的旋转方向，如图 5-34 所示。X2 是原点开关，当 0 号工

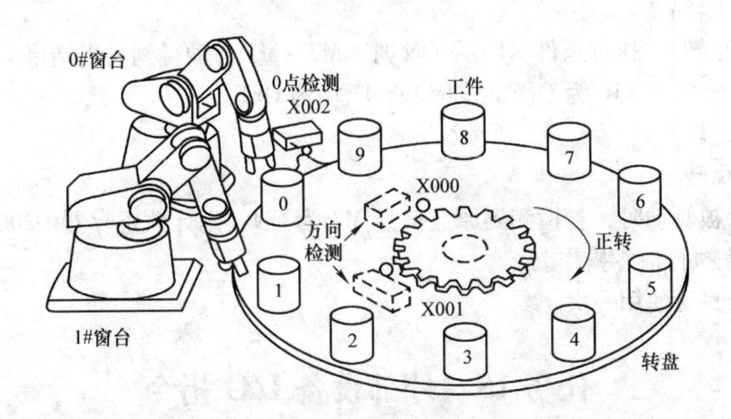

图5-33　旋转工作台

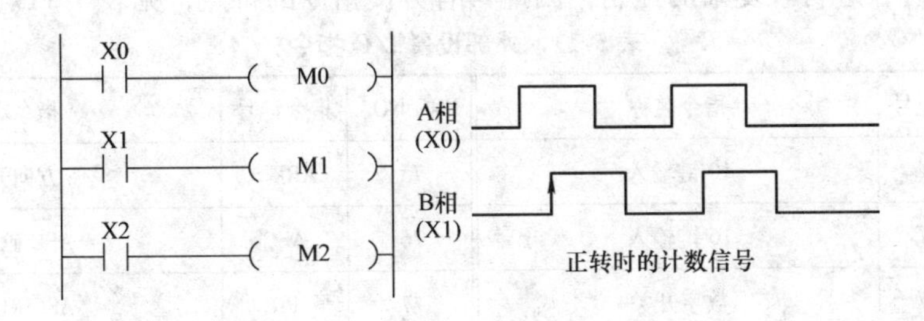

图5-34　旋转位置检测程序

件转到原点位置时，X2 接通。

（2）指定计数寄存器［S.］

例如指定 D200 为旋转工作台位置检测计数器。

（3）分度数（m1）和低速区（m2）

需要指定旋转台的工件位置数 m1 以及低速区间隔 m2。

（4）呼叫条件寄存器

指定了［S.］计数寄存器，就自动指定了［S.］+1 为设定被呼工件位置寄存器，［S.］+2 为设定呼叫位置寄存器。

当以上条件都设定后，则 ROTC 指令就自动地指定输出信号：正/反转，高/低速和停止，其程序格式如下：

X010　［ROTC　D200(S.)　K10(m1)　K2(m2)　M0(D.)］

m1：工作台数量(2~32767)

m2：低速区间隔(2~32767)

D200：计数寄存器

D201：被呼工件位置寄存器 ｝预先用传送指令

D201：呼叫位置寄存器 ｝预先用传送指令

M0：A 相信号 ｝编制程序使之与相应输入条件对应

M1：B 相信号 ｝编制程序使之与相应输入条件对应

M2：原点检测信号

M3：高速正转
M4：低速正转　　执行条件 X10 为 ON 时，M3 ~ M7 自动得到输出结果
M5：停止　　　　X10 为 OFF 时，M3 ~ M7 均为 OFF
M6：低速反转
M7：高速反转

ROTC 指令被驱动时，若检测到原点信号 M2 为 ON，则计数寄存器 D200 清零，所以在任务开始前须先执行清零操作。

ROTC 指令只可使用一次。

任务15　外部设备 I/O 指令

外部设备 I/O 指令是 PLC 的输入/输出与外部设备进行数据交换的指令，这些指令可以通过简单的处理，进行较复杂的控制，因此具有方便指令的特点，见表 5-11。

表 5-11　外部设备 I/O 指令

FNC NO.	指令记号	指令名称	FNC NO.	指令记号	指令名称
70	TKY	10 键输入	75	ARWS	方向开关
71	HKY	16 键输入	76	ASC	ASC 码转换
72	DSW	数字开关	77	PR	ASC 码打印
73	SEGD	7 段译码	78	FROM	BFM 读出
74	SEGL	带锁存的 7 段码显示	79	TO	BFM 写入

在本小节中仅介绍 7 段译码指令 SEGD、BFM 读出指令 FROM、BFM 写入指令 TO。

1. 7 段译码指令 SEGD

<table>
<tr><td rowspan="5">FNC73 HSCS
(P) (16)</td><td colspan="10">适合软元件</td><td rowspan="1">占用步数</td></tr>
<tr><td rowspan="3">字元件</td><td colspan="9">S.</td><td rowspan="4">5 步</td></tr>
<tr><td>K、H</td><td>KnX</td><td>KnY</td><td>KnM</td><td>KnS</td><td>T</td><td>C</td><td>D</td><td>V、Z</td></tr>
<tr><td colspan="2"></td><td colspan="7">D.</td></tr>
<tr><td>位元件</td><td colspan="9"></td></tr>
</table>

SEGD 指令的使用说明如下：

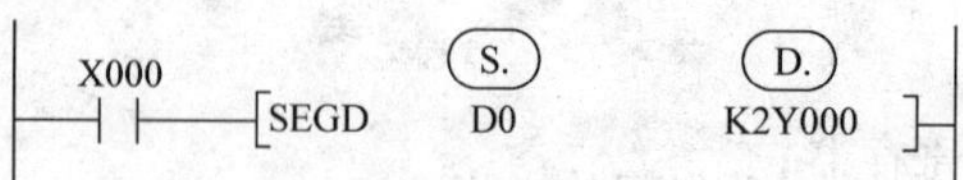

当 X0 为 ON 时，将［S.］的低 4 位指定的 0 ~ F（16 进制）的数据译成 7 段码，显示的数据存入［D.］的低 8 位，［D.］的高 8 位不变；当 X0 为 OFF 后，［D.］输出不变。7 段译码见表 5-12。

表5-12　7段码译码表

源		7段组合数字	目标输出							
十六进制数	位组合格式		B7	B6	B5	B4	B3	B2	B1	B0
0	0000		0	0	1	1	1	1	1	1
1	0001		0	0	0	0	0	1	1	0
2	0010		0	1	0	1	1	0	1	1
3	0011		0	1	0	0	1	1	1	1
4	0100		0	1	1	0	0	1	1	0
5	0101	B0	0	1	1	0	1	1	0	1
6	0110	B5 B1	0	1	1	1	1	1	0	1
7	0111	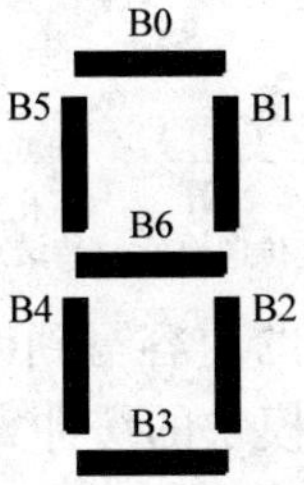 B6	0	0	1	0	0	1	1	1
8	1000	B4 B2	0	1	1	1	1	1	1	1
9	1001	B3	0	1	1	0	1	1	1	1
A	1010		0	1	1	1	0	1	1	1
B	1011		0	1	1	1	1	1	0	0
C	1100		0	0	1	1	1	0	0	1
D	1101		0	1	0	1	1	1	1	0
E	1110		0	1	1	1	1	0	0	1
F	1111		0	1	1	1	0	0	0	1

2. BFM读出指令FROM

	适合软元件		占用步数
FNC78 FROM（P）（16/32）	字元件	K、H: m1 m2 n；KnX、KnY、KnM、KnS、T、C、D、V、Z: D.（KnY～V、Z）	16位：9步 32位：17步
	位元件		

FROM指令是将特殊模块中缓冲寄存器（BFM）的内容读到PLC的指令，其使用说明如下：

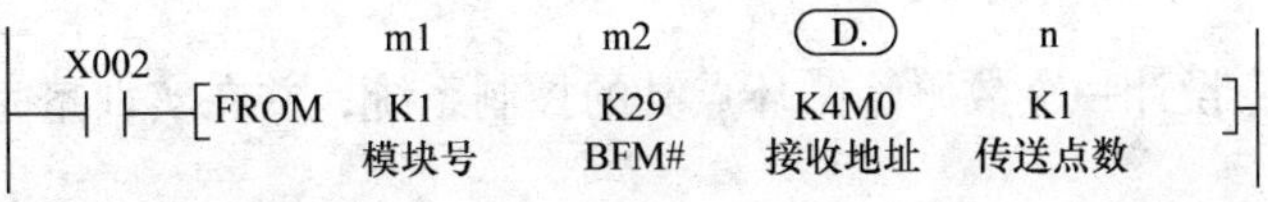

```
        X002              m1      m2      (D.)      n
 |------| |------[FROM   K1      K29     K4M0      K1    ]--|
                        模块号   BFM#   接收地址  传送点数
```

当X2为ON时，将#1模块的#29缓冲寄存器（BFM）的内容读出传送到PLC的K4M0中。上述程序中的m1表示模块号，m2表示模块的缓冲寄存器（BFM）号，n表示传送数据的个数。

3. BFM写入指令TO

	适合软元件										占用步数
		S.									
FNC79 TO (P) (16/32)	字元件	K、H	KnX	KnY	KnM	KnS	T	C	D	V、Z	16位：9步 32位：17步
		m1m2 n									
	位元件										

TO指令是将PLC的数据写入特殊模块的缓冲寄存器（BFM）的指令，其使用说明如下：

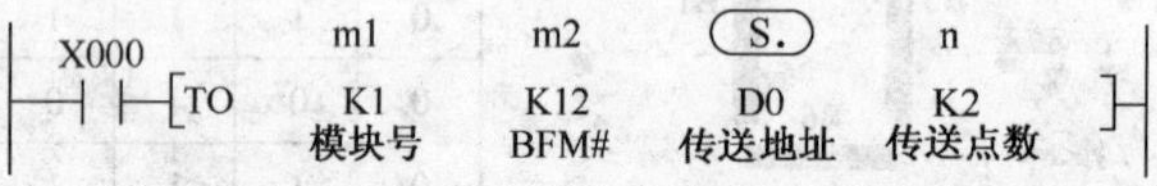

```
            m1      m2     (S.)     n
 X000
─┤├──[TO    K1     K12     D0      K2    ]
           模块号  BFM#   传送地址  传送点数
```

当X0为ON时，将PLC数据寄存器D1、D0的内容写到#1模块的#13、#12缓冲寄存器。上述程序中的m1表示模块号，m2表示特殊模块的缓冲寄存器（BFM）号，n表示传送数据的个数。

对FROM、TO指令中的m1、m2、n的理解说明如下。

(1) 模块号m1

它是连接在PLC上的特殊功能模块的编号（即模块号），模块号是从最靠近基本单元的那个开始，按从#0到#7的顺序编号，其范围为0~7，用模块号可以指定FROM、TO指令对哪一个特殊功能模块进行读写。需要注意的是，输入、输出扩展模块不参与编号，而且它们的位置可以任意放置。

(2) 缓冲寄存器号m2

在特殊功能模块内设有16位RAM，这些RAM就叫做缓冲寄存器（即BFM），缓冲寄存器号为#0~#32767，其内容根据连接模块的不同来决定。对于32位操作，指定的BFM为低16位，其下一个编号的BFM为高16位。

(3) 传送数据个数n

用n指定传送数据的个数，16位操作时n=2和32位操作时n=1的含义相同。在特殊辅助继电器M8164（FROM/TO指令传送数据个数可变模式）为ON时，特殊数据寄存器D8164（FROM/TO指令传送数据个数指定寄存器）的内容作为传送数据个数n进行处理。

任务16　数码管循环点亮的PLC控制实训（3）

1. 实训任务

请使用功能指令设计一个数码管循环点亮的控制系统，并在实训室完成模拟调试。

(1) 控制要求

1) 手动时，每按1次按钮数码管显示数值加1，由0~9依次点亮，并实现循环。

2) 自动时，每隔1s数码管显示数值加1，由0~9依次点亮，并实现循环。

(2) 实训目的

1) 掌握MOV、CMP、INC、DEC、SEGD指令的应用。

2）掌握功能指令编程的基本思路和方法。

3）能运用功能指令设计较复杂的控制程序。

2. 实训步骤

（1）I/O 分配

X0——手动按钮；X1——手动/自动开关；Y0～Y6——数码管 a、b、c、d、e、f、g。

（2）梯形图设计

根据系统的控制要求及 I/O 分配，其程序如图 5-35 所示。

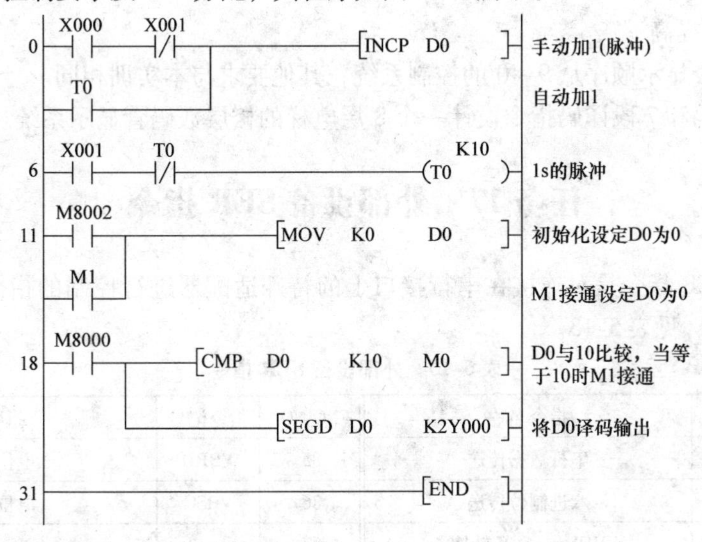

图 5-35 系统程序

（3）系统接线图

根据系统的控制要求、I/O 分配及系统程序，其系统接线如图 5-36 所示。

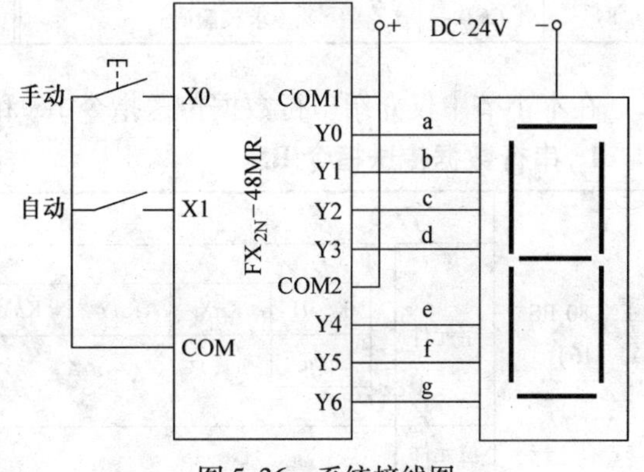

图 5-36 系统接线图

（4）实训器材

根据控制要求、I/O 分配及系统接线图，完成本实训需要配备如下器材：

1）PLC 应用技术综合实训装置 1 台。

2）开关 2 个（按钮开关 1 个，选择开关 1 个）。

3）7 段数码管 1 只。

4）计算机 1 台（已安装 GX Developer 或 GPP 软件）。

（5）系统调试

1）输入程序，按图 5-35 所示梯形图输入程序。

2）静态调试，下载程序后，将运行开关拨到 RUN，不按起动按钮 X0，输出指示灯 Y0、Y1、Y2、Y3、Y4、Y5 亮（数字 0 的 7 段编码），按 X0 一次，Y1、Y2 亮（数字 1 的 7 段编码），再按一次，Y0、Y1、Y3、Y4、Y6（数字 2 的 7 段编码）……将 X1 开关闭合，输出自动切换，其输出与手动输出相同。如不正确，需检查程序。

3）动态调试，按图 5-36 所示正确连接好输出电路，加上 DC 24V 电压，注意数码管的共阴、共阳特性。观察数码管输出是否正确，如不正确，则需检查电路的连接及 I/O 接口。

4）修改、保存并打印程序。

3. 实训报告

（1）分析与总结

1）理解图 5-35 所示的系统程序，指出该程序的不足和巧妙之处。

2）与前面的模块 3→课题 4→任务 5 及模块 5→课题 2→任务 4 的数码管循环点亮实训比较，说明其优劣。

（2）巩固与提高

1）设计一个显示顺序从 9 ~ 0 的控制系统，其他要求与本实训相同。

2）请用编码和 7 段译码指令设计一个 8 层电梯的楼层数码管显示系统。

任务 17　外部设备 SER 指令

外部设备 SER 指令是对连接在串行接口上的特殊适配器进行控制的指令，此外 PID 指令也包含在其中，见表 5-13。

表 5-13　外部设备 SER 指令

FNC NO.	指令记号	指令名称	FNC NO.	指令记号	指令名称
80	RS	串行数据传送	85	VRRD	电位器读出
81	PRUN	八进制位传送	86	VRSC	电位器刻度
82	ASCI	HEX→ASCII 转换	87	…	…
83	HEX	ASCII→HEX 转换	88	PID	PID 运算
84	CCD	求校验码	89	…	…

在本小节中仅介绍串行数据传送指令 RS 和 PID 运算指令 PID。

1. 串行数据传送指令 RS

	适合软元件										占用步数
FNC80 RS（16）	字元件	K、H	KnX	KnY	KnM	KnS	T	C	D	V、Z	9 步
		m n							S. D. m n		
	位元件										

RS 是用于对 RS－232 及 RS－485 等扩展功能板及特殊适配器进行串行数据发送和接收的指令，其使用说明如下：

```
     X000                 (S.)      m      (D.)      n
  |--| |--------[RS     D200      D0     D500      D1   ]--|
                        发送地址和点数   接收地址和点数
```

在上述程序中 m 和 n 是发送和接收字符的个数，可以用寄存器 D 或直接用 K、H 常数设定。在不进行数据发送的系统中，将发送的个数设定为 K0；在不进行数据接收的系统中，将接收的个数设定为 K0。

2. PID 运算指令 PID

		适合软元件									占用步数
FNC88 PID（16）	字元件	K、H	KnX	KnY	KnM	KnS			D	V、Z	9步
									S1. S2. S3. D.		
	位元件										

用于PID过程控制的PID运算指令，其使用说明如下：

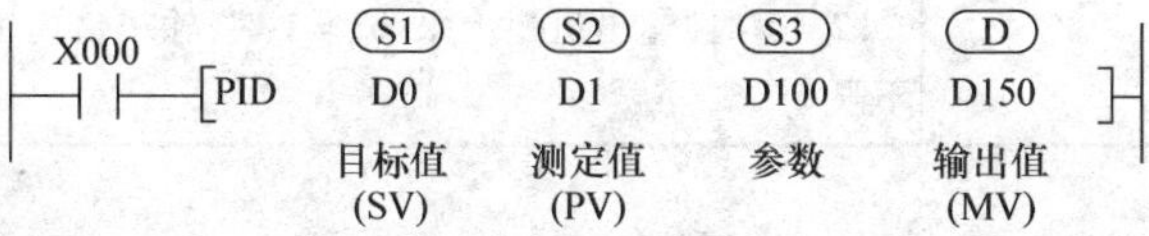

X000 ——[PID　(S1) D0 目标值(SV)　(S2) D1 测定值(PV)　(S3) D100 参数　(D) D150 输出值(MV)]

［S1.］设定目标数据（SV），［S2.］设定测定的现在值（PV），［S3.］~［S3.］+25设定控制参数，执行程序后运算结果（MV）存入［D.］中。参数［S3.］共占有25个数据寄存器，图中虽然只指定了D100，但其实际上占有D100~D124，在控制参数的［S3.］+1动作方向（ACT）设定中，若bit1、bit2、和bit5均为0，则［S3.］只占有20点。其具体的控制参数［S3］~［S3］+24的定义如表5-14所示。

表5-14　PID控制参数表

参数	名称、功能	说　明	设置范围
［S3］	设定采样时间	读取系统的当前值［S2］的时间间隔	1~32767ms
［S3］+1	设定动作方向	b0：为0时正动作，为1时逆动作 b1：为0时当前值变化不报警，为1时报警 b2：为0时输出值变化不报警，为1时报警 b3：不可使用 b4：为0时自动调谐不动作，为1时动作 b5：为0时输出上下限设定无效，为1时有效 b6~b15：不可使用 b2与b5不能同时为ON	
［S3］+2	设定输入滤波常数	改变滤波器效果	0~99%
［S3］+3	设定比例增益 K_P	产生比例输出因子	0~32767%
［S3］+4	设定积分时间 T_I	积分校正值达到比例校正值的时间，0为无积分	0~32767（×100ms）
［S3］+5	设定微分增益	在当前值变化时，产生微分输出因子	0~100%
［S3］+6	设定微分时间 T_D	微分校正值达到比例校正值的时间，0为无微分	0~32767（×100ms）
［S3］+7~［S3］+19PID运算内部占用			
［S3］+20	当前值上限报警	一旦当前值超过用户定义的上限时报警	［S3］+1的b1=1时有效，0~32767
［S3］+21	当前值下限报警	一旦当前值超过用户定义的下限时报警	

（续）

参数	名称、功能	说明	设置范围
[S3] +22	输出值上限报警	一旦输出值超过用户定义的上限时报警	[S3] +1 的 b2 =1、b5 =0
		输出上限设定	[S3] +1 的 b2 =0、b5 =1
[S3] +23	输出值下限报警	一旦输出值超过用户定义的下限时报警	[S3] +1 的 b2 =1、b5 =0
		输出下限设定	[S3] +1 的 b2 =0、b5 =1
[S3] +24	报警输出(只读)	b0 =1 时,当前值超上限;b1 =1 时,当前值超下限	[S3] +1 的 b1 =1 时有效
		b2 =1 时,输出值超上限;b3 =1 时,输出值超下限	[S3] +1 的 b2 =1 时有效

任务18 PID指令应用实例

在自动控制领域，PID控制占有非常重要的地位，它以结构简单、稳定性好、工作可靠、调整方便而成为工业控制的主要技术之一。当被控对象的结构和参数不能完全掌握，或得不到精确的数学模型时，又或者不能通过有效的测量手段来获得系统参数时，最适合用PID控制技术。

1. PID控制概貌

所谓PID控制就是根据系统的误差，利用比例P、积分I、微分D计算出控制量进行控制的，实际中也有P、PI和PD控制。

（1）P（比例）控制

比例控制是一种最简单的控制方式，其控制器的输出与输入误差信号成比例关系，当仅有比例控制时，系统输出存在稳态误差（Steady - State Error）。

（2）PI控制

在积分控制中，控制器的输出与输入误差信号的积分成正比关系。对一个自动控制系统而言，如果在进入稳态后存在误差，则称这个控制系统是有稳态误差的，简称为有差系统（System with Steady - State Error）。为了消除稳态误差，在控制器中必须引入积分项。积分项对误差取决于时间的积分，随着时间的增加，积分项会增大。这样，即便误差很小，积分项也会随着时间的增加而加大，它推动控制器的输出增大使稳态误差进一步减小，直到等于零。因此，比例+积分（PI）控制器，可以使系统在进入稳态后无稳态误差。

（3）PD控制

在微分控制中，控制器的输出与输入误差信号的微分（即误差的变化率）成正比关系。自动控制系统在克服误差的调节过程中可能会出现振荡甚至失稳，其原因是由于存在有较大惯性组件（环节）或有滞后（delay）组件，具有抑制误差的作用，其变化总是落后于误差的变化。解决的办法是使抑制误差的作用的变化超前，即在误差接近零时，抑制误差的作用也应该为零。这就是说，在控制器中仅引入比例项往往是不够的，比例项的作用仅是放大误差的幅值，而目前需要增加的是微分项，它能预测误差的变化趋势，这样，具有比例+微分的控制器就能够提前使抑制误差的控制作用等于零，甚至为负值，从而避免了被控量的严重超调。所以对有较大惯性或滞后的被控对象，比例+微分（PD）控制器能改善系统在调节过程中的动态特性。

（4）PID控制

PID控制有3个主要的参数：K_P（比例增益）、T_I（积分时间）和T_D（微分时间）需要整定，无论哪一个参数选择得不合适，都会影响控制效果。因此，在整定参数时应把握住PID参数与系统动态、静态性能之间的关系。

比例部分与误差信号在时间上是一致的，只要误差一出现，比例部分就能及时地产生与误差成正比的调节作用，具有调节及时的特点。比例系数K_P越大，比例调节作用越强，系统的稳态精度越高。但是对于大多数系统，K_P过大会使系统的输出量振荡加剧，稳定性降低。

积分作用与当前误差的大小和误差的历史情况都有关系，只要误差不为零，控制器的输出就会因积分作用而不断变化，直到误差消失，系统处于稳定状态，输出量不再变化。因此，积分部分可以消除稳态误差，提高控制精度，但是积分作用的动作缓慢，可能给系统的动态稳定性带来不良影响。积分时间常数T_I决定了积分速度的快慢和积分作用的强弱，T_I增大时，积分作用减弱，积分速度变慢，消除静差的时间增长，系统的动态性能（稳定性）可能有所改善，但是消除稳态误差的速度减慢，可以减少系统超调。

微分部分为提高PI调节的动态响应速度而设置，可根据误差变化的速度，提前给出较大的调节作用，使误差消除在萌芽状态。微分部分反映了系统的变化趋势，较比例调节更为及时，所以微分部分具有超前和预测的特点。微分时间系数T_D增大时，超调量减小，动态性能得到改善，但是抑制高频干扰的能力下降。

除此之外，采样周期T_S也很重要，选取采样周期T_S时，应使它远远小于系统阶跃响应的纯滞后时间或上升时间。为使采样值能及时反映模拟量的变化，T_S越小越好。因为T_S太小会增加CPU的运算工作量，且相邻两次采样的差值几乎没有什么变化，所以也不宜将T_S取得过小。

因此，在实际使用时，如何确定其控制参数是令工程技术人员最头痛的事，下面介绍三种方法供大家参考。

2. 阶跃响应法

阶跃响应法就是用来确定PID控制的K_P、T_I、T_D三个参数的一种方法。为了使PID控制获得良好的效果，必须求得适合于控制对象的3个参数的最佳值，工程上常采用阶跃响应法求这3个常数（仅适用于FX_{2N}V2.00以上版本）。

阶跃响应法是使控制系统产生0~100%的阶跃输出，测量输入变化对输出的动作特性（无用时间L、最大斜率R）来换算出PID的3个参数，如图5-37所示。

3. 自动调谐法

为了得到最佳的PID控制效果，最好使用自动调谐功能，其操作方法如下：

（1）传送自动调谐用的输出值至输出值［D.］中

根据输出设备的不同，自动调谐用的输出值应在可能输出最大值的50%~100%范围内选用。

（2）设定自动调谐的采样时间、输出滤波、微分增益以及目标值等

为了正确执行自动调谐，目标值的设定应保证自动调谐开始时的测定值与目标值之差要

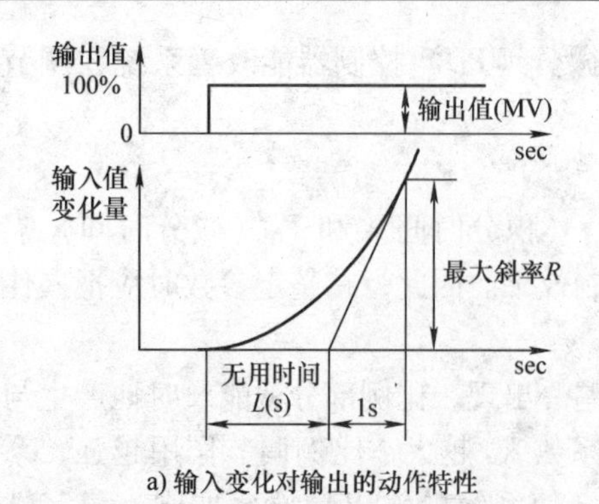

a) 输入变化对输出的动作特性

	比例增益 (K_P)%	积分时间 (T_I)(0.1s)	微分时间 (T_D)(0.1s)
仅有比例控制(P动作)	(1/R×L)×输出值(MV)	—	—
PI控制(PI动作)	(0.9/R×L)×输出值(MV)	33L	—
PID控制(PID动作)	(1.2/R×L)×输出值(MV)	20L	50L

b) 动作特性与3个参数的关系

图 5-37 阶跃响应法求 PID 的 3 个参数

大于 150。若不能满足大于 150，可以先设定自动调谐的目标值，待自动调谐完成后，再次设定目标值。自动调谐时的采样时间应大于 1s，并且要远大于输出变化的周期时间。

（3）［S3.］ +1 动作方向（ACT）的 bit4 设定为 ON 后，则自动调谐开始。当当前值达到设定值的三分之一时，自动调谐标志（［S3］ +1 的 b4 =1）会被复位，自动调谐完成，转为正常的 PID 控制，这时可将设定值改回到正常设定值而不要令 PID 指令 OFF。注意：自动调谐应在系统处于稳态时进行，否则不能正确进行调谐。

4. 凑试法

整定 PID 参数时，如果能够有理论的方法确定 PID 参数当然是最理想的方法，但是在实际应用中，更多的是通过凑试法来确定 PID 的参数。

（1）K_P、T_I、T_D

增大比例系数 K_P 一般将加快系统的响应，在有静差的情况下有利于减小静差，但是过大的比例系数会使系统有比较大的超调，并产生振荡，使稳定性变坏。

增大积分时间 T_I 有利于减小超调，减小振荡，使系统的稳定性增加，但是系统静差消除时间变长。

增大微分时间 T_D 有利于加快系统的响应速度，使系统超调量减小，稳定性增加，但系统对扰动的抑制能力减弱。

（2）凑试步骤

在凑试时，可参考以上参数对系统控制过程的影响趋势，对参数调整实行先比例、后积分，再微分的整定步骤。

首先整定比例部分。将比例参数由小变大，并观察相应的系统响应，直至得到反应快、超调小的响应曲线。如果系统没有静差或静差已经减小到允许范围内，并且对响应曲线已经满意，则只需要比例调节即可。

如果在比例调节的基础上系统的静差不能满足设计要求，则必须加入积分环节。在整定时，先将积分时间设定到一个比较大的值，然后将已经调节好的比例系数略为缩小（一般缩小为原值的 0.8），然后减小积分时间，使得系统在保持良好动态性能的情况下，静差得到消除。在此过程中，可根据系统响应曲线的好坏反复改变比例系数和积分时间，以期得到满意的控制过程和整定参数。

如果在上述调整过程中对系统的动态过程反复调整还不能得到满意的结果，则可以加入微分环节。首先把微分时间 D 设置为 0，在上述基础上逐渐增加微分时间，同时相应的改变比例系数和积分时间，逐步凑试，直至得到满意的调节效果。下面是PID调节在工程实践中常用的口诀。

参数整定找最佳，从小到大顺序查；

先是比例后积分，最后再把微分加；

曲线振荡很频繁，比例度盘要放大；

曲线漂浮绕大弯，比例度盘往小扳；

曲线偏离回复慢，积分时间往下降；

曲线波动周期长，积分时间再加长；

曲线振荡频率快，先把微分降下来；

动差大来波动慢，微分时间应加长；

理想曲线两个波，前高后低4比1；

一看二调多分析，调节质量不会低。

（3）经验数据

在长期的工程实际中，我们积累了各种调节系统的工程数据，在进行PID调节时，可在P、I、D参数经验数据的基础上进行拼凑，将会有意想不到效果。

对于温度系统：K_P（%）20~60，T_I（s）180~600，T_D（s）3~180。

对于流量系统：K_P（%）40~100，T_I（s）6~60。

对于压力系统：K_P（%）30~70，T_I（s）24~180。

对于液位系统：K_P（%）20~80，T_I（s）60~300。

5. 温度PID控制

温度控制系统通常由电加热器、热电耦温度传感器、模拟量输入模块组成，如图5-38a所示。系统通过热电耦温度传感器采集温度槽的模拟温度值，并送FX_{2N}-4AD-TC模拟量输入模块，由它将模拟量变成数字量后送PLC，PLC通过PID控制改变加热器的加热时间，从而实现对温度的闭环控制。PID控制和自动调谐时电加热器的动作情况如图5-38b所示，其参数设定内容如图5-38c所示。

图5-38a中FX_{2N}-48MR基本单元的输出Y001驱动电加热器给温度槽加温，由热电偶检测温度槽的温度模拟信号经模拟输入模块进行模数转换后给PLC，PLC执行PID控制，调节温度槽温度保持在+50℃。模拟输入模块FX_{2N}-4AD-TC与基本单元连接，编号为0，它有4个通道，选用CH2通道接受热电偶检测的模拟电压，其他通道不使用，因此，模拟输入模块FX_{2N}-4AD-TC的BFM0#应设为H3303（从最低位到最高位数字分别控制CH1通道至CH4通道，每位数字可由0~3表示，0表示设定输入电压范围为-10~+10V）。

图5-38c是自动调谐和PID控制的控制参数设定。由控制参数设定内容可知，设定目标值为500（即温度保持在500×0.1℃/单位变化量 = +50℃），要求正向动作，输入/输出变化量报警无效，自动调谐有效，输出上下限设定有效，故动作方向（ACT）单元的设定参数为（000110000）= H30。

选择开关X10作为有自动调谐的PID控制，选择开关X11作为无自动调谐的PID控制。若X 010 = ON，X 011 = OFF，则先执行自动调谐，然后进行PID控制（实际为PI控制）；若X 010 = OFF，X 011 = ON，则仅执行PID控制。因此，温度闭环控制系统程序如图5-39所示。

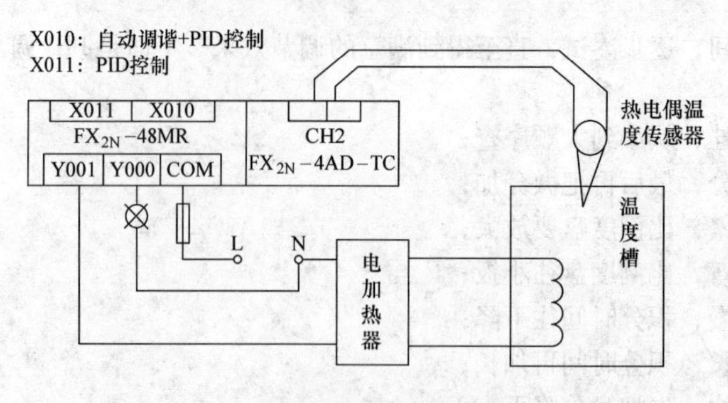

a) 温度自动控制系统

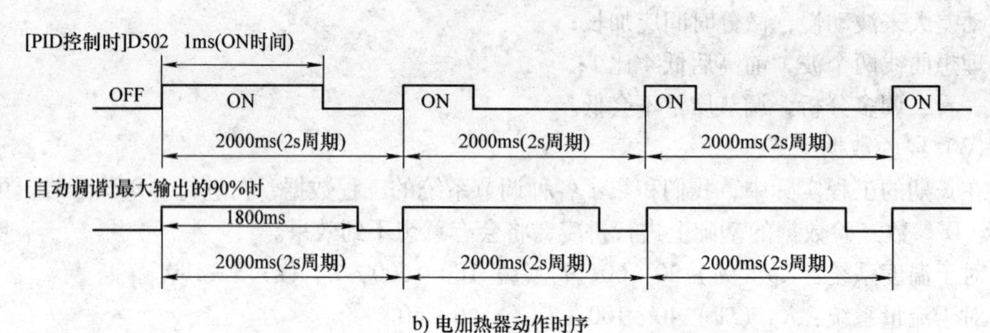

b) 电加热器动作时序

PID控制设定内容				自动调谐参数	PID控制参数
目标值(SV)			s1	500(+50℃)	500(+50℃)
参数设定	采样时间(T_S)		s3	3000ms	500ms
	输入滤波(a)		s3 +2	70%	70%
	微分增益(K_D)		s3 +5	0	0
	输出值上限		s3 +22	2000(2s)	2000(2s)
	输出值下限		s3 +23	0	0
	动作方向(ACD)	输入变化量报警	s3 +1 bit1	0	0
		输出变化量报警	s3 +1 bit2	0	0
		自动调谐设定	s3 +1 bit4	有效	有效
		输出值上下限设定	s3 +1 bit5	有效	有效
输出值(MV)			D	有1800ms	根据运算

c) 自动调谐与PID控制参数

图 5-38　温度 PID 控制

控制用参数的设定值在 PID 运算前必须预先通过指令写入，因此，程序从第 0 步开始，使用初始化脉冲 M8002 用 MOV 指令将目标值、输入滤波常数、微分增益、输出值上限、输出值下限的设定值分别传送给数据寄存器 D500、D512、D515、D532、D533。

程序第 26 步使 M0 得电，选择自动调谐。使用自动调谐功能是为了得到最佳的 PID 控制参数，自动调谐不能自动设定的参数必须通过指令设定，在第 29 步～47 步之间用 MOV 指令将自动调谐用的参数（自动调谐采样时间，动作方向、自动调谐和上下限设定有效，自动调谐用输出值）分别传送给数据寄存器 D510、D511、D502。

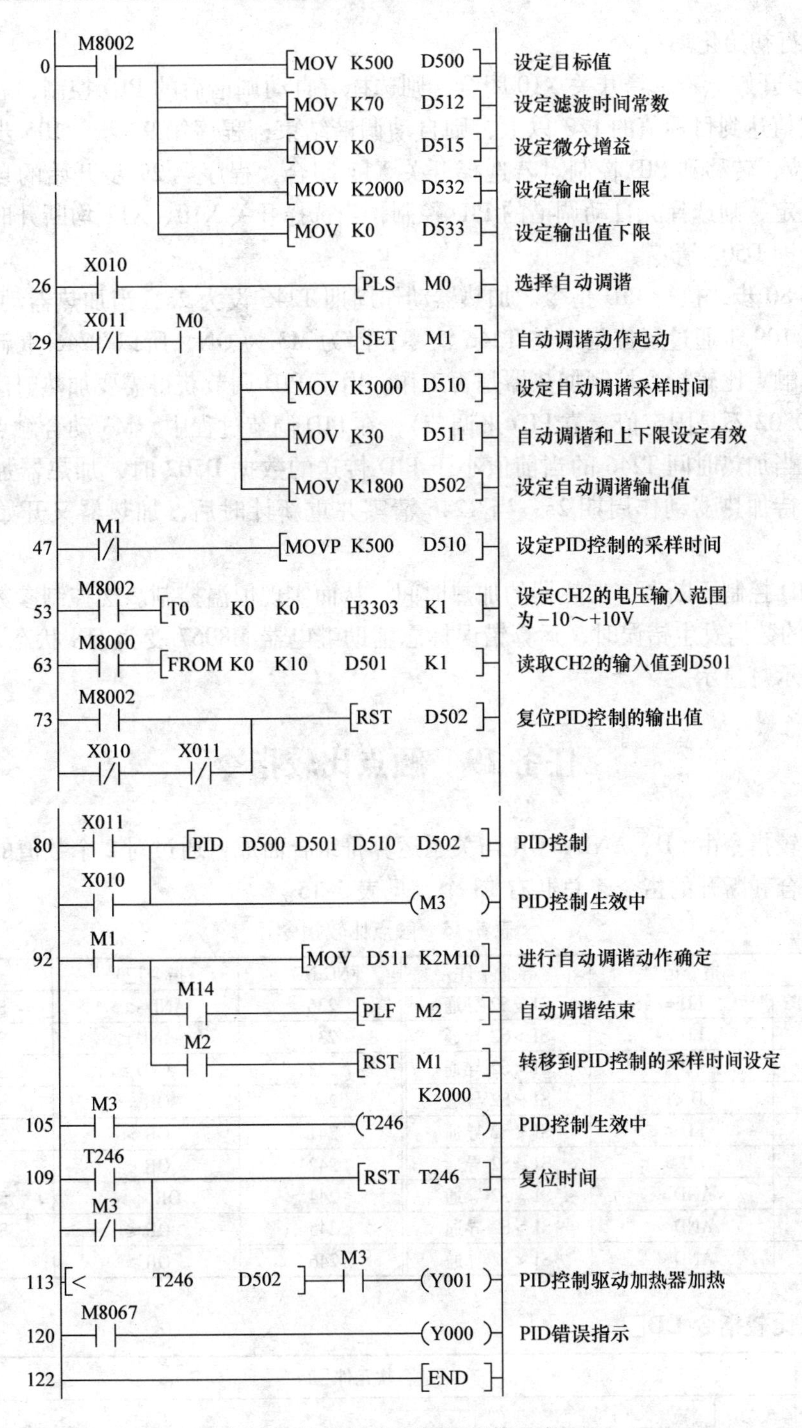

图5-39 温度闭环控制系统程序

程序第47步，将PID控制的采样时间设定值500ms用脉冲执行型MOV（P）指令送给D510，进行PID控制。

程序从第53步开始，对FX_{2N}-4AD-TC进行通道设定，且在PLC运行时，读取来自温度模拟量输入模块FX_{2N}-4AD-TC的数据，并送到PLC的D501中，程序第73步开始对

PID 控制进行初始化。

第80步开始，若选择开关X10闭合，则选择有自动调谐后的PID控制，若自动调谐开始时的测定值达到目标值的1/3以上，则自动调谐结束；程序第92步~105步自动调谐结束，M1复位，转移到PID控制。若选择开关X11闭合，程序第29步开始的自动调谐用参数就不能设定，则选择无自动调谐的PID控制，当选择开关X10、X11均断开时，将PID动作初始化，即D502清零。

程序第80步，执行PID指令。加热器动作周期T246设为2s，当加热器动作周期2s到时，程序第109步通过复位指令将T246清零；因为M3为ON，所以T246重新计时。程序第113步的触点比较指令控制加热器是否工作，由于PID调节获得需要加热时间的数据置于D502中（D502不是固定值，靠PID来调节），在PID调节过程中，M3动合触点始终是闭合的，因此，当加热时间T246的当前值小于PID传送的数据D502时，加热器加热，否则停止加热，等待加热器动作周期2s；当T246清零并重新计时后，加热器又开始加热，周而复始。

通过PID控制不断调节加热器的加热时间，从而实现恒温控制。当控制参数的设定值或PID运算中的数据发生错误时，运算错误标志辅助继电器M8067变为ON状态，通过Y0输出给故障指示灯显示。

任务19 触点比较指令

触点比较指令由LD、AND、OR与关系运算符组合而成，通过对2个数值的关系运算来实现触点闭合和断开的指令，总共有18个，见表5-15。

表5-15 触点比较指令

FNC NO.	指令记号	导通条件	FNC NO.	指令记号	导通条件
224	LD =	S1 = S2 导通	236	AND < >	S1≠S2 导通
225	LD >	S1 > S2 导通	237	AND≤	S1≤S2 导通
226	LD <	S1 < S2 导通	238	AND≥	S1≥S2 导通
228	LD < >	S1≠S2 导通	240	OR =	S1 = S2 导通
229	LD≤	S1≤S2 导通	241	OR >	S1 > S2 导通
230	LD≥	S1≥S2 导通	242	OR <	S1 < S2 导通
232	AND =	S1 = S2 导通	244	OR < >	S1≠S2 导通
233	AND >	S1 > S2 导通	245	OR≤	S1≤S2 导通
234	AND <	S1 < S2 导通	246	OR≥	S1≥S2 导通

1. 触点比较指令LD□

<table>
<tr><td rowspan="4">FNC224－230
LD
(P) (16/32)</td><td colspan="10">适合软元件</td><td>占用步数</td></tr>
<tr><td rowspan="2">字元件</td><td colspan="9">S1. S2.</td><td rowspan="3">16位：5步
32位：9步</td></tr>
<tr><td>K、H</td><td>KnX</td><td>KnY</td><td>KnM</td><td>KnS</td><td>T</td><td>C</td><td>D</td><td>V、Z</td></tr>
<tr><td>位元件</td><td colspan="9"></td></tr>
</table>

LD□是连接到母线的触点比较指令，它又可以分为LD =、LD >、LD <、LD < >、

LD≥、LD≤这6个指令，其编程举例如图5-40所示。

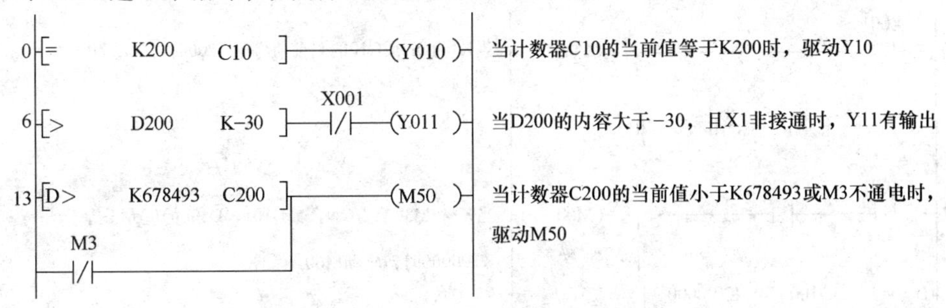

图5-40　触点比较程序1

LD□触点比较指令的最高位为符号位（16位操作时为b15，32位操作时为b31），最高位为1则作为负数处理。C200及以后的计数器的触点比较，都必须使用32位指令，若指定为16位指令，则程序会出错。其他的触点比较指令与此相同。

2. 触点比较指令AND

		适合软元件									占用步数
FNC232－238 AND (P)(16/32)	字元件	S1.　S2.									16位：5步 32位：9步
		K、H	KnX	KnY	KnM	KnS	T	C	D	V、Z	
	位元件										

AND□是比较触点作串联连接的指令，它又可以分为AND＝、AND >、AND <、AND < >、AND≥、AND≤这6个指令，其编程举例如图5-41所示。

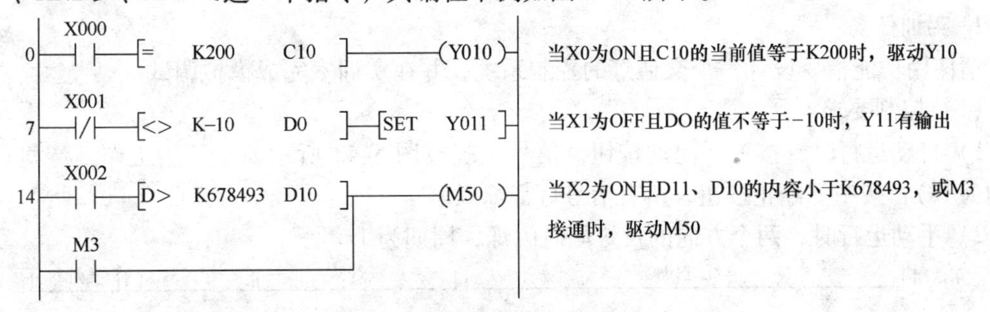

图5-41　触点比较程序2

3. 触点比较指令OR□

		适合软元件									占用步数
FNC240－FNC246 (P)(16/32)	字元件	S1.　S2.									16位：5步 32位：9步
		K、H	KnX	KnY	KnM	KnS	T	C	D	V、Z	
	位元件										

OR□是比较触点作并联连接的指令，它又可以分为OR＝、OR >、OR <、OR < >、

OR≥、OR≤这6个指令，其编程举例如图5-42所示。

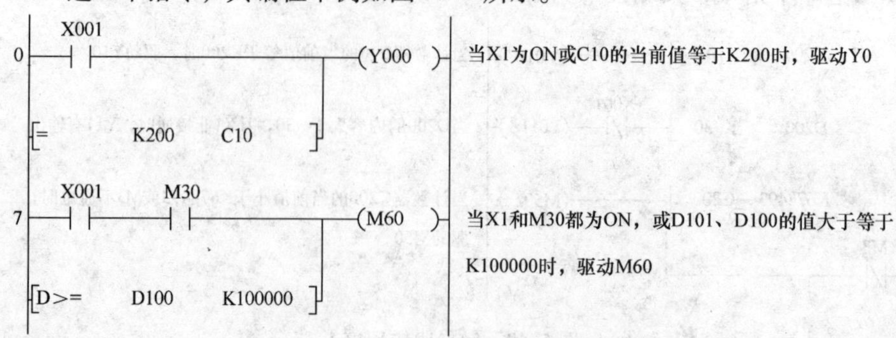

图5-42 触点比较程序3

课题3 掌握功能指令的应用

学习目标

1. 掌握功能指令的程序设计方法和技巧。
2. 会利用功能指令进行程序设计与系统调试。

任务1 自动交通灯的PLC控制实训（2）

1. 实训任务

请使用功能指令设计一个交通灯的控制系统，并在实训室完成模拟调试。

（1）控制要求

1）自动运行时，按一下起动按钮，信号系统按图5-43所示要求开始工作（绿灯闪烁周期为1s），按一下停止按钮，所有信号灯都熄灭。

2）手动运行时，两个方向的黄灯同时闪烁，周期为1s。

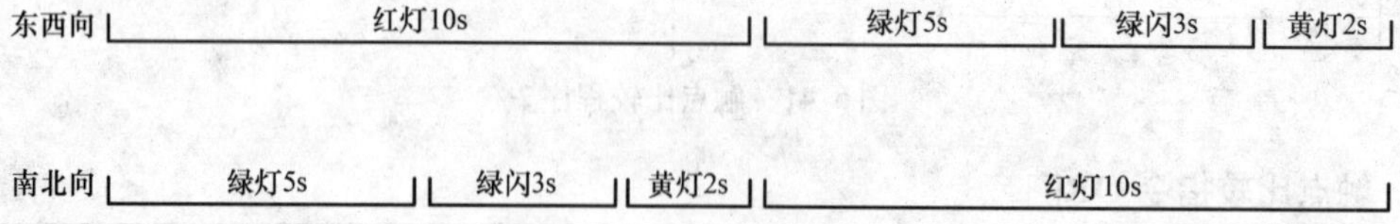

东西向 红灯10s | 绿灯5s | 绿闪3s | 黄灯2s

南北向 绿灯5s | 绿闪3s | 黄灯2s | 红灯10s

图5-43 交通灯动作示意图

（2）实训目的

1）掌握触点比较、ALT、ZRST指令的用法。

2）进一步掌握应用功能指令进行程序设计的基本思路和方法。

2. 实训步骤

（1）I/O分配

X0——起动/停止按钮；X1——手动开关（带自锁型）；Y0——东西向绿灯；Y1——东西向黄灯；Y2——东西向红灯；Y4——南北向绿灯；Y5——南北向黄灯；Y6——南北向红灯；

（2）程序设计

根据系统的控制要求及I/O分配，其梯形图如图5-44所示。

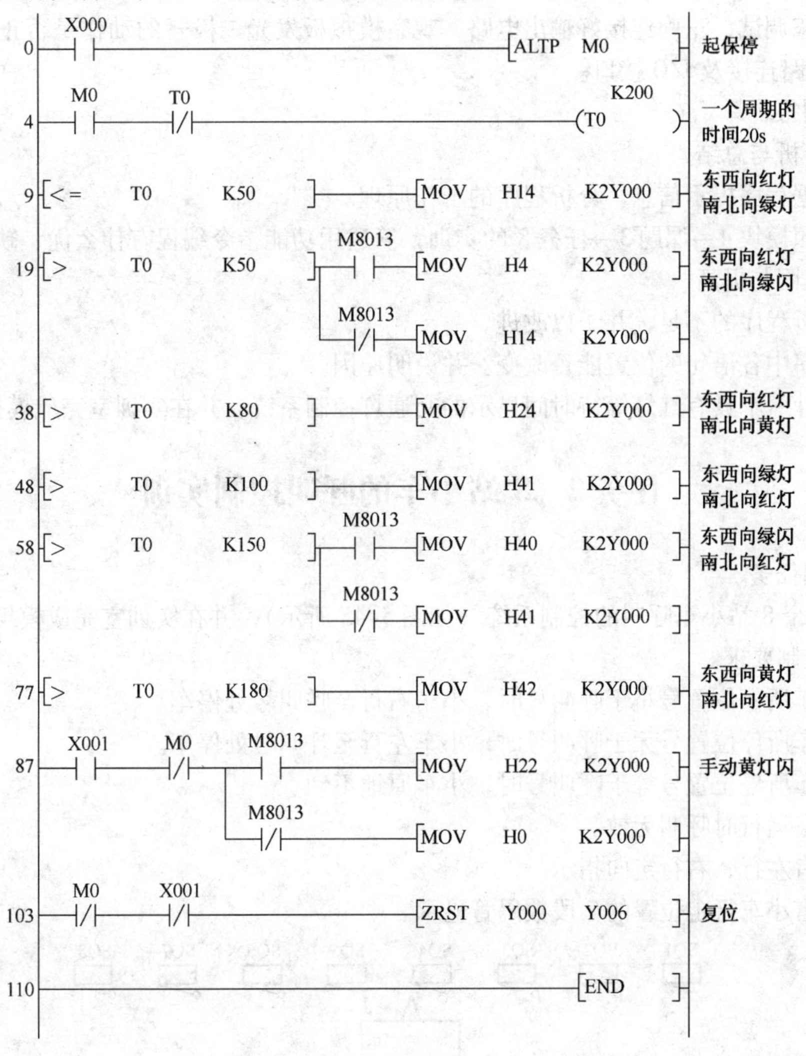

图5-44　交通灯程序

（3）系统接线图

请参照模块4→课题3→任务8的系统接线图。

（4）实训器材

根据控制要求、I/O分配及系统接线图，完成本实训需要配备如下器材：

1）PLC应用技术综合实训装置1台。

2）按钮开关2个。

3）交通灯模拟板1块。

4）计算机1台（已安装GX Developer或GPP软件）。

（5）系统调试

1）程序输入，按图5-44所示图形输入程序。

2）静态调试，正确连接好输入电路，观察输出指示灯动作情况是否正确，如不正确则检查程序，直到正确为止。

3）动态调试，正确连接好输出电路，观察模拟板发光二极管的动作是否正确，如不正确则检查电路连接及I/O接口。

3. 实训报告

（1）分析与总结

1）根据程序提示信息，分析程序的工作原理。

2）对照模块4→课题3→任务8的实训，简述用功能指令编程有什么优、缺点。

（2）巩固与提高

1）分析程序的不足，并予以改进。

2）程序中各语句的位置能否改变？并说明原因。

3）设计一个具有红灯等待时间显示的交通灯控制系统，并在实训室完成模拟调试。

任务2　8站小车的呼叫控制实训

1. 实训任务

设计一个8站小车呼叫的控制系统（如图5-45所示），并在实训室完成模拟调试。

（1）控制要求

1）小车所停位置号小于呼叫号时，小车右行至呼叫号处停车。

2）小车所停位置号大于呼叫号时，小车左行至呼叫号处停车。

3）小车所停位置号等于呼叫号时，小车原地不动。

4）小车运行时呼叫无效。

5）具有左行、右行定向指示。

6）具有小车行走位置的7段数码管显示。

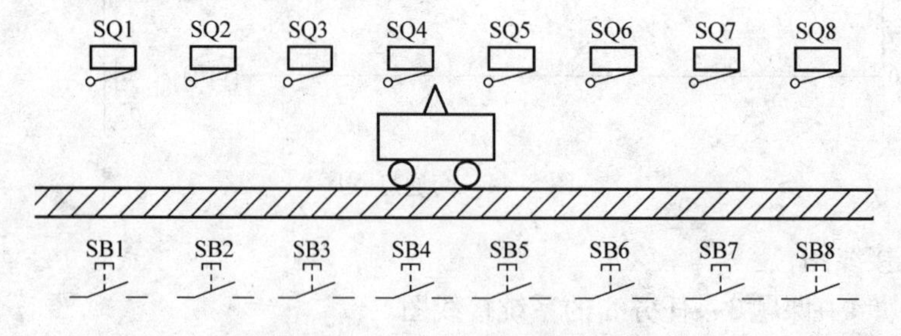

图5-45　8站小车呼叫的示意图

（2）实训目的

1）掌握较复杂程序的设计。

2）掌握可扩展性程序编写的思路和方法。

2. 实训步骤

（1）I/O 分配

X0——1 号位呼叫 SB1；X1——2 号位呼叫 SB2；X2——3 号位呼叫 SB3；X3——4 号位呼叫 SB4；X4——5 号位呼叫 SB5；X5——6 号位呼叫 SB6；X6——7 号位呼叫 SB7；X7——8 号位呼叫 SB8；X10——SQ1；X11——SQ2；X12——SQ3；X13——SQ4；X14——SQ5；X15——SQ6；X16——SQ7；X17——SQ8；Y0——正转 KM1；Y1——反转 KM2；Y4——右行指示；Y5——左行指示；Y10 ~ Y16——数码管 a、b、c、d、e、f、g。

（2）程序设计

根据系统的控制要求及 I/O 分配，其梯形图如图 5-46 所示。

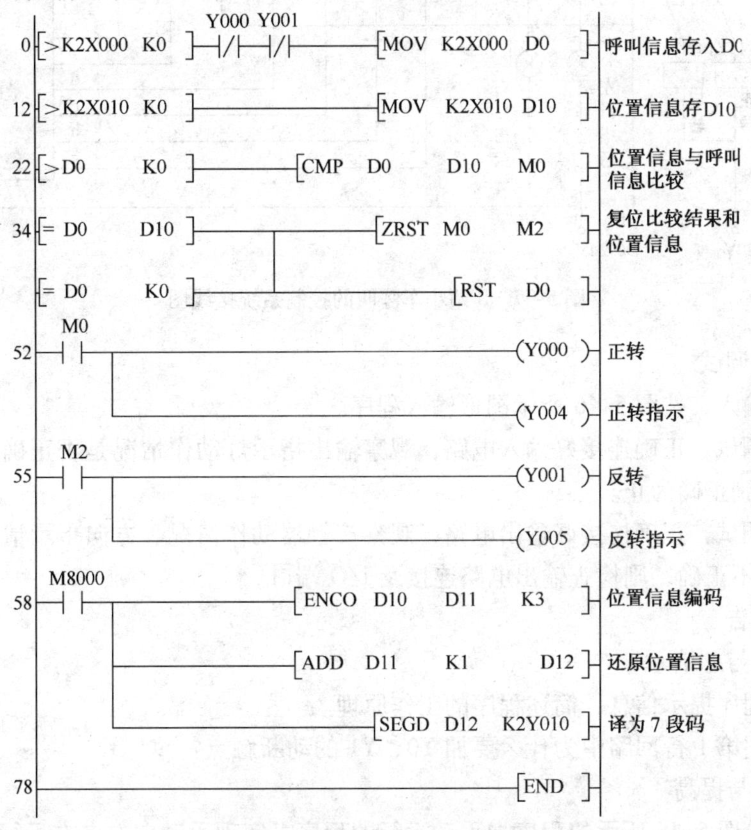

图 5-46　8 站小车呼叫的控制程序

（3）系统接线图

根据系统的控制要求、I/O 分配及控制程序，其系统接线如图 5-47 所示。

（4）实训器材

根据控制要求、I/O 分配及系统接线图，完成本实训需要配备如下器材：

1）PLC 应用技术综合实训装置 1 台。

2）8 站小车的呼叫模拟板 1 块。

3）交流 220V 接触器 2 个。

4）共阴数码管 1 只（注：需要在 7 段回路中分别串联 510Ω 电阻）。

5）计算机 1 台（已安装 GX Developer 或 GPP 软件）。

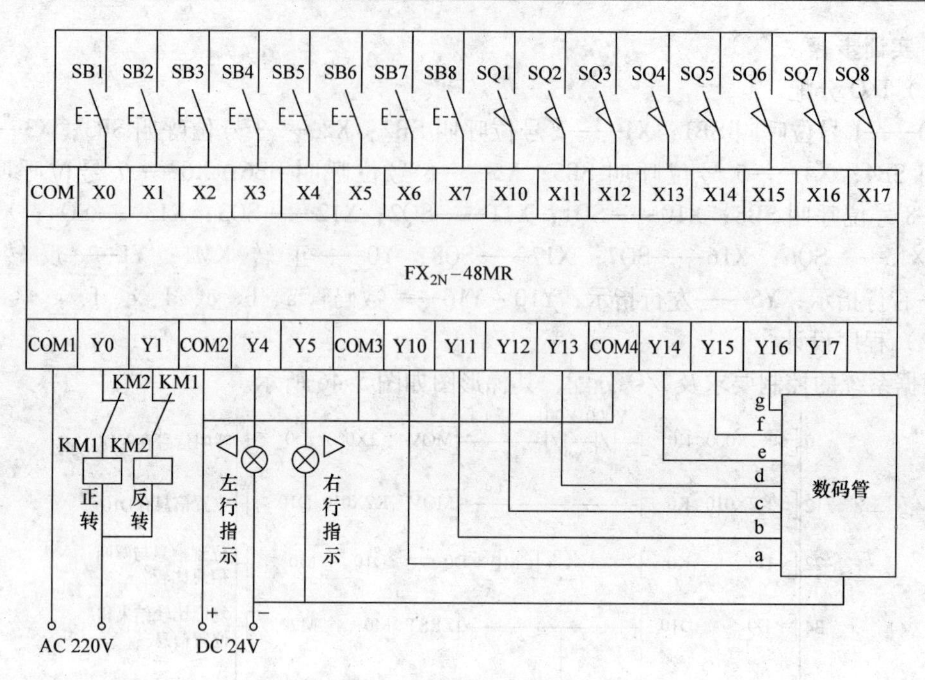

图 5-47　8 站小车呼叫的控制系统接线图

（5）系统调试

1）程序输入，按图 5-46 所示图形输入程序。

2）静态调试，正确连接好输入电路，观察输出指示灯动作情况是否正确，如不正确则检查程序，直到正确为止。

3）动态调试，正确连接好输出电路，观察接触器动作情况、方向指示情况、数码管的显示情况，如不正确，则检查输出电路连接及 I/O 端口。

3. 实训报告

（1）分析与总结

1）根据程序提示信息，简述程序的工作原理。

2）梯形图第 1 行回路中为什么要加 Y0、Y1 的动断触点？

（2）巩固与提高

1）如何给图 5-46 所示的程序加手动运行的程序，实现手动向左向右运行？

2）如何实现运行延时起动功能，并有延时起动报警？

3）设计 12 站小车呼叫的控制程序，控制要求与本实训相同。

思考与练习

1. 什么是功能指令？有什么用途？

2. 功能指令有哪些要素？叙述它们的使用意义。

3. 跳转发生后，CPU 是否扫描被跳过的程序段？被跳过的程序段中的输出继电器、定时器及计数器的状态将如何变化？

4. CJ 指令和 CALL 指令有什么区别？

5. MOV 指令能不能向 T、C 的当前值寄存器传送数据？

6. 编码指令 ENCO 被驱动后，当源数据中只有 b0 位为 1 时，则目标数据应为什么？

7. ROTC 指令操作数［S.］、［D.］、m1、m2 各表示什么意思？如何设定？

8. 设计一个适时报警闹钟，要求精确到秒（注意 PLC 运行时应不受停电的影响）。

9. 设计一个密码（6 位）开机的程序（X0～X11 表示 0～9 的输入），密码对按开机键即开机，密码不对有 3 次重复输入的机会，如 3 次均不正确则立即报警。

10. 图 5-15 中，使用了 32 位指令，但最终输出的结果只有 8 位，请问结果会否产生错误？请说明道理。

11. 图 5-16 中的第 4 程序步的两条 INCP 指令调换位置，则程序执行的结果有何不同？

12. 请用 PLC 设计一个自动售货机的控制系统，其要求如下：

（1）此售货机可投入 1 元、2 元硬币，投币口为 LS1、LS2；

（2）当投入的硬币总值大于等于 6 元时，汽水指示灯 L1 亮，此时按下汽水按钮 SB，则汽水口 L2 出汽水 12s 后自动停止。

（3）不找钱，不结余，下一位投币又重新开始。

13. 有红、黄、绿 3 种颜色的彩灯各 4 个，共 12 个，依次布置构成节日彩灯，要求每 1 s 移动一个灯位，每次亮 0.5s，并用一选择开关选择每次只点亮一个灯泡或者每次点亮相邻的三个灯泡。请设计控制程序，绘出梯形图并编写出指令表语句。

附　录

附录A　PLC应用技术综合实训装置

PLC应用技术综合实训装置是深圳职业技术学院研发的专利产品（专利号：ZL200920260524.9），采用模块化设计，分为实训平台和实训模块。实训平台包括PLC部分、变频器部分和公共部分；实训模块包括通用实训模块和由三轴旋转机械手、变频运输带及四轴分选机械手组成的微型生产线，如图A-1所示。该装置配有PLC、变频器、触摸屏及PLC特殊功能模块和计算机，其I/O点全部引到模块的安全插孔，便于用安全叠插线配合控制对象完成各种实训，本装置可以完成从简单的基本训练到复杂的控制系统等几十个项目的实训。

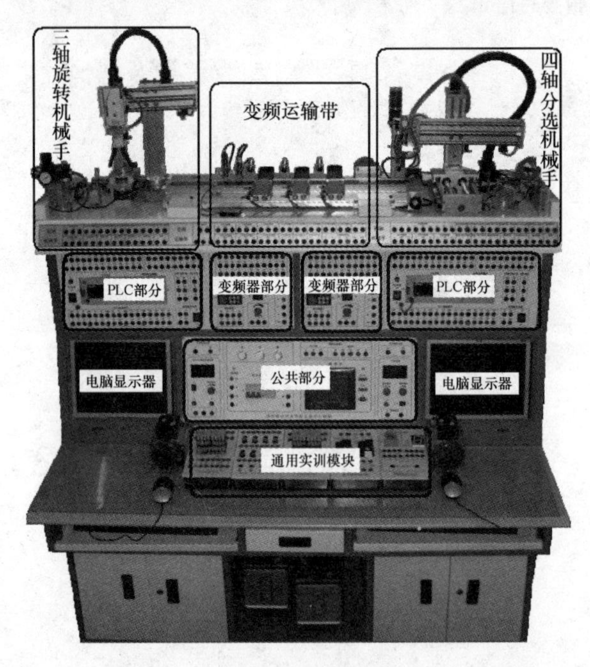

图A-1　PLC应用技术综合实训装置

1. 实训平台

（1）实训桌

实训桌是用来进行实训的操作平台，台面可以用来放置与实训有关的通用实训模块、器材和工具；台面正中间设有抽屉，用来放置安全叠插线；台面两边设有开放式抽屉，用来放置计算机键盘；实训桌左、右两边各设一个柜子，分别用于存放通用实训模块。进行基本训练时，可以每人一个工位，进行复杂的控制系统训练时，可以两人合作完成。

（2）公共部分

公共部分配有2个24V直流稳压电源、1个双0~30V直流可调电源、1个三相4极漏电断路器总电源开关、2 个三相 5 线电源安全插孔、1 个触摸屏、CC - Link 总线接口、RS - 485 网络接口、1 个可调的恒流源以及监视用的电流表、电压表，提供了实训所需的各种电源和信号，其结构及功能如图 A-2 所示。

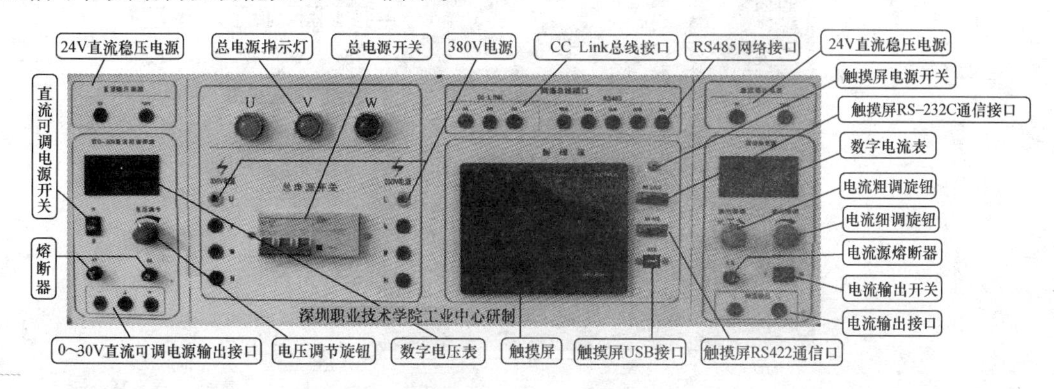

图 A-2　公共部分

（3）PLC 部分

本装置具有两个 PLC 部分，包括三菱 FX_{3U} - 48MT 的 PLC 基本单元、FX_{2N} - 32CCL 通信模块、FX_{2N} - 5A 模拟量处理模块及 RS - 485BD 板，此外还提供 5V 和 24V 独立直流电源，其结构如图 A - 3 所示。PLC 输入端的 S/S 与 24V 短接，0V 作为输入公共端，即漏型接法；PLC 输出端除了 Y0、Y1 外，其余都通过小型直流继电器进行隔离保护，因此可接交、直流负载。

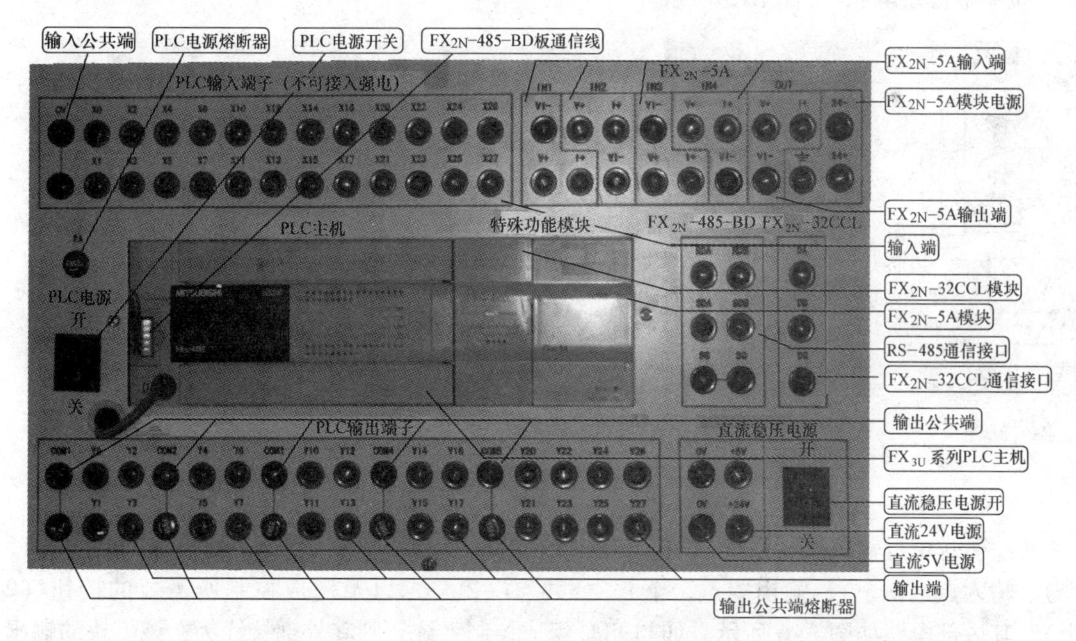

图 A-3　PLC 部分

（4）变频器部分

本装置具有两个变频器部分，包括三菱 FR - 740 变频器操作单元、电源开关、可调电位器及编码器输入端、变频器输出和控制端子的安全插孔，如图 A-4 所示。

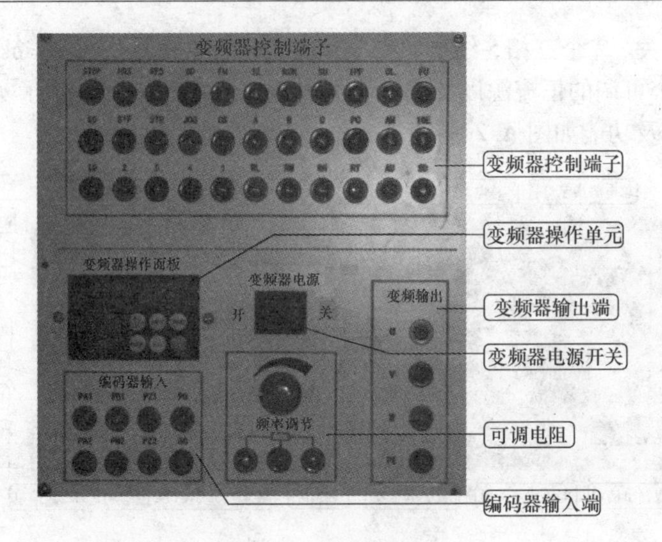

图 A-4　变频器部分

2. 实训模块

（1）通用实训模块

本书所用到的通用实训模块有控制对象模块（如传送带运输机控制系统模块、四层电梯模拟控制模块、交通灯自控与手控模块、电镀槽自控与手控模块、机械手控制系统模块等）和控制模块（如时间继电器模块，交流接触器模块，交流接触器、热继电器模块，开关、按钮板模块等），如图 A-5 所示。

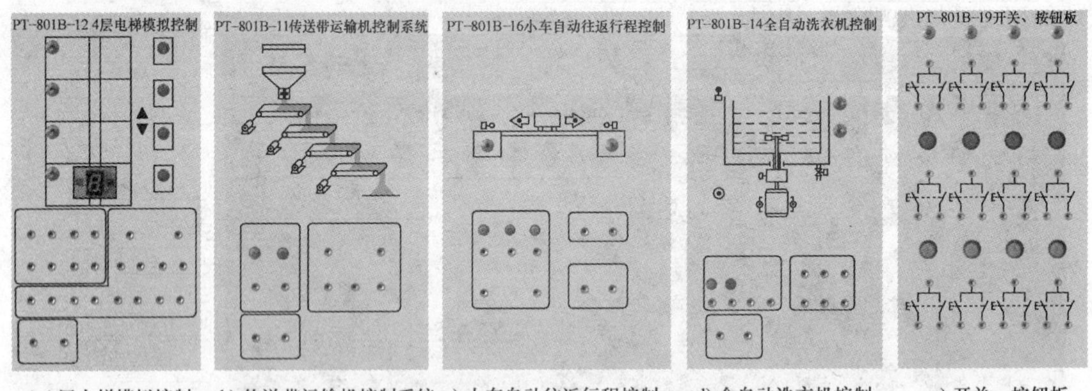

a) 4 层电梯模拟控制　b) 传送带运输机控制系统　c) 小车自动往返行程控制　d) 全自动洗衣机控制　e) 开关、按钮板

图 A-5　通用实训模块

1）传送带运输机控制系统模块。传送带运输机控制系统模块设有对象动作指示灯（5 个）、输入点（2 个）、输出点（5 个）、公共点（2 个）以及完成控制所需要的按钮（2 个），其内部电路如图 A-6 所示。如与 PLC 组成控制系统，则其外部接线为，该模块的输出点 Y0、M1、M2、M3、M4 5 个安全插孔分别与 PLC 部分的输出端安全插孔相连，该模块的输出公共端与电源的负极相连；该模块的输入点起动、停止 2 个安全插孔分别与 PLC 部分的输入端安全插孔相连，该模块的输入公共端与 PLC 部分的输入公共端 COM 相连；PLC 部分的相应输出公共端短接后与电源的 +24V 相连。

2）交通灯自控与手控模块。交通灯自控与手控模块设有对象动作指示灯（12 个）、输入点（3 个）、输出点（6 个）、公共点（2 个）以及完成控制所需要的纽子开关（3 个），其内部电路 y 与图 A－6 相似。如 PLC 组成控制系统请参照传送带运输机控制系统模块进行接线。其他控制对象模块，其内部电路及外部接线与上述相似，这里不再赘述。

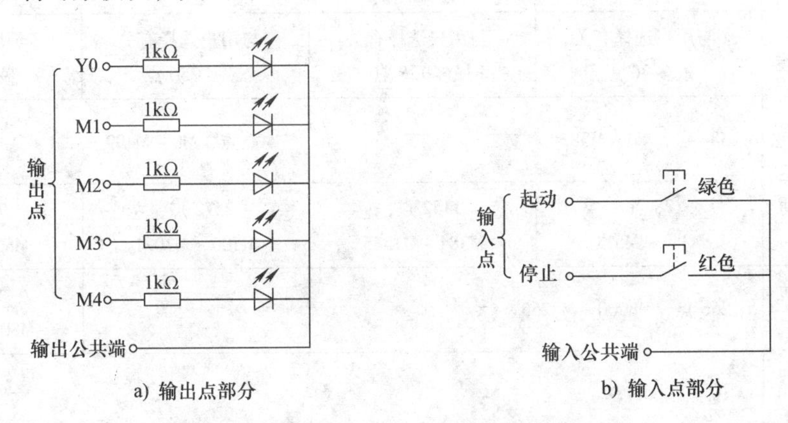

图 A-6　传送带运输机控制系统模块内部电路

3）交流接触器、热继电器模块。交流接触器、热继电器模块是将交流接触器（线圈额定电压为 220V）与热继电器的对应接线端引到模块的安全插孔上，这样可以反复多次插接而不损坏电器元件的接线端。其他的控制模块与此类似，它们均可以用万用表的欧姆挡很方便地测量出各安全插孔与元器件的连接关系，在此不再详述。

（2）微型生产线

微型生产线由三轴旋转机械手、变频运输带和四轴分选机械手构成，如图 4-47 所示。它们既能独立工作，又能组合成一条生产线进行联机工作，能实现圆形工件的上料、运输、检测（材质、颜色等）和分选等功能。该生产线所有气缸为有电动作，无电复位，所有位置传感器用来检测气缸杆的位置。

1）三轴旋转机械手。三轴旋转机械手包括旋转气缸、横梁气缸、升降气缸、手指气缸、上料气缸、光电传感器、电容传感器以及位置传感器，如图 4-39 所示。能完成上料、夹紧/放松、上升/下降、左/右移动和左、右旋转几个动作。光电传感器用来检测上料是否到位，电容传感器用来检测旋转是否到位。

2）变频运输带。变频运输带包括具有减速装置的三相交流异步电动机、同步传送带（含编码器）、光纤传感器、光电传感器（2 个）、电感传感器及顺着传送方向设置在传送带侧的定位传感器（3 个）、分选气缸（3 个），如图 4-42 所示。光纤传感器用来统计工件的数量，左边的光电传感器用来检测工件颜色（黑色闭合，白色断开），电感传感器用来检测工件的材质（金属闭合，塑料断开），定位传感器用定位（当工件通过时，运输带电动机停机，使工件刚好停在分选气缸的前面，方便分选），右边的光电传感器用来检测工件已到运输带末端。

3）四轴分选机械手。四轴分选机械手机构包括具有滚珠丝杠的步进电动机（含步进滑轨前后限位）、横梁升降气缸、横梁气缸、吸盘升降气缸、吸盘以及光纤传感器和电容传感器，如图 4-45 所示。能完成横梁升降气缸的前后移动（通过步进电动机滚珠丝杠）、横梁气缸的上下移动、吸盘气缸的左右移动、吸盘的上下移动。光电传感器用来检测步进丝杠是否在原位，光纤传感器用来检测工件是否到仓位。

附录B FX和汇川PLC的软元件

项目		FX_{1S}	FX_{1N}	H_{2U}、FX_{2N}	FX_{3U}
I/O设置		与用户选择有关，最多30点	与用户选择有关，最多128点	与用户选择有关，最多256点	与用户选择有关，最多384点
辅助继电器	通用辅助继电器	384点，M0～M383		500点，M0～M499	
辅助继电器	锁存辅助继电器	128点，M384～M511	1152点，M384～M1535	2572点，M500～M3071	7180点，M500～M7679
辅助继电器	特殊辅助继电器	256点，M8000～M8255			512点，M8000～M8511
状态继电器	初始化状态继电器	10点，S0～S9			
状态继电器	通用状态继电器	—		490点，S10～S499	
状态继电器	锁存状态继电器	128点，S0～S127	1000点，S0～S999	400点，S500～S899	3596点，S500～S4095
状态继电器	信号报警器	—		100点，S900～S999	
定时器	100ms定时器	63点，T0～T62	200点，T0～T199		
定时器	10ms定时器	31点，T32～T62（M8202=1）	46点，T200～T245		
定时器	1ms定时器	1点，T63	—	256点，T256～T511	
定时器	1ms积算定时器	—	4点，T246～T249		
定时器	100ms积算定时器	—	6点，T250～T255		
计数器	16位通用加计数器	16点C0～C15		100点C0～C99	
计数器	16位锁存加计数器	16点C16～C31	184点C16～C199	100点C100～C199	
计数器	32位通用加减计数器	—	20点C200～C219		
计数器	32位锁存加减计数器	—	15点C220～C234		

（续）

项目		FX_{1S}	FX_{1N}	H_{2U}、FX_{2N}	FX_{3U}
高速计数器	1相无起动复位输入	4点，C235~C238（C235锁存）		6点，C235~C240	
	1相带起动复位输入	3点，C241（锁存），C242，C244（锁存）		5点，C241~C245	
	1相双向高速计数器	3点C246，C247，C249（全部锁存）		5点，C246~C250	
	2相A/B相高速计数器	3点，C251，C252，C254（全部锁存）		5点，C251~C255	
数据寄存器	通用数据寄存器	128点，D0~D127		200点，D0~D199	
	锁存数据寄存器	28点，D128~D255	7872点，D128~D7999	7800点，D200~D7999	
	文件寄存器	1500点，D1000~D2499	7000点D1000~D7999，以500个为单位设置		
	外部调节寄存器	2点，D8030，D8031，范围0~255		—	
	16位特殊寄存器	256点，D8000~D8255			512点，D8000~D8511
	变址寄存器	16位16点，V0~V7，Z0~Z7			
针	跳步和子程序调用	64点，P0~P63	128点，P0~P127		4096点，P0~P4095
	中断用（上升沿触发□=1，下降沿触发□=0）	4点输入中断，I00□~I30□	6点输入中断，I00□~I50□	6点输入中断（I00□~I50□），3点定时中断（16☆☆~18☆☆），☆☆为ms，6点计数中断（I010~I060），H_{2U}还具有脉冲输出完成和多用户中断	
	MC和MCR的嵌套层数	8点，N0~N7			
数	十进制K	16位：-32768~+32767，32位：-214 748 648~+2 147 483 647			
	十六进制H	16位：0~FFFF，32位：0~FFFFFFFF			
	浮点数（32位）	—		$\pm1.175\times10^{-38}$~$\pm3.403\times10^{38}$	0，$\pm1.0\times2^{-126}$~$\pm1.0\times2^{128}$

附录C　FX和汇川PLC功能指令表

分类	功能号	助记符	功　能	FX_{1S}	FX_{1N}	FX_{2N}	FX_{3U}	汇川 H_{1U}	汇川 H_{2U}
程序流程	0	CJ	条件跳转	○	○	○	○	○	○
	1	CALL	子程序调用	○	○	○	○	○	○
	2	SRET	子程序返回	○	○	○	○	○	○
	3	IRET	中断返回	○	○	○	○	○	○
	4	EI	允许中断	○	○	○	○	○	○
	5	DI	禁止中断	○	○	○	○	○	○
	6	FEND	主程序结束	○	○	○	○	○	○
	7	WDT	警戒时钟	○	○	○	○	○	○
	8	FOR	循环范围开始	○	○	○	○	○	○
	9	NEXT	循环范围结束	○	○	○	○	○	○
传送与比较	10	CMP	比较	○	○	○	○	○	○
	11	ZCP	区域比较	○	○	○	○	○	○
	12	MOV	传送	○	○	○	○	○	○
	13	SMOV	移位传送	—	—	○	○	—	○
	14	CML	取反传送	—	—	○	○	—	○
	15	BMOV	块传送	○	○	○	○	○	○
	16	FMOV	多点传送	—	—	○	○	—	○
	17	XCH	交换	—	—	○	○	—	○
	18	BCD	BCD转换	○	○	○	○	○	○
	19	BIN	BIN转换	○	○	○	○	○	○
算术与逻辑运算	20	ADD	BIN加法	○	○	○	○	○	○
	21	SUB	BIN减法	○	○	○	○	○	○
	22	MUL	BIN乘法	○	○	○	○	○	○
	23	DIV	BIN除法	○	○	○	○	○	○
	24	INC	BIN加1	○	○	○	○	○	○
	25	DEC	BIN减1	○	○	○	○	○	○
	26	WAND	逻辑字与	○	○	○	○	○	○
	27	WOR	逻辑字或	○	○	○	○	○	○
	28	WXOR	逻辑字异或	○	○	○	○	○	○
	29	NEG	求补码	—	—	○	○	—	○
循环与移位	30	ROR	循环右移	—	—	○	○	—	○
	31	ROL	循环左移	—	—	○	○	—	○
	32	RCR	带进位循环右移	—	—	○	○	—	○
	33	RCL	带进位循环左移	—	—	○	○	—	○
	34	SFTR	位右移	○	○	○	○	○	○
	35	SFTL	位左移	○	○	○	○	—	○
	36	WSFR	字右移	—	—	○	○	—	○
	37	WSFL	字左移	—	—	○	○	○	○
	38	SFWR	移位写入	○	○	○	○	○	○
	39	SFRD	移位读出	○	○	○	○	○	○

（续）

分类	功能号	助记符	功　能	FX_{1S}	FX_{1N}	FX_{2N}	FX_{3U}	汇川 H_{1U}	汇川 H_{2U}
数据处理	40	ZRST	区间复位	○	○	○	○	○	○
	41	DECO	译码	○	○	○	○	○	○
	42	ENCO	编码	○	○	○	○	○	○
	43	SUM	求 ON 位数	—	—	○	○	—	○
	44	BON	ON 位判别	—	—	○	○	—	○
	45	MEAN	求平均值	—	—	○	○	—	○
	46	ANS	报警器置位	—	—	○	○	—	○
	47	ANR	报警器复位	—	—	○	○	—	○
	48	SQR	BIN 数据开方运算	—	—	○	○	—	○
	49	FLT	BIN 整数→二进制浮点数转换	—	—	○	○	—	○
高速处理	50	REF	输入输出刷新	○	○	○	○	○	○
	51	REFF	滤波器调整	—	—	○	○	—	○
	52	MTR	矩阵输入	○	○	○	○	○	○
	53	HSCS	比较置位（高速计数器）	○	○	○	○	○	○
	54	HSCR	比较复位（高速计数器）	○	○	○	○	○	○
	55	HSZ	区间比较（高速计数器）	—	—	○	○	—	○
	56	SPD	速度检测	○	○	○	○	○	○○
	57	PLSY	脉冲输出	○	○	○	○	○	○○
	58	PWM	脉宽调制	○	○	○	○	○	○○
	59	PLSR	带加减速的脉冲输出	○	○	○	○	○	○○
方便指令	60	IST	置初始状态	○	○	○	○	○	○
	61	SER	数据查找	—	—	○	○	—	○
	62	ABSD	凸轮控制（绝对方式）	○	○	○	○	○	○
	63	INCD	凸轮控制（增量方式）	○	○	○	○	○	○
	64	TTMR	示教定时器	—	—	○	○	—	○
	65	STMP	特殊定时器	—	—	○	○	—	○
	66	ALT	交替输出	○	○	○	○	○	○
	67	RAMP	斜坡信号	○	○	○	○	○	○
	68	ROTC	旋转工作台控制	—	—	○	○	—	○
	69	SORT	数据排序	—	—	○	○	—	○
外围设备 I/O	70	TKY	10 键输入	—	—	○	○	—	○
	71	HKY	16 键输入	—	—	○	○	—	○
	72	DSW	数字开关	○	○	○	○	○	○
	73	SEGD	7 段译码	—	—	○	○	—	○

（续）

分类	功能号	助记符	功 能	FX_{1S}	FX_{1N}	FX_{2N}	FX_{3U}	汇川 H_{1U}	汇川 H_{2U}
外围设备I/O	74	SEGL	带锁存的7段码显示	○	○	○	○	○	○
	75	ARWS	方向开关	—	—	○	○	—	○
	76	ASC	ASCII码转换	—	—	○	○	—	○
	77	PR	ASCII码打印	—	—	○	○	—	○
	78	FROM	BFM读出	—	○	○	○	○○	○○
	79	TO	BFM写入	—	○	○	○	○○	○○
外围设备SER	80	RS	串行数据传送	○	○	○	○	○○	○○
	81	PRUN	八进制位传送	○	○	○	○	○	○
	82	ASCI	HEX-ASCII转换	○	○	○	○	○	○
	83	HEX	ASCII-HEX转换	○	○	○	○	○	○
	84	CCD	求校验码	○	○	○	○	○	○
	85	VRRD	电位器读出	○	○	○	○	—	—
	86	VRSC	电位器刻度	○	○	○	○	—	—
	88	PID	PID运算	○	○	○	○	○	○
	89	MODBUS	MODBUS主站指令（固定串口）	—	—	—	—	○	○
	90	MODBUS2	MODBUS主站指令（可选串口）	—	—	—	—	○	○
浮点数	110	ECMP	二进制浮点数比较	○	○	○	○	○	○
	111	EZCP	二进制浮点数区间比较	—	—	○	○	○	○
	118	EBCD	二进制浮点数—十进制浮点数转换	—	—	○	○	○	○
	119	EBIN	十进制浮点数—二进制浮点数转换	—	—	○	○	○	○
	120	EADD	二进制浮点数加法	—	—	○	○	○	○
	121	ESUB	二进制浮点数减法	—	—	○	○	○	○
	122	EMUL	二进制浮点数乘法	—	—	○	○	○	○
	123	EDIV	二进制浮点数除法	—	—	○	○	○	○
	127	ESQR	二进制浮点数开方	—	—	○	○	○	○
	129	INT	二进制浮点数—BIN整数转换	—	—	○	○	○	○
	130	SIN	浮点数SIN运算	—	—	○	○	○	○
	131	COS	浮点数COS运算	—	—	○	○	○	○
	132	TAN	浮点数TAN运算	—	—	○	○	○	○
	147	SWAP	上、下字节转换	—	—	○	○	—	○
定位	155	ABS	ABS现在值读出	○	○	—	—	○	○
	156	ZRN	原点回归	○	○	—	—	○	○○
	157	PLSY	可变速度的脉冲输出	○	○	—	—	○	○○
	158	DRVI	相对定位	○	○	—	—	○	○○
	159	DRVA	绝对定位	○	○	—	—	○	○○

（续）

分类	功能号	助记符	功　能	FX_{1S}	FX_{1N}	FX_{2N}	FX_{3U}	汇川 H_{1U}	汇川 H_{2U}
时钟运算	160	TCMP	时钟数据比较	○	○	○	○	○	○
	161	TZCP	时钟数据区间比较	○	○	○	○	○	○
	162	TADD	时钟数据加法	○	○	○	○	○	○
	163	TSUB	时钟数据减法	○	○	○	○	○	○
	166	TRD	时钟数据读出	○	○	○	○	○	○
	167	TWR	时钟数据写入	○	○	○	○	○	○
	169	HOUR	计时仪	○	○	—	—	○	○
外围设备	170	GRY	格雷码转换	—	—	○	○	○	○
	171	GBIN	格雷码逆转换	—	—	○	○	○	○
	176	RD3A	读取 FX_{0N} -3A	—	○	—	—	—	—
	177	WR3A	写入 FX_{0N} -3A	—	○	—	—	—	—
触点比较	224	LD =	（S1）=（S2）	○	○	○	○	○	○
	225	LD >	（S1）>（S2）	○	○	○	○	○	○
	226	LD <	（S1）<（S2）	○	○	○	○	○	○
	228	LD < >	（S1）≠（S2）	○	○	○	○	○	○
	229	LD≤	（S1）≤（S2）	○	○	○	○	○	○
	230	LD≥	（S1）≥（S2）	○	○	○	○	○	○
	232	AND =	（S1）=（S2）	○	○	○	○	○	○
	233	AND >	（S1）>（S2）	○	○	○	○	○	○
	234	AND <	（S1）<（S2）	○	○	○	○	○	○
	236	AND < >	（S1）≠（S2）	○	○	○	○	○	○
	237	AND≤	（S1）≤（S2）	○	○	○	○	○	○
	238	AND≥	（S1）≥（S2）	○	○	○	○	○	○
	240	OR =	（S1）=（S2）	○	○	○	○	○	○
	241	OR >	（S1）>（S2）	○	○	○	○	○	○
	242	OR <	（S1）<（S2）	○	○	○	○	○	○
	244	OR < >	（S1）≠（S2）	○	○	○	○	○	○
	245	OR≤	（S1）≤（S2）	○	○	○	○	○	○
	246	OR≥	（S1）≥（S2）	○	○	○	○	○	○
其他	100 ~ 109，275 ~ 279		数据传送	—	—	—	○	—	—
	180 ~ 189		其他指令	—	—	—	○	—	—
	190 ~ 199		数据块处理	—	—	—	○	—	—
	200 ~ 209		字符处理	—	—	—	○	—	—
	210 ~ 219		数据表处理	—	—	—	○	—	—
	250 ~ 269		数据处理	—	—	—	○	—	—
	270 ~ 274		变频器通信	—	—	—	○	—	—
	280 ~ 289		高速处理	—	—	—	○	—	—
	290 ~ 299		扩展文件寄存器扩展	—	—	—	○	—	—

注：—表示不具有此功能。

○表示具有此功能。

○○表示功能比其他机型有增强。

附录 D　FX 可编程序控制器特殊功能软元件

表 D-1　常用特殊辅助继电器

特殊辅助继电器	说明	适用机型	
		FX_{3U}	FX_{2N}
PLC 状态			
M8000	运行监控	√	√
M8001	运行监控反向	√	√
M8002	初始化脉冲	√	√
M8003	初始化脉冲反向	√	√
M8004	发送错误	√	√
M8005	电池电压过低	√	√
M8006	电池电压低锁存	√	√
M8007	检测出瞬间停止	√	√
M8008	检测出停电中	√	√
M8009	扩展单元 DC24V 掉电	√	√
时钟			
M8010	—	—	—
M8011	10ms 周期脉冲	√	√
M8012	100ms 周期脉冲	√	√
M8013	1s 周期脉冲	√	√
M8014	1min 周期脉冲	√	√
标志位			
M8020	加减运行结果为 0 标志	√	√
M8021	减法运算结果超出最大负值的借位标志	√	√
M8022	发生进位或溢出标志	√	√
M8024	指定 BMOV 方向	√	√
M8025	HSC 模式	√	√
M8026	RAMP 模式	√	√
M8027	PR（FNC77）模式	√	√
M8029	动作结束标志	√	√
PLC 模式			
M8030	驱动后，PLC 电池电压低 LED 不指示	√	√
M8031	非保存内存清除	√	√
M8032	保存内存全部清除	√	√
M8033	驱动后，内存保存	√	√
M8034	禁止所有外部输出	√	√
M8035	强制 RUN 模式	√	√
M8036	强制 RUN 指令	√	√
M8037	强制 STOP 指令	√	√
M8038	通信参数设置标志	√	√
M8039	恒定扫描模式	√	√
步进专用			
M8040	禁止状态转移	√	√
M8041	转移开始	√	√
M8042	起动输入的脉冲输出	√	√
M8043	原点回归结束	√	√
M8044	原点条件	√	√
M8045	禁止所有输出复位	√	√
M8046	STL 动作状态	√	√
M8047	STL 监控有效	√	√
M8048	信号报警器动作	√	√
M8049	信号报警器 D8049 有效	√	√
禁止中断			
M8050	I00□禁止	√	√
M8051	I10□禁止	√	√
M8052	I20□禁止	√	√
M8053	I30□禁止	√	√
M8054	I40□禁止	√	√
M8055	I50□禁止	√	√
M8056	I60□禁止	√	√
M8057	I70□禁止	√	√
M8058	I80□禁止	√	√

（续）

特殊辅助继电器	说明	适用机型	
		FX_{3U}	FX_{2N}
M8059	I010 ~ I060 禁止	√	√
出错检测			
M8060	I/O 构成出错	√	√
M8061	PLC 硬件出错	√	√
M8062	PLC/PP 通讯出错	×	√
M8063	串行通信出错	√	√
M8064	参数出错	√	√
M8065	语法出错		
M8066	梯形图出错	√	√
M8067	运算出错	√	√
M8068	运算出错锁存	√	√
M8069	I/O 总线检测	√	√
并行链接			
M8070	并行链接设置主站	√	√
M8071	并行链接设置从站	√	√
M8072	并行链接标志	√	√
M8073	M8070 M8071 设置不良	√	√
采样跟踪			
M8075	采样跟踪准备开始指令	√	√
M8076	采样跟踪执行开始指令	√	√
M8077	采样跟踪执行中监控	√	√
M8078	采样跟踪结束监控	√	√
M8079	采样跟踪系统区域	√	√
标志位			
M8090	BKCMP 块比较信号	√	×
M8091	COMRD BINDA 输出字符数切换信号	√	×
高速环形计数器			
M8099	高速环形计数器动作	√	√
M8100	—	—	—
内存信息			
M8105	在内存中写入接通	√	×
M8107	软元件注释登陆确认	√	×
输出刷新			
M8109	输出刷新出错	√	√

特殊辅助继电器	说明	适用机型	
		FX_{3U}	FX_{2N}
计算机链接（RS 指令专用）			
M8121	发送待机标志	√	√
M8122	请求发送	√	√
M8123	发送结束标志	√	√
M8124	检测出进位的标志位	√	√
高速计数器比较、高速表格、定位			
M8130	HSZ 表格比较模式	√	√
M8131	HSZ 执行结束标志	√	√
M8132	HSZ、PLSY 速度模式	√	√
M8133	HSZ、PLSY 执行结束	√	√
M8138	HSCT 执行结束标志	√	×
M8139	高数比较指令执行中	√	×
变频器通信			
M8151	变频器通信中	√	×
M8152	变频器通信出错	√	×
M8153	变频器通信出错锁定	√	×
M8154	IVBWR 指令出错	√	×
M8155	EXTR 指令驱动时置位	√	×
M8156	变频器通信中（CH2）	√	×
M8157	变频器通信出错（CH2）	√	×
M8158	变频器通信出错锁定	√	×
M8159	IVBWR 出错（CH2）	√	×
扩展功能			
M8160	XCH 的 SWAP 功能	√	√
M8161	8 位处理模式	√	√
M8162	高速并行链接模式	√	√
M8165	SORT2 指令降序排列	√	×
M8167	HKY 处理 HEX 数据	√	√
M8168	SMOV 处理 HEX 数据	√	√
脉冲捕捉			
M8170	输入 X000 脉冲捕捉	√	√
M8171	输入 X001 脉冲捕捉	√	√
M8172	输入 X002 脉冲捕捉	√	√
M8173	输入 X003 脉冲捕捉	√	√

（续）

特殊辅助继电器	说明	适用机型		特殊辅助继电器	说明	适用机型	
		FX_{3U}	FX_{2N}			FX_{3U}	FX_{2N}
M8174	输入 X004 脉冲捕捉	√	√	M8346	Y000 零点逻辑反转	√	×
M8175	输入 X005 脉冲捕捉	√	√	M8347	Y000 中断逻辑反转	√	×
M8176	输入 X006 脉冲捕捉	√	×	M8348	Y000 定位指令驱动中	√	×
M8177	输入 X007 脉冲捕捉	√	×	M8349	Y000 脉冲输出停止	√	×
计数器增减计数方向				M8350	Y001 脉冲输出监控	√	×
M8200 ~ M8234	C200 ~ C234 脉冲方向控制，ON 为减计数	√	√	M8351	Y001 清除信号输出	√	×
				M8352	Y001 原定回归方	√	×
高速计数器增减计数方向				M8353	Y001 正转限位	√	×
M8246 ~ M8255	C246 ~ C255 脉冲方向控制，ON 为减计数	√	√	M8354	Y001 反转限位	√	×
模拟量特殊适配器				M8355	Y001 JOG 逻辑反转	√	×
M8260 ~ M8269	第一台特殊适配器	√	×	M8356	Y001 零点逻辑反转	√	×
M8270 ~ M8279	第二台特殊适配器	√	×	M8357	Y001 中断逻辑反转	√	×
M8280 ~ M8289	第三台特殊适配器	√	×	M8358	Y001 定位指令驱动中	√	×
M8290 ~ M8299	第四台特殊适配器	√	×	M8359	Y001 脉冲输出停止	√	×
标志位				M8360	Y002 脉冲输出监控	√	×
M8304	乘除运算结果为 0	√	×	M8361	Y002 清除信号输出	√	×
M8306	除法运算结果溢出	√	×	M8362	Y002 原定回归方	√	×
I/O 安装出错				M8363	Y002 正转限位	√	×
M8316	I/O 未安装出错	√	×	M8364	Y002 反转限位	√	×
M8318	BFM 初始化出错	√	×	M8365	Y002 JOG 逻辑反转	√	×
M8328	指令不执行	√	×	M8366	Y002 零点逻辑反转	√	×
M8329	指令执行异常结束	√	×	M8367	Y002 中断逻辑反转	√	×
定时时钟				M8368	Y002 定位指令驱动中	√	×
M8330	DUTY 定时时钟输出 1	√	×	M8369	Y002 脉冲输出停止	√	×
M8331	DUTY 定时时钟输出 2	√	×	M8370	Y003 脉冲输出监控	√	×
M8332	DUTY 定时时钟输出 3	√	×	M8371	Y003 清除信号输出	√	×
M8333	DUTY 定时时钟输出 4	√	×	M8372	Y003 原定回归方	√	×
M8334	DUTY 定时时钟输出 5	√	×	M8373	Y003 正转限位	√	×
定位				M8374	Y003 反转限位	√	×
M8340	Y000 脉冲输出监控	√	×	M8375	Y003 JOG 逻辑反转	√	×
M8341	Y000 清除信号输出	√	×	M8376	Y003 零点逻辑反转	√	×
M8342	Y000 原定回归方	√	×	M8377	Y003 中断逻辑反转	√	×
M8343	Y000 正转限位	√	×	M8378	Y003 定位指令驱动中	√	×
M8344	Y000 反转限位	√	×	M8379	Y003 脉冲输出停止	√	×
M8345	Y000 JOG 逻辑反转	√	×				

（续）

特殊辅助继电器	说明	适用机型	
		FX_{3U}	FX_{2N}
高速计数功能			
M8380	C235、C241、C244、C247、C249、V251、C252、C254 动作状态	√	×
M8381	C236 动作状态	√	×
M8382	C237、C242、C245 动作状态	√	×
M8383	C238、C248、C250、C253、C255 动作状态	√	×
M8384	C239、C243 动作状态	√	×
M8385	C240 动作状态	√	×
M8386	C244（OP）动作状态	√	×
M8387	C245（OP）动作状态	√	×
M8388	高速计数器功能变更用触点	√	×
M8389	外部复位输入逻辑切换	√	×
M8390	C244 功能切换	√	×
M8391	C245 功能切换	√	×
M8392	C248、C253 功能切换	√	×
RS2 通道 1			
M8401	发送待机标志	√	×
M8402	发送请求	√	×
M8403	发送结束标志	√	×
M8404	检测出进位标志位	√	×
M8405	数据设定指标就绪标志	√	×
M8409	判断超时标志位	√	×
RS2 通道 2			
M8421	发送待机标志	√	×
M8422	发送请求	√	×
M8423	发送结束标志	√	×

特殊辅助继电器	说明	适用机型	
		FX_{3U}	FX_{2N}
M8424	检测出进位标志位	√	×
M8425	数据设定指标就绪标志	√	×
M8426	计算机链接全局 ON	√	×
M8427	计算机链接下位通信请求发送中	√	×
M8428	计算机链接下位通信请求出错标志位	√	×
M8429	计算机链接下位通信请求字/字节切换	√	×
M8438	串行通信出错	√	×
定位			
M8460	DVIT 指令 Y000 用户中断输入指令	√	×
M8461	DVIT 指令 Y001 用户中断输入指令	√	×
M8462	DVIT 指令 Y002 用户中断输入指令	√	×
M8463	DVIT 指令 Y003 用户中断输入指令	√	×
M8464	DSZR、ZRN 指令 Y000 清除信号软元件有效	√	×
M8465	DSZR、ZRN 指令 Y001 清除信号软元件有效	√	×
M8466	DSZR、ZRN 指令 Y001 清除信号软元件有效	√	×
M8467	DSZR、ZRN 指令 Y001 清除信号软元件有效	√	×

表 D-2　常用特殊数据寄存器

特殊数据寄存器	说明	适用机型	
		FX_{3U}	FX_{2N}
PLC 状态			
D8000	看门狗定时器初值 200	√	√
D8001	PLC 类型及系统版本	√	√
D8002	内存容量	√	√

特殊数据寄存器	说明	适用机型	
		FX_{3U}	FX_{2N}
D8003	内存种类	√	√
D8004	出错辅助继电器编号	√	√
D8005	电池电压	√	√
D8006	检测电池电压低的等级	√	√

（续）

特殊数据寄存器	说明	适用机型	
		FX_{3U}	FX_{2N}
D8007	检测出瞬时停电次数	√	√
D8008	检测出停电的时间	√	√
D8009	DC24V 掉电的单元号	√	√
时钟			
D8010	扫描的当前时间	√	√
D8011	扫描时间的最小值	√	√
D8012	扫描时间的最大值	√	√
D8013	时钟秒	√	√
D8014	时钟分	√	√
D8015	时钟小时	√	√
D8016	日	√	√
D8017	月	√	√
D8018	年	√	√
D8019	星期	√	√
输入滤波时间			
D8020	X000 ~ X0017 输入滤波时间	√	√
变址寄存器的内容			
D8028	Z0 寄存器的内容	√	√
D8029	V0 寄存器的内容	√	√
步进专用			
D8040	ON 状态编号 1（最小）	√	√
D8041	ON 状态编号 2	√	√
D8042	ON 状态编号 3	√	√
D8043	ON 状态编号 4	√	√
D8044	ON 状态编号 5	√	√
D8045	ON 状态编号 6	√	√
D8046	ON 状态编号 7	√	√
D8047	ON 状态编号 8	√	√
D8049	ON 时，保存报警继电器最小编号	√	√
出错检测			
D8060	输入/输出未安装，起始编号	√	√
D8061	PLC 硬件出错代码编号	√	√
D8062	PLC/PP 通信出错代码	√	√

特殊数据寄存器	说明	适用机型	
		FX_{3U}	FX_{2N}
D8063	通道 1 通信出错代码	√	√
D8064	参数出错代码	√	√
D8065	语法出错代码	√	√
D8066	梯形图出错代码	√	√
D8067	运算出错代码	√	√
D8068	发送运算出错的步编号	√	√
D8069	M8065 ~ M8067 产生出错编号	√	√
并行链接			
D8070	判断并行链接出错时间	√	√
采样跟踪			
D8074 ~ D8098	使用 A6GPP、A6PHPP、A7PHP 采样跟踪时被可编程控制器占用	√	√
环形计数器			
D8099	0 ~ 32767 的递增环形计数器	√	√
内存信息			
D8101	PLC 类型及版本	√	×
D8102	内存容量	√	√
D8104	功能扩展类型机型代码	√	√
D8105	功能扩展内存版本	√	√
D8107	软元件注释登陆数	√	×
D8108	特殊模块的链接台数	√	×
输出刷新出错			
D8109	刷新输出出错 Y 编号	√	√
RS 计算机链接			
D8120	设定通信格式	√	√
D8121	设定站台号	√	√
D8122	发送数据剩余点数	√	√
D8123	接收点数	√	√
D8124	报头 STX	√	√
D8125	报尾 ETX	√	√
D8127	指定下位通信请求的起始编号	√	√

（续）

特殊数据寄存器	说明	适用机型	
		FX_{3U}	FX_{2N}
D8128	指定下位通信请求的数据数	√	√
D8129	设定超时的时间	√	√
	高速计数器比较		
D8130	HSZ 高速比较表格计数器	√	√
D8131	HSZ 速度型表格计数器	√	√
D8132	HSZ 速度型式频率低位	√	√
D8133	HSZ 速度型式频率高位	√	√
D8134	HSZ、PLSY 速度型式目标脉冲数低位	√	√
D8135	HSZ、PLSY 速度型式目标脉冲数高位	√	√
D8136	PLSY、PLSR 输出到 Y000、Y001 的脉冲合计低位	√	√
D8137	PLSY、PLSR 输出到 Y000、Y001 的脉冲合计高位	√	√
D8138	HSCT 表格计数器	√	√
D8139	HSCS、HSCR、HSZ、HSCT 执行的指令数	√	√
D8140	PLSY、PLSR 输出到 Y000 的脉冲数或定位指令的当前地址低位	√	√
D8141	PLSY、PLSR 输出到 Y000 的脉冲数或定位指令的当前地址高位	√	√
D8142	PLSY、PLSR 输出到 Y001 的脉冲数或定位指令的当前地址低位	√	√
D8143	PLSY、PLSR 输出到 Y001 的脉冲数或定位指令的当前地址高位	√	√
D8144	—	—	—
	变频器通信		
D8150	通道 1 通信响应等待时间	√	×

特殊数据寄存器	说明	适用机型	
		FX_{3U}	FX_{2N}
D8151	通道 1 通信中的步编号，初始值 -1	√	×
D8152	通道 1 通信错误代码	√	×
D8153	通道 1 通信出错步的锁存，初始值 -1	√	×
D8154	通道 1 IVBWR 指令发生错误的参数编号，初始值 -1 或 EXTR 指令响应等待时间	√	√
D8155	通道 2 通信响应等待时间	√	√
D8156	通道 1 通信中的步编号，初始值 -1 或 EXTR 指令的错误代码	√	√
D8157	通道 2 通信错误代码	√	√
D8158	通道 2 通信出错步的锁存，初始值 -1	√	×
D8159	通道 2 IVBWR 指令发送错误的参数编号，初始值 -1	√	×
	扩展功能		
D8164	指定 FROM、TO 指令传送点数	×	√
D8169	使用第 2 密码限制存取的状态，H0000 未设定 2 级密码；H0010 禁止写入；H0011 禁止读写；H0012 禁止所有操作；H0020 解除密码	√	×
	简易 PLC 间链接设定		
D8173	相应的站号设定状态	√	√
D8174	通信子站的设定状态	√	√
D8175	刷新范围的设定状态	√	√
D8176	设定站号	√	√
D8177	设定子站数	√	√
D8178	设定刷新范围	√	√
D8179	刷新次数	√	√

（续）

特殊数据寄存器	说明	适用机型	
		FX_{3U}	FX_{2N}
D8180	监视时间	√	√
变址寄存器			
D8182	Z1 寄存器的内容	√	√
D8183	V1 寄存器的内容	√	√
D8184	Z2 寄存器的内容	√	√
D8185	V2 寄存器的内容	√	√
D8186	Z3 寄存器的内容	√	√
D8187	V3 寄存器的内容	√	√
D8188	Z4 寄存器的内容	√	√
D8189	V4 寄存器的内容	√	√
D8190	Z5 寄存器的内容	√	√
D8191	V5 寄存器的内容	√	√
D8192	Z6 寄存器的内容	√	√
D8193	V6 寄存器的内容	√	√
D8194	Z7 寄存器的内容	√	√
D8195	V7 寄存器的内容	√	√
简易 PLC 间链接监控			
D8201	当前链接扫描时间	√	√
D8202	最大的链接扫描时间	√	√
D8203 ~ D8210	站号 1 ~ 7 数据传送顺控出错计数	√	√
D8211 ~ D8218	站号 1 ~ 7 数据传送出错代码	√	√
模拟量特殊适配器			
D8260 ~ D8269	第一台适配器专用	√	×
D8270 ~ D8279	第二台适配器专用	√	×
D8280 ~ D8289	第三台适配器专用	√	×
D8290 ~ D8299	第四台适配器专用	√	×
定时时钟			
D8330	DUTY 指令定时时钟输出 1 用扫描计数器	√	×
D8331	DUTY 指令定时时钟输出 2 用扫描计数器	√	×
D8332	DUTY 指令定时时钟输出 3 用扫描计数器	√	×
D8333	DUTY 指令定时时钟输出 4 用扫描计数器	√	×
D8334	DUTY 指令定时时钟输出 5 用扫描计数器	√	×
D8336	DVIT 指令用中断输入初始值设定	√	×
定位			
D8340	Y000 当前值寄存器低位	√	×
D8341	Y000 当前值寄存器高位	√	×
D8342	Y000 偏差速度，初始值 0	√	×
D8343	Y000 最高速度低位，初始值 100000	√	×
D8344	Y000 最高速度高位，初始值 100000	√	×
D8345	Y000 爬行速度，初始值 1000	√	×
D8346	Y000 原点回归速度低位，初始值 50000	√	×
D8347	Y000 原点回归速度低位，初始值 50000	√	×
D8348	Y000 加速时间，初始值 100	√	×
D8349	Y000 减速时间，初始值 100	√	×
D8350	Y001 当前值寄存器低位	√	×
D8351	Y001 当前值寄存器高位	√	×
D8352	Y001 偏差速度，初始值 0	√	×
D8353	Y001 最高速度低位，初始值 100000	√	×
D8354	Y001 最高速度高位，初始值 100000	√	×
D8355	Y001 爬行速度，初始值 1000	√	×
D8356	Y001 原点回归速度低位，初始值 50000	√	×
D8357	Y001 原点回归速度低位，初始值 50000	√	×

（续）

特殊数据寄存器	说明	适用机型	
		FX_{3U}	FX_{2N}
D8358	Y001 加速时间，初始值 100	√	×
D8359	Y001 减速时间，初始值 100	√	×
D8360	Y002 当前值寄存器低位	√	×
D8361	Y002 当前值寄存器高位	√	×
D8362	Y002 偏差速度，初始值 0	√	×
D8363	Y002 最高速度低位，初始值 100000	√	×
D8364	Y002 最高速度高位，初始值 100000	√	×
D8365	Y002 爬行速度，初始值 1000	√	×
D8366	Y002 原点回归速度低位，初始值 50000	√	×
D8367	Y002 原点回归速度低位，初始值 50000	√	×
D8368	Y002 加速时间，初始值 100	√	×
D8369	Y002 减速时间，初始值 100	√	×
D8370	Y003 当前值寄存器低位	√	×
D8371	Y003 当前值寄存器高位	√	×
D8372	Y003 偏差速度，初始值 0	√	×
D8373	Y003 最高速度低位，初始值 100000	√	×
D8374	Y003 最高速度高位，初始值 100000	√	×
D8375	Y003 爬行速度，初始值 1000	√	×
D8376	Y003 原点回归速度低位，初始值 50000	√	×
D8377	Y003 原点回归速度低位，初始值 50000	√	×
D8378	Y003 加速时间，初始值 100	√	×
D8379	Y003 减速时间，初始值 100	√	×
中断程序及环形计数器			
D8393	延迟时间	√	×
D8398	0～2147483647 递增环形计数器低位	√	×
D8399	0～2147483647 递增环形计数器高位	√	×
RS2 指令通道 1			
D8400	设定通信格式	√	×
D8402	发送剩余点数	√	×

特殊数据寄存器	说明	适用机型	
		FX_{3U}	FX_{2N}
D8403	接收点数监控	√	×
D8405	显示通信参数	√	×
D8409	设定超时的时间	√	×
D8410	报头	√	×
D8411	报头	√	×
D8412	报尾	√	×
D8413	报尾	√	×
D8414	接收数据求和（接收数据）	√	×
D8415	接收数据求和（计数结果）	√	×
D8416	发送数据求和	√	×
D8419	显示动作模式	√	×
RS2 通道 2（计算机链接）			
D8420	设定通信格式	√	×
D8421	设定站号	√	×
D8422	发送剩余点数	√	×
D8423	接收点数监控	√	×
D8425	显示通信参数	√	×
D8427	指定下位通信请求起始编号	√	×
D8428	指定下位通信请求数据数	√	×
D8429	设定超时时间	√	×
D8430	报头	√	×
D8431	报头	√	×
D8432	报尾	√	×
D8433	报尾	√	×
D8434	接收数据求和（接收数据）	√	×
D8435	接收数据求和（计数结果）	√	×
D8436	发送数据求和	√	×
D8438	通道 2 串行通信出错	√	×
D8349	显示动作模式	√	×
特殊模块			
D8449	特殊模块错误代码	√	×
定位			
D8464	DSZR、ZRN 指令 Y000 指定清除信号软元件	√	×
D8465	DSZR、ZRN 指令 Y001 指定清除信号软元件	√	×
D8466	DSZR、ZRN 指令 Y002 指定清除信号软元件	√	×
D8467	DSZR、ZRN 指令 Y003 指定清除信号软元件	√	×

附录 E FX－20P－E 型手持式编程器

编程器（俗称 HPP）是 PLC 重要的外部设备。目前，FX 系列 PLC 使用的编程器有 FX－10P－E 和 FX－20P－E 两种，这两种编程器的使用方法基本相同。所不同的是 FX－10P－E 的液晶显示屏只有 2 行，而 FX－20P－E 有 4 行，每行 16 个字符；另外，FX－10P－E 只有在线编程功能，而 FX－20P－E 除了有在线编程功能外，还有离线编程功能。

1. 编程器的组成

FX－20P－E 型手持式编程器（见图 E-1）主要包括以下部件：

1）FX－20P－E 型编程器；

2）FX－20P－CAB 型电缆；

3）FX－20P－RWM 型 ROM 写入器；

4）FX－20P－ADP 型电源适配器；

5）FX－20P－E－FKIT 型接口，用于对三菱的 Fl、F2 系列 PLC 编程。

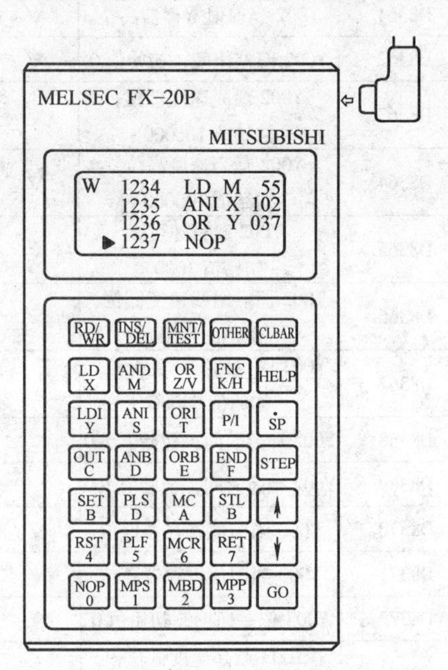

图 E-1 FX－20P－E 型手持式编程器

其中编程器与电缆是必需的，其他部件是选配件。编程器右侧面的上方有一个插座，将 FX－20P－CAB 电缆的一端插入该插座内，如图 E-1 所示，电缆的另一端插到 FX 系列 PLC 的 RS－422 编程器插座内。

FX－20P－E 型编程器的顶部有一个插座，可以连接 FX－20P－RWM 型 ROM 写入器。编程器底部插有系统程序存储器卡盒，需要将编程器的系统程序更新时，只要更换系统程序存储器卡盒即可。在 FX－20P－E 型编程器与 PLC 不相连的情况下，需要用编程器编制用户程序时，可以使用 FX－20P－ADP 型电源适配器对编程器供电。FX－20P－E 型编程器内附有 8KB 步 RAM，在脱机方式下用来存放用户程序。编程器内附有高性能的电容器，通电一小时后，在该电容器的支持下，RAM 内的信息可以保留 3 天。

2. 编程器的面板

FX－20P－E 型编程器的面板布置如图 E-1 所示。面板的上方是一个液晶（LED）显示屏。它的下面共有 35 个键，最上面一行和最右边一列为 11 个功能键，其余的 24 个键为指令键和数字键。

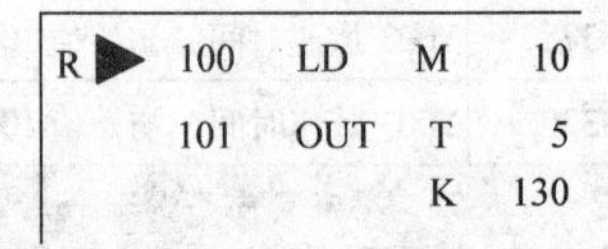

图 E-2 LED 显示屏的画面示意图

（1）LED 显示屏

FX－20P－E 型编程器的 LED 显示屏能把编程与编辑过程中的操作状态、指令、软元件符号、软元件编号、常数、参数等在显示屏上显示出来。在编程时，LED 显示屏的画面示意图如图 E-2 所示。

LED 显示屏可显示 4 行，每行 16 个字符，第 1 行第 1 列的字符代表编程器的操作方式。

其中，“R”为读出用户程序；“W”为写入用户程序；“I”为将所编制的程序插入到光标“▶”所指的指令之前；“D”为删除光标“▶”所指的指令；“M”表示编程器处于监视工作状态，可以监视位元件的 ON/OFF 状态、字元件内的数据以及基本逻辑指令的通断状态；“T”表示编程器处于测试工作状态，可以对位元件的状态以及定时器和计数器的线圈强制 ON 或强制 OFF，也可以对字元件内的数据进行修改。

第 2 列为光标“▶”；第 3 ~ 6 列为指令步序号，在键入操作时自动显示；第 7 列为空格，第 8 ~ 11 列为指令助记符；第 12 列为元件符号或操作数；第 13 ~ 16 列为元件号或操作数。若输入的是功能指令，则显示的内容与上述内容不全相符。

（2）功能键

“RD/WR”键：读/写功能键；“INS/DEL”键：插入/删除功能键；“MNT/TEST”键：监视/测试功能键。这 3 个键为双功能键，交替起作用，即按第一次时选择键左上方表示的功能，按第二次时选择键右下方表示的功能。现以 RD/WR 键为例，按第一次选择读出方式，LED 显示屏显示“R”，表示编程器进入程序读出状态；按第二次选择写入方式，LED 显示屏显示“W”，表示编程器进入程序写入状态，如此交替变化，编程器的工作状态显示在 LED 显示屏的左上角。

“OTHER”键：其他键，在任何状态下按该键，立即进入工作方式的选择画面。

“CLEAR”键：清除键，取消按“GO”键以前（即确认前）的输入。另外，该键还用于清除屏幕上的错误信息或恢复原来的画面。

“HELP”键：帮助键，按下“FNC”键后再按“HELP”键，编程器进入帮助模式，再按下相应的数字键，就会显示出该类功能指令的助记符。在监视模式下按“HELP”键，用于使字元件内的数据在十进制和十六进制之间进行切换。

“SP”键：空格键，输入多个操作数的指令时，用来指定多个操作数或常数。在监视模式下，若要监视位元件，则先按下“SP”键，再输入该位元件。

“STEP”键：步序键，如果需要显示某步的指令，先按“STEP”键，再输入步序号。

“↑”、“↓”键：光标键，移动光标“▶”及提示符，指定当前软元件前一个或后一个软元件，作行的滚动显示。

“GO”键：执行键，用于对指令的确认、再搜索和执行命令。在键入某指令后，再按“GO”键，编程器就将该指令写入 PLC 的用户程序存储器中。

指令、软元件符号、数字键，共 24 个，都为双功能键。键的上部为指令助记符，下部为软元件符号及数字，上、下两部分的功能对应于键的操作，通常为自动切换。下部符号中，Z/V、K/H、P/I 交替作用，反复按键时，互相切换。

3. 编程器的工作方式选择

（1）编程器的工作方式

FX－20P－E 型编程器具有在线（ONLINE，或称联机）编程和离线（OFFLINE，或称脱机）编程两种工作方式。在线编程时，编程器与 PLC 直接相连，编程器直接对 PLC 的用户程序存储器进行读/写操作。若 PLC 内装有 EEPROM 卡盒，则程序写入该卡盒，此时，EEPROM 存储器的写保护开关必须处于“OFF”位置；若没有 EEPROM 卡盒，则程序写入 PLC 内的 RAM 中。离线编程时，编制的程序首先写入编程器内的 RAM 中，以后再成批地传入 PLC 的存储器。只有用 FX－20P－RWM 型 ROM 写入器才能将用户程序写入 EPROM。

（2）编程器的工作方式选择

FX－20P－E 型编程器上电后，其 LED 屏幕上显示的内容如图 E-3 所示。其中闪烁的符号“■”指明编程器目前所处的工作方式。当要改变编程器的工作方式时，只需按“↑”或“↓”键，将“■”移动到所需的方式上，然后按“GO”键，就进入所选定的编程方式。

在联机编程方式下按“OTHER”键，即进入工作方式选择，此时，液晶屏幕显示的内容如图 E-4 所示。可供选择的工作方式共有以下 7 种。

PROGRAM MODE
■ ONLINE (PC)
OFFLINE (HPP)

图 E-3 编程器上电后显示的内容

ONLINE MODE FX
■ 1. OFFLINE MODE
2. PROGRAM CHECK
3. DATA TRANSFER

图 E-4 按“OTHER”键后显示的内容

1）OFFLINE MODE：脱机编程方式。

2）PROGRAM CHCEK：程序检查，若没有错误，显示“NO ERROR”（没有错误）；若有错误，则显示出错误指令的步序号及出错代码。

3）DATA TRANSFER：数据传送，若 PLC 内安装有存储器卡盒，则在 PLC 的 RAM 和外装的存储器之间进行程序和参数的传送；反之则显示“NO MEM CASSETTE”（没有存储器卡盒），不进行传送。

4）PARAMETER：对 PLC 的用户程序存储器容量进行设置，还可以对各种具有断电保持功能的软元件的范围以及文件寄存器的数量进行设置。

5）XYM. . NO. CONV. ：修改 X、Y、M 的元件号。

6）BUZZER LEVEL：蜂鸣器的音量调节。

7）LATCH CLEAR：复位有断电保持功能的软元件。对文件寄存器的复位与它使用的存储器类别有关，只能对 RAM 和写保护开关处于 OFF 位置的 EEPROM 中的文件寄存器复位。

4. 程序的写入

在写入程序之前，一般要将 PLC 内部存储器的程序全部清除（简称清零）。清零框图如下图所示，清除程序的框图中每个框表示按一次对应键，清零后即可进行程序写入操作。写入操作包括基本指令（包括步进指令）和功能指令的写入。

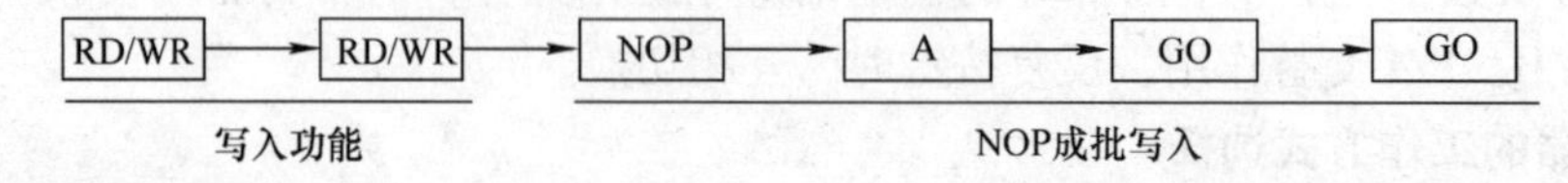

（1）基本指令的写入

基本指令有 3 种情况：①仅有指令助记符，不带元件；②有指令助记符和一个元件；③有指令助记符和两个元件。写入上面 3 种基本指令的操作框图如图 E-5 所示。

例如，要将图 E-6 所示的梯形图程序写入 PLC 中，可进行如下操作：

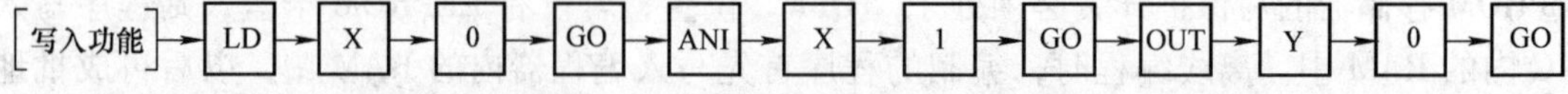

这时 FX－20P－E 简易编程器的液晶显示屏显示如下画面：

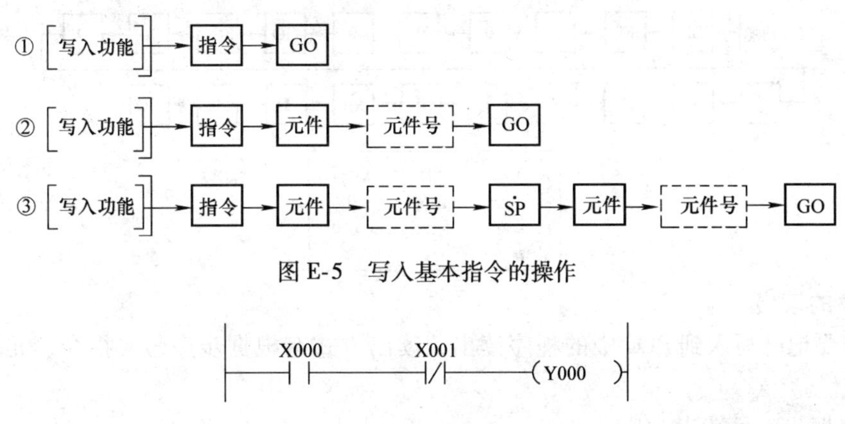

图 E-5　写入基本指令的操作

图 E-6　梯形图之一

W	0	LD	X000
	1	ANI	X001
	2	OUT	Y000
▶	3	NOP	

写入 LDP、ANDP、ORP 指令时，在按指令键后还要按“P/I”键。写入 LDF、ANDF、ORF 指令时，在按指令键后还要按“F”键。写入 INV 指令时，要按“NOP”和“P/I”键。

(2) 功能指令的写入

写入功能指令时，按“FNC”键后再输入功能指令号。输入功能指令号有两种方法：一是直接输入指令号；二是借助于“HELP”键的功能，在所显示的指令一览表上检索指令编号后再输入。功能指令写入的基本操作如图 E-7 所示。

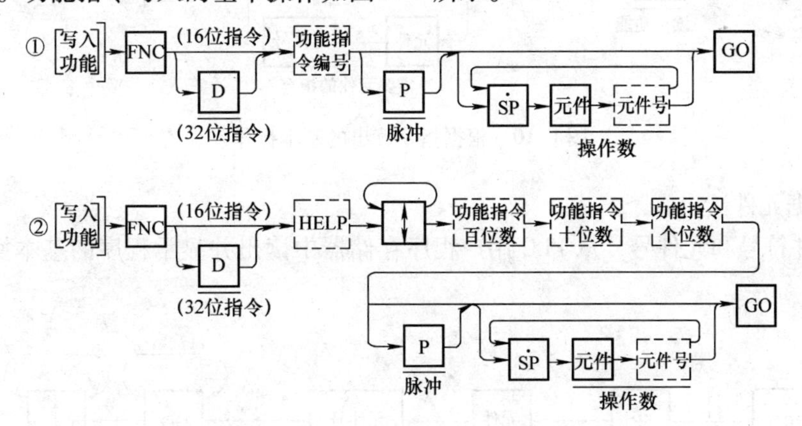

图 E-7　功能指令写入的基本操作

写入图 E-8 所示梯形图程序的操作与显示如下：

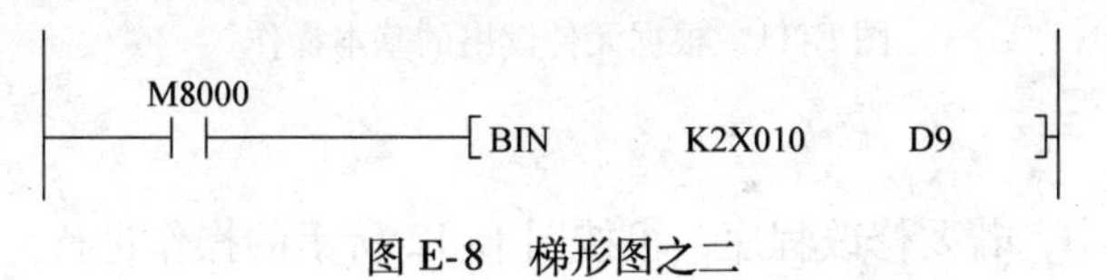

图 E-8　梯形图之二

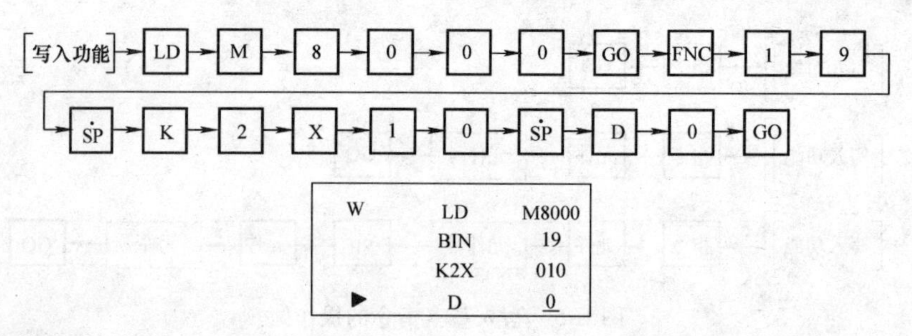

5. 程序的读出

经常需要把已写入到 PLC 中的程序读出，读出方式有根据步序号、指令、元件及指针等几种方式。

(1) 根据步序号读出

指定步序号，从 PLC 用户程序存储器中读出并显示程序的基本操作如图 E-9 所示。

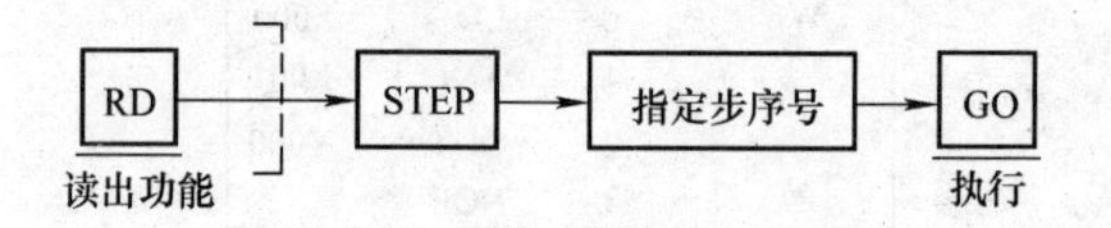

图 E-9 根据步序号读出的基本操作

(2) 根据指令读出

指定指令，从 PLC 用户程序存储器中读出并显示程序的基本操作如图 E-10 所示。

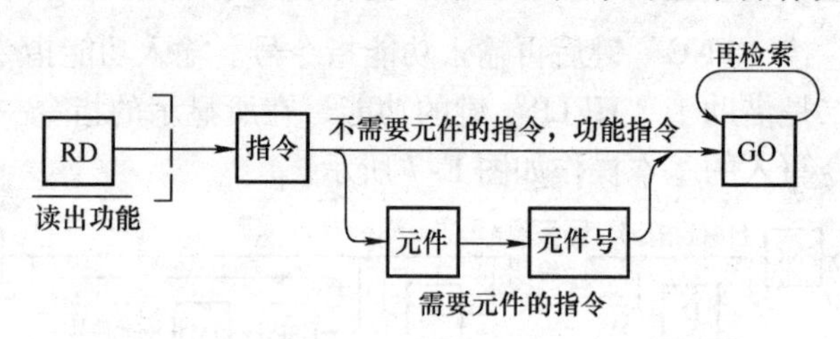

图 E-10 根据指令读出的基本操作

(3) 根据元件读出

指定元件符号和元件号，从 PLC 用户程序存储器中读出并显示程序的基本操作如图 E-11 所示。

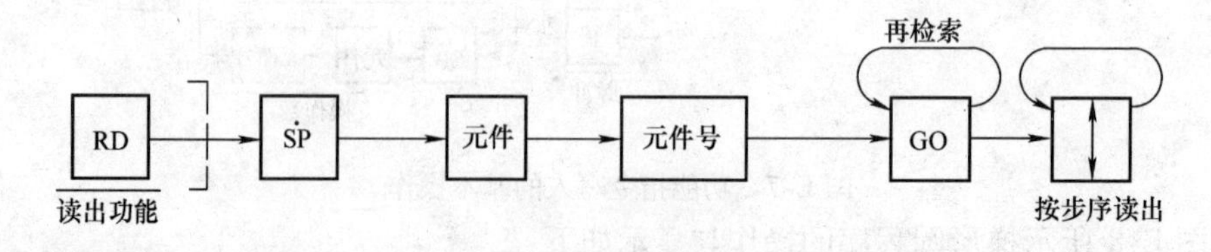

图 E-11 根据元件读出的基本操作

6. 程序的修改

在指令输入过程中，若要修改程序，可按图 E-12 所示的操作进行。

(1) 按“GO”键前的修改

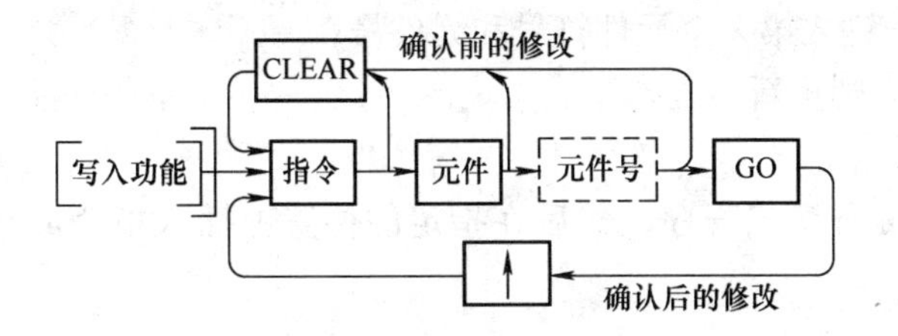

图 E-12　修改程序的基本操作

例如，输入指令 OUT T0 K10，确认前（即按“GO”键前），欲将 K10 改为 D9，其操作如下：

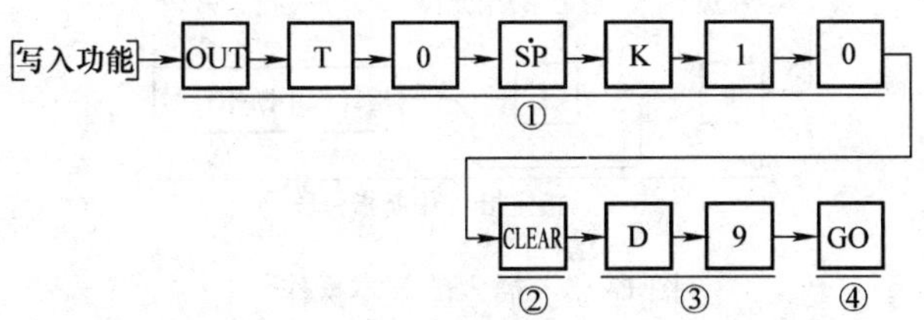

① 按指令键，输入第 1 个元件和第 2 个元件；

② 为取消第 2 个元件，按一次“CLEAR”键；

③ 键入修改后的第 2 个元件；

④ 按“GO”键，指令修改完毕。

(2) 按“GO”键后的修改

若确认后（即已按“GO”键），则上例的修改操作如下：

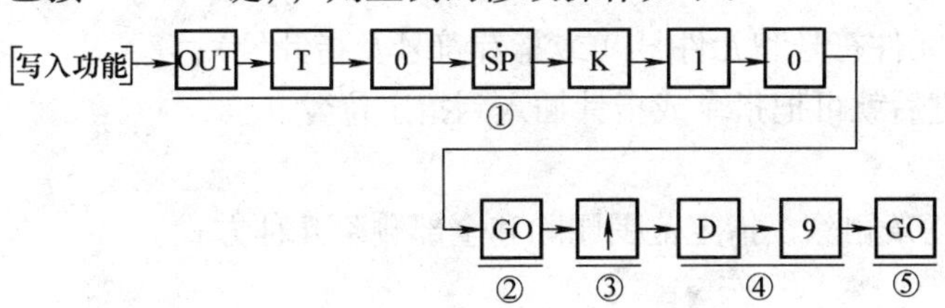

① 按指令键，输入第 1 个元件和第 2 个元件；

② 按“GO”键即①的内容输入完毕；

③ 将行光标移到 K10 的位置上；

④ 键入修改后的第 2 个元件；

⑤ 按“GO”键，指令修改完毕。

(3) 整条指令的改写

在指定的步序上改写指令。例如，在 100 步上写入指令 OUT T50 K123，其操作如下：

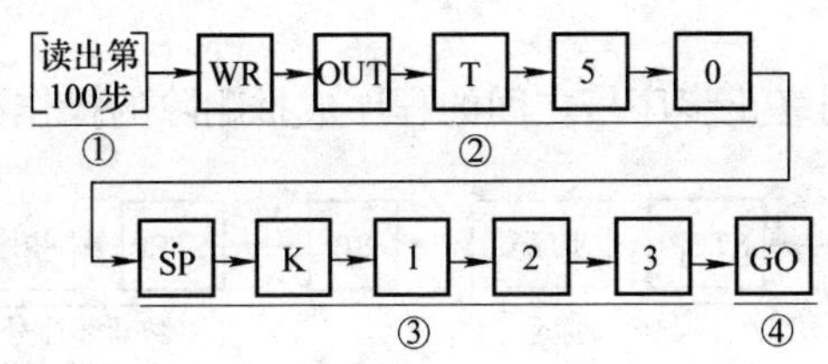

① 根据步序号读出程序；

② 按“WR”键后，依次键入指令、第 1 个元件符号及元件号；

③ 按“SP”键，键入第 2 个元件符号和元件号；

④ 按“GO”键，则重新写入指令。

7. 程序的插入

插入程序的操作是先读出程序，然后在指定的位置上插入指令或指针，其操作如图 E-13 所示。

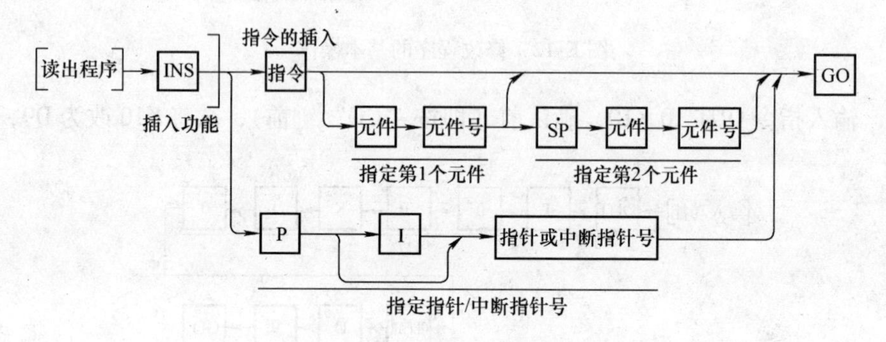

图 E-13　插入的基本操作

例如，在 200 步前插入指令 AND M5 的操作如下：

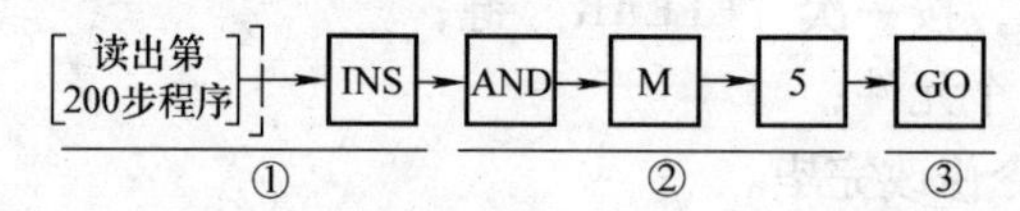

① 根据步序号读出相应的程序，按“INS”键，再将行光标移到指定步处进行插入，无步序号的行不能插入；

② 键入指令、元件符号和元件号（或指针符号及指针号）；

③ 按“GO”键后就可把指令或指针插入到指定位置。

8. 程序的删除

删除程序分为逐条删除、指定范围删除和全部删除几种方式。

（1）逐条删除

读出程序，逐条删除光标指定的指令或指针，基本操作如图 E-14 所示。

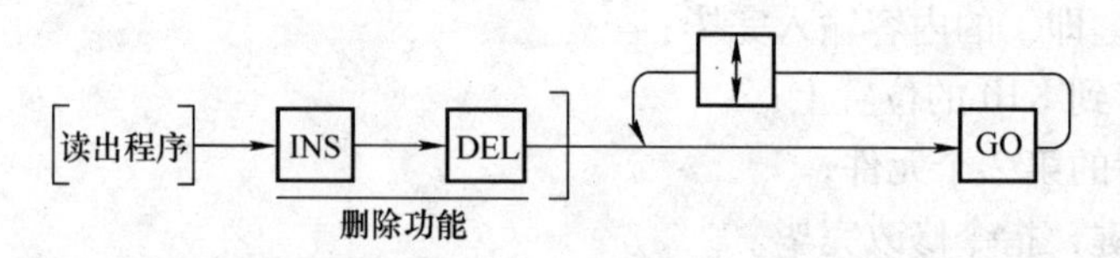

图 E-14　逐条删除的基本操作

（2）指定范围的删除

从指定的起始步序号到终止步序号之间的程序成批删除的操作如图 E-15 所示。

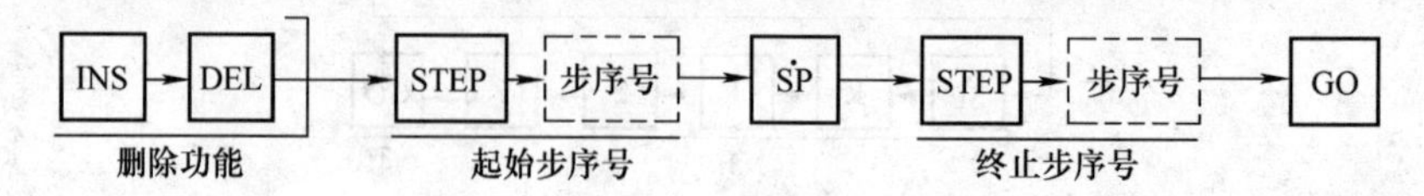

图 E-15　指定范围删除的基本操作

附录 F 《任务引领型 PLC 应用技术教程》下册目录

参 考 文 献

[1] 阮友德．电气控制与 PLC 实训教程［M］．2 版．北京：人民邮电出版社，2012.
[2] 阮友德．PLC、变频器、触摸屏综合应用实训［M］．北京：中国电力出版社，2009.
[3] 阮友德．电气控制与 PLC［M］．北京：人民邮电出版社，2009.
[4] 钟肇新，范建东．可编程控制器原理与应用［M］．广州：华南理工大学出版社，2003.
[5] 史国生．电气控制与可编程控制器技术［M］．北京：化学工业出版社，2004
[6] 张万忠．可编程控制器应用技术［M］．北京：化学工业出版社，2006.
[7] 李俊秀，赵黎明．可编程控制器应用技术实训指导［M］．北京：化学工业出版社，2005.
[8] 阮友德，张迎辉．电工中级技能实训．西安：西安电子科技大学出版社，2006.
[9] 阮友德．基于网络控制的恒压供水群实践教学系统的研制［J］．深圳职业技术学院学报，2006.
[10] 阮友德．基于 CC－Link 技术的实训与管理系统［J］．深圳职业技术学院学报，2005.
[11] 三菱电机株式会社．FX_{1S}，FX_{1N}，FX_{2N}，FX_{2NC}编程手册．2001.
[12] 三菱电机株式会社．FX 系列特殊功能模块用户手册．2004.

零起点学自动化技术丛书

序号	书名	书号	定价	出版时间	条形码
1	零起点学西门子 S7－300/400 PLC	38359－8	59.8	201207	
2	零起点学西门子 S7－200 PLC	37423－7	39.8	201205	
3	零起点学西门子变频器应用	36363－7	43	201203	
4	零起点学 Linux 系统管理	37309－4	29.8	201203	
5	零起点学 Proteus 单片机仿真技术（含1CD）	36904－2	38	201203	
6	零起点学维修电工技术	36361－3	30	201202	

罗克韦尔自动化技术丛书

序号	书名	书号	定价	出版时间	条形码
1	AB 变频器及其控制技术	37125－0	34	201205	
2	PAC 编程基本教程	36030－8	85	201201	
3	Control Logix 系统在给水处理行业中的应用	35490－1	45	201111	
4	Control Logix 系统在污水处理行业中的应用	35489－5	45	201110	
5	MicroLogix 核心控制系统	31237－6	59	201202	
6	Control Logix 系统水泥行业自动化应用培训教程	26077－6	39	200912	
7	Control Logix 系统电力行业自动化应用培训教程	24127－0	58	200901	
8	Control Logix 系统实用手册	23037－3	58	201203	
9	循序渐进 CMS 机器控制系统	25797－4	47	200901	
10	深入浅出 NetLinx 网络构架	24983－2	30	200901	

电气自动化新技术丛书

书名	书号	定价	出版时间	条形码
SPWM 变频调速应用技术（第4版）	35988－3	58	201201	
通用变频器及其应用（第3版）	35756－8	68	201201	
变频调速 SVPWM 技术的原理、算术与应用	31903－0	38	201104	
高性能变频调速及其典型控制系统	30268－1	49	201106	
大容量异步电动机双馈调速系统	26963－2	47	200906	
电压型 PWM 整流器的非线性控制	25144－6	27	200901	
高压大功率变频调速技术	19218－3	30	200710	
现场总线技术及其应用（第2版）	14269－0	47	200808	
谐波抑制和无功功率补偿（第2版）	06298－1	29	201101	
电气传动的脉宽调制控制技术（第2版）	04453－3	22	200402	
图解触摸屏工程应用技巧	37041－3	49.8	201203	

读者需求调查表

亲爱的读者朋友：

您好！为了提升我们图书出版工作的有效性，为您提供更好的图书产品和服务，我们进行此次关于读者需求的调研活动，恳请您在百忙之中予以协助，留下您宝贵的意见与建议！

个人信息

姓名：		出生年月：		学历：	
联系电话：		手机：		E-mail：	
工作单位：				职务：	
通讯地址：				邮编：	

1. 您感兴趣的科技类图书有哪些？

□自动化技术 □电工技术 □电力技术 □电子技术 □仪器仪表 □建筑电气

□其他（　　）以上各大类中您最关心的细分技术（如 PLC）是：（　　）

2. 您关注的图书类型有：

□技术手册 □产品手册 □基础入门 □产品应用 □产品设计 □维修维护

□技能培训 □技能技巧 □识图读图 □技术原理 □实操 □应用软件

□其他（　　）

3. 您最喜欢的图书叙述形式：

□问答型 □论述型 □实例型 □图文对照 □图表 □其他（　　）

4. 您最喜欢的图书开本：

□口袋本 □32 开 □B5 □16 开 □图册 □其他（　　）

5. 图书信息获得渠道：

□图书征订单 □图书目录 □书店查询 □书店广告 □网络书店 □专业网站

□专业杂专 □专业报纸 □专业会议 □朋友介绍 □其他（　　）

6. 主要购书途径：

□书店 □网络 □出版社 □单位集中采购 □其他（　　）

7. 您认为图书的合理价位是（元/册）：

手册（　　） 图册（　　） 技术应用（　　） 技能培训（　　） 基础入门（　　） 其他（　　）

8. 每年购书费用：

□100 元以下 □101～200 元 □201～300 元 □300 元以上

9. 您是否有本专业的写作计划？

□否 □是（具体情况：　　　　　　）

非常感谢您对我们的支持，如果您还有什么问题欢迎和我们联系沟通！

地址：北京市西城区百万庄大街 22 号　机械工业出版社电工电子分社　邮编：100037

联系人：张俊红　联系电话：13520543780　传真：010-68326336

电子邮箱：buptzjh@163.com（可来信索取本表电子版）

编著图书推荐表

姓名		出生年月		职称/职务		专业	
单位				E-mail			
通讯地址						邮政编码	
联系电话			研究方向及教学科目				
个人简历（毕业院校、专业、从事过的以及正在从事的项目、发表过的论文）							
您近期的写作计划有：							
您推荐的国外原版图书有：							
您认为目前市场上最缺乏的图书及类型有：							

地址：北京市西城区百万庄大街 22 号　机械工业出版社　电工电子分社

邮编：100037　网址：www. cmpbook. com

联系人：张俊红　电话：13520543780/010-68326336（传真）

E-mail：buptzjh@ 163. com（可来信索取本表电子版）